FARFAR VAR RASBIOLOG

Eva F Dahlgren

FARFAR VAR RASBIOLOG

EN BERÄTTELSE OM MÄNNISKOVÄRDE
IGÅR OCH IDAG

Bokförlaget DN.

Bokförlaget DN
Box 70321
107 23 Stockholm
www.bokforlagetdn.se

Omslagsfotografier Privat ägo, DNA-spiral IBL Bildbyrå
Omslagsdesign John Eyre
Satt hos Ljungbergs sätteri, Köping,
med 11/13 Bembo
Tryckt år 2002 hos ScandBook AB Falun
på 100 g Munken Pure 1,3
ISBN 91-7588-419-4

Till mina döttrar Katarina och Johanna

Innehåll

Förord 9

I

Skallen 13
En märklig alpinsk ras 19
Purissima 22
Med Uppsala som förebild 26
I källaren 31
Navet 35
Hotel Baltic 37
Musiken 40
Förlovningsbreven 41
Två föga koagulerade ägg 50
Ej skördar man fikon på tistlar 57
Hos mamma 60
Tysk förödmjukelse 68
Ellen 73
En fullvuxen svensk 80
Hälsan är allt 85
Det elfte budet 89
I västficksformat 92
En god husmor 99
Curiosa-middagar 102
Farfar vilar ut 104
Kampen för tillvaron 115
Att andas rätt 117
Artkunskap 126
Farfar och Lundman 142
De mätte våra skallar 149
Raskunskap 152
Fotograferna 155
Klingande spel och flygande fanor 157
Avståndet 167
Till England 168
Väggen 176
Mamma vårdar mig ömt 177
Hjärtat är oförnuftigt 180
Fanbärare i Olympiatruppen 185
En vedervärdig värmelednings-hetta 186
Fyrhändigt 190
Rasbiologin och judarna 193
Kultur-Europa 199
Aktas väl 204
Till Amerika 207
Ist die Aggressivität ein Übel? 211
Befolkningsfrågan 216
Farfar och Sigrid Gillner 219
Farfar och kriget 224
De vita bussarna 232
Mat och husrum 235
Jubeldoktor 239
Släktpanegyrik 240
Efter kriget 243

II

På BMC 247
Streckkoden 254
Vem är Hugo? 257
En konferens för varje molekyl 263
Full fart framåt 267
En systematisk selektion 271
Sömnen 274
Att göra barn 275
Moralisk stress 285
Dödlighetsintensiteten 287
"Sjukdomen" 292
De drog undan mattan 295
Den molekylära familjen 298
Att vara normal 304
En böld i Berlin 308

III

När minus blir plus 313
Kluvenheten 315
Farmors bokslut 316
Farfar 319

FÖRORD

Alla människor bär på en berättelse. Men måste den därmed berättas?

"Man ska skriva sin historia", sa Göran Rosenberg, dåvarande chefredaktör för tidskriften Moderna Tider som jag börjat medarbeta i.

Jag protesterade: "Andra kan göra det. Men inte jag."

Jag var fylld av skuld. Av en slump hade jag börjat läsa farfars artiklar och insett att han inte bara sysslade med växtförädling.

Min historia var "fel". Hade han varit en glödande antirasist skulle saken ha varit annorlunda.

Men kanske tyckte även farfar att jag skulle skriva? Han knackade mig oupphörligt i huvudet med sin doktorsring och för att inte få en bula, skrev jag till sist en essä med samma titel som denna bok för tidskriften.

Jag bävade för släktens reaktion. Skulle jag bli utfrusen? Farfar var död sedan länge, men ändå släktens överhuvud. Han var den högste.

Jag fick inga negativa kommentarer. Min pappa tyckte att det var det bästa jag skrivit. Men min faster ringde och sa: "Detta behöver belysas också från vår sida, vi som blev utsatta för teorierna".

Så började min resa på allvar. Mina släktingar har generöst delat med sig av sina liv och erfarenheter, ställt upp på intervjuer och låtit mig använda brev och dagböcker. Samma välvilja har jag mött när jag intervjuat forskare och människor som på olika sätt berörs av den moderna gentekniken.

”Det måste bli en värdig bok”, sa jag till min förläggare Eva Fallenius och min redaktör Ulrika Larsson. De har varit ett ovärderligt stöd i min strävan att förverkliga den ambitionen. Jag tackar dem och alla andra som hjälpt mig och på olika sätt gjort denna bok möjlig.

Nu är resan slut. Efter fem år sätter jag punkt. Jag har fortfarande en väldig respekt för farfar och när jag nu överlämnar boken till läsarna är det med känslan av att hoppa ut från en trampolin.

Jag hoppas det finns vatten i bassängen.

I

Skallen

Jag nådde just över skrivbordskanten, precis tillräckligt för att se huvudskålen med sicksack-randen, skallen där farfar hade gem och gummisnoddar.

Knackningen mot min hjässa var försiktig, nästan ömsint. De smala långa fingrarna med den löst sittande doktorsringen trevade sig fram, utforskande och sökande: ”Åh, vad du har vuxit!”

Hade jag vuxit? Var skallen tillräckligt stor? Var den inte alltid mindre än mina bröders och manliga kusiners och hade jag inte därför mindre hjärna?

Farfar var så tunn, men samtidigt överväldigande. Spikrak i ryggen. Professor. Han fanns i uppslagsboken, han hade sitt porträtt i olja. En gång om året stod vi där, barnbarnen, på led. En och en gick vi fram till skrivbordet.

Ett kyligt drag längs parkettgolvet från fönstret som stod på vädringsglänt. Man kunde höra klockorna slå i Uppsala domkyrka. Blommor i krukor, i glas, i kolvar – hos farfar blommade det fast det var vinter.

Vems skalle var det som låg där och vaggade till vid minsta beröring? Varför fanns det en söm och varför löpte den i sicksack? Hur såg min egen söm ut, kunde den bli otät, alla tankar plötsligt läcka ut? Och vad skulle hända när jag själv dött – skulle någon lägga gem i min skalle också?

När jag var tjugofyra år dog farfar. En botaniker som såg på sitt åldrande utan sentimentalitet – en biologisk process som alla andra. Kistan var klädd med årstidens vilda växter, precis som han hade önskat, så gott det nu gick i december.

Min faster höll tal vid jordfästningen: ”Omtyckt pedagog. Nyfiken och entusiastisk. Motsägelsefull. En stor utmaning för sin närmaste omgivning.”

Jag hade inte tänkt på farfar på åratal. Så plötsligt – för fem år sedan – dök han upp igen. Och knackade mig i huvudet med sin doktorsring.

Jag hade varit journalist i tjugo år och tyckte inte längre att jag kunde skriva. En skrivarlinje på folkhögskolan i Kungälv: skulle det bli räddningen? Jag stängde av datorn och satte mig med blyertspenna och helvita papper för att skriva tio sidor prosa. Jag ville skriva om angiveri. Om grannar som ringer försäkringskassan när en förtidspensionär hugger ved eller ser för pigg ut.

Det blev inte ett ord om det. I stället skrev jag om farfar och hans skalle på skrivbordet och hur han knackade mig i huvudet. Jag blev förvånad.

Vem var farfar? Jag ringer pappa och ber honom skicka alla farfars skrifter.

”Det är nog bara en massa om fjärilar och blommor”, säger han.

Jag får en låda med posten och här ligger också kopior av tal, bland annat det tal min faster höll vid farfars begravning. Jag fastnar för formuleringen: ”Somliga människor har liksom en glasvägg mellan sig och omgivningen.”

Jag kom aldrig bakom den väggen. Men måste det vara för sent? Jag bestämmer mig för att slå sönder den. Jag ska lära känna farfar, förstå honom, denne man som på många sätt dominerat mitt liv och mitt yrkesval. Kan en kvinna tänka? Kan hon skriva?

Minnena blänker till, står på kö som otåliga diabilder. Men teknologin är bruten.

Vi sitter församlade i matsalen med farfar i högsätet. Jag får inte röra osten. Bara farfar har den rätta bakteriefloran. Han har ett mikroskop på skrivbordet och om jag vill kan vi titta på mina bakterier där. Han darrar lite på handen, skramlar med osthyveln mot assietten, fördelar till alla barn och barnbarn. Ljuset spelar i prismorna från kristallkronan. De vuxna dricker vin i slipade glas och farfar har haft sin vita laboratorierock när han förberedde efterrätten och saften. Det är muskot i den röda saften och jag grinar illa.

Barnbarnen runt farfar och hans sekretär. Ur små lådor plockar han fram hår från släktingar, levande och döda. Gamla brev och dagböcker. Bröllopsskor i siden från hans mor och mormor. Pyttesmå leksaker.

Farfar är vetenskapsman. Han säger hela meningar på latin, han vet massor, kanske allt. Han kan berätta om resor till Afrika, om konstiga saker när det blir fel i naturen, om fåglar med fyra fötter och två huvuden.

I den långa mörka hallen har han draglådor i trä. Här bor insekterna. Skalbaggar och fjärilar med skimrande kroppar och spröda vingar. Några lite malätna, alla genomstuckna av nålar. Uppställda som soldater på led. Jag ber ofta att få titta på insekterna. Han drar ut en låda, han berättar – och jag är honom nästan nära.

”Farfar har så vacker nacke”, säger farmor.

Hon fladdrar som en ängslig fjäril genom våningen. Dukar frukostbordet på kvällarna. Tunna tekoppar, glas, assietter, skedar, små gafflar. Lägger ett stort plastskynke över. ”Jag kan inte sova annars. Om något skulle fattas, något ligga fel, om farfar ...”

Farmor är bara 1,47 lång och måste stå på en pall för att nå upp till spisen. Hon sparar på papperspåsarna hon tömt på pulver för potatismos eller soppa, ruskar dem noga och lägger ner dem i en låda. ”Har man upplevt kriget ...”, säger hon.

Själv är jag ett industribarn. Pappa är chef för produktutvecklingen på Findus i Bjuv, ett litet skånskt samhälle som växt upp kring en stenkolsgruva. Det är sent femtiotal och ett fåtal arbetar i gruvan, det är på Findus jobben finns. Vi är omslutna av sammetsgröna ärtfält och illgula rapsodlingar och bor i Findus bostadsområde, som byggts intill fabriken med engelska "trädgårdsstaden" som förebild. På den skumpiga vägen utanför huset plockar vi vitkålshuvuden och morötter efter släpvagnarna. I trädgårdarna klamrar sig små persikor och vindruvor mot söderväggarna, och på försöksodlingarna pallar vi gigantiskt stora plommon och päron. Saften dryper ur de framkorsade frukterna. Här lurar också förvaltaren, mannen med "saltabössa" och rakborste i hatten. "Det svider som sören i röven", säger de som blir träffade.

Det är svårt att rulla på r:en. Vi har kommit inflyttande från Karlskoga, där pappa var kemist på Bofors, och där pratade man annorlunda. Jag kan inte hävda mig med att "min pappa är starkast". Men jag drämmer till med att "min farfar har en döskalle på skrivbordet". Då blir det tyst.

Jag går i Findus lekskola och får lära mig att fienden heter Felix. Vi är testfamilj för Findus och äter prov X och prov Y till middag sex dagar i veckan. Det ena provet har ljusgul etikett, det andra mintgrön. Det är burkar med konserverade bruna bönor, TV-soppa, frysta järpar, stuvningar som ska kokas direkt i en plastpåse. Och TV-dinner – frysta plastformar med små fack för potatis, grönsaker och någonting av kött. Långa formulär att fylla i om smak, lukt, färg, konsistens och utseende. Ibland är X godare än Y, ibland är det tvärtom. Felix gör godare gurkor, men det får man inte säga högt. Vi äter aldrig något från Felix och förresten finns det knappt. Och Eslöv – var ligger det?

De första försöken med TV-dinner smakar inget vidare, men det är amerikanskt och det är bra. Vi är moderna människor.

Världen är annorlunda hos farmor och farfar. Under varje föremål från farfars släkt finns en liten etikett där det står hur gammalt det är och vem som ägt det tidigare. Farfar har också burkar. Men inte med X och Y, utan där ligger släktens tänder. I en burk med formalin har han lagt moderkakan efter min pappa.

Farmor hör dåligt och har ett batteri på bröstet. Det ligger i en hemsydd liten tygpåse som hänger runt halsen innanför klänningen.

”Vad skulle det blivit av mig om inte farfar gift sig med mig?” säger hon.

Farmor bor i ena änden av våningen och farfar i den andra. Farfar har sin dörr på glänt, på förmiddagarna ser jag honom ligga i sängen och prassla med Svenska Dagbladet. Han läser Understreckaren och får inte störas. Ovanför sängen hänger porträttet av hans farfar, Carl Otto Nathanael Dahlgren. Han var filosofie doktor och jubeldoktor och det är farfar också. Över ena hörnet av porträttet har farfar hängt sin egen lagerkrans.

Farfar har en liten grön sidenmössa som täcker flinten. Ibland kissar han i en flaska.

I farmors rum sticker en halv vägg ut, tvärs i rummet. Den satte farfar dit på ritningen när huset byggdes på 30-talet. Detta var deras sovrum och de låg med huvudet mot väggen båda två och kunde knacka till varann. Det är en ganska tjock vägg, med plats för elsladdar.

Farmor var ledsen för väggen.

Nu bor hon ensam i rummet och farfar har flyttat till jungfrukammaren. Farmor har böcker om Freud och psykoanalys och även något som kallas parapsykologi. Med stängd dörr berättar hon om människor som fått konstiga varsel, bland annat en man som räddade sitt liv genom att inte gå på teater. Han kände på sig att teatern skulle brinna ner just den kvällen och det gjorde den också. Men farmor är också naturvetare, precis som farfar. Hon är fil kand och har läst kemi och geologi och har en stor, tung tysk bok som heter *Edelsteinkunde*. Där skimrar ädelstenar och mineraler bakom tunna blad av smörgåspapper. Under ett likadant tunt blad i ett av fotoalbumen ligger min farfars far, hennes svärfar, Otto Dahlgren. Jag rycker till när hon lyfter på det prasslande papperet, för jag har aldrig sett en död människa avbildad förut – rakt i ansiktet, rakt i ögonen. Det är ingen gammal man. Farmor berättar att han dog av ett litet sår som inte ville läka. En doktor skulle skära i bölden, men steriliserade inte instrumenten. Bakterierna letade sig in i blodet och han dog av blodförgiftning.

"Då släcktes solen", säger farmor.

Hyacintlökarna göms under hårda pappstrutar och placeras i källaren. Det är kallt och trångt på hyllorna. Päron och äpplen, morötter och ärtor ligger inklämda i stora glasburkar och locken hålls på plats med gröna gummiringar.

Farfar darrar med kannan när han vattnar sina blommor, han lägger nagelklipp och tömmer rakapparaten i jorden.

Han plågas av sitt hjärta, det vill inte arbeta som det ska. Lindringen heter digitalis. Han systematiserar och ordnar. Brev och skrifter ska doneras till Carolina-biblioteket. Carolina – där finns ju Silverbibeln! Så stor är alltså farfar.

En märklig alpinsk ras

På handskriftsavdelningen på Carolina beställer jag K.V. Ossian Dahlgrens brevsamling. En hel vagn rullas fram. Jag börjar plocka på måfå. Brev från professorer, läkare och andra akademiker. Forskningsresanden Sten Bergman skriver till farfar att han och hans hustru har "berghälsa". De har övernattat, natt efter natt under bar himmel i 30–40 graders kyla på tundran i Kamtjatka. Många gånger i snöstorm.

Jag får upp en verksamhetsberättelse från Lantbrukshögskolan. "Undertecknad övertog 1933–34 professor Herman Lundborgs föreläsningar om ärftlighet och rashygien."

Rashygien? Var det inte blommor farfar sysslade med?

Jag plockar vidare i breven.

Rashygien?

Det är minst 20 grader varmt här på Carolina. Men jag fryser. Jag har nog ingen "berghälsa", som Sten Bergman och hans hustru.

Plötsligt minns jag ett namn från barndomen: Lundman. Bertil Lundman. Han var gäst hos farfar och farmor under alla år. Docent i fysisk antropologi. Med skräckblandad förtjusning hörde jag berättas om hans besök. Om hur han spottade ut räkskalen direkt på mattan. Hur han cyklade runt i Dalarna och mätte skallar och näsor på befolkningen. Han hade besiktigat mammas skalle också. "Han presenterade sig inte utan gick rätt fram och började krafsa mig i håret", hade hon berättat. Lundman konstaterade att den dög. Mamma var långskallig. Bonddotter från Dalarna. ”Det var då för väl”, utbrast den församlade familjen.

Men farmor höll inte måttet. ”En märklig alpinsk ras”, sa Lundman.

Jag träffade aldrig Lundman, men han har alltid funnits där, någonstans i min barndoms kuliss.

Borde jag ha vetat, borde jag ha förstått?

Jag börjar gå igenom lådan jag fick av pappa. Här ligger farfars verk *Botanisk genetik*, tidningsartiklar, särtryck ur olika tidskrifter. ”Separat” kallades särtrycken. Farfar och andra vetenskapsmän skickade mängder med separat till varandra.

Farfar var botanisk genetiker. Växtförädlare. ”Genom att metodiskt tillämpa ärftlighetsforskningens resultat ha växtförädlarna kunnat öka värdet av vårt lands skördar med flera tiotal miljoner kronor årligen. Även för människan gälla samma arvslagar som för växter och djur. /.../ Ärftlighetsforskning, växtförädling, folkförsörjning, befolkningspolitik och rashygien hänga på olika sätt tillsammans”, skriver han i Upsala Nya Tidning den 3 mars 1941. Han tillägger: ”Somliga tycka att arvshygien låter trevligare.”

Så stämmer det alltså. Steget från växtförädling till människoförädling var inte långt.

Till sextioårsdagen lyfter samma tidning fram hans lärda avhandlingar om flora och fauna, om rasbiologi och ärftlighetslära, hans välbesökta föredrag vid Rasbiologiska institutet, sommar- och hembygdskurserna, radion. Året är 1948. Var det fortfarande – tre år efter kriget – en merit att vara rasbiolog? Och vad var Rasbiologiska institutet? Och professor Herman Lundborg, vars föreläsningar i rashygien farfar övertog – vem var han?

Ingenting av Lundborg finns tillgängligt på stadsbiblioteket i Göteborg. Men det går att beställa fram. ”Usch, ska du läsa sådana hemska böcker”, säger kvinnan som tar emot min beställning.

Herman Lundborg kom också från Uppsala. Han var professor i rasbiologi och initiativtagare till Statens institut för rasbiologi som öppnades i Uppsala nyåret 1922. Institutet var det första i världen och Lundborg dess förste chef.

I sin bok *Rasbiologi och Rashygien* (Stockholm, 1922) förklarar han begreppen:

> Rasbiologi är läran om släkternas, folkens och rasernas liv. Den befattar sig med alla de orsaker, som förmå ändra den inre konstitutionen, dvs rasbeskaffenheten i gynnsam eller ogynnsam riktning. Rasbiologi är sålunda ej, som mången tror, enbart medicinsk ärftlighetslära, utan den har beröringspunkter med alla möjliga sociala fack och arbetar redan nu långt utanför den gamla medicinens råmärken. Den har till uppgift att fastställa arvets, resp. rasens betydelse och förhållande till miljö och kultur, att utreda och bekämpa ärftliga sjukdomar och urartning (degeneration) i vad mån den än framträder bland släkter och folk. Den tid är väl snart förbi, då läkekonsten ser sin enda eller ens förnämsta uppgift i att "bota" sjuka individer. Det hör medicinens män till att vidga sin blick och taga på sig ett mera omfattande arbete och ökat ansvar, de måste bli släkternas och folkens rådgivare och hjälpare.
>
> Rashygienen (eugeniken) utgör, kan man säga, den praktiska delen av rasbiologien. Dess strävanden och mål gå ut på att i största möjliga mån förhindra ärftlig urartning att uppkomma och utbreda sig samt att ordna samhällsförhållandena så, att efterföljande släkten bli så väl rustade som möjligt i kampen för tillvaron.
>
> Som en grundprincip inom rashygienen måste man betrakta den moderna idéen, att de *"biologiskt välborna"* dvs de i fysiskt, moraliskt och intellektuellt hänseende väl utrustade individerna, böra i största möjliga mån fortplanta släktet.

Var alltså min farfar en av dessa vetenskapsmän som formulerade teorierna, en av dem som politikerna lyssnade till och sedan stiftade lagar för att kunna tvångssterilisera så kallade undermåliga människor?

Varför hette inte farfar Raoul Wallenberg, eller Torgny Segerstedt? Hur mycket går i arv? Jag vet att jag ärvt farfars sneda tänder.

Purissima

Farmor och farfar fick fyra barn. Enda dottern, min faster, berättar att hon har alla brev mellan dem. Och hos min äldre farbror finns alla brev som farfar skrev till sina föräldrar under ungdomsåren. Min farbror har dessutom renskrivit dem, ord för ord.

Jag bestämmer mig för att göra en forskningsresa, precis som farfar gjorde sina resor.

Jag börjar med att åka till min faster. Hon är 75 år, men tar fortfarande emot några ”patienter” i veckan i den stora våningen i centrala Stockholm.

”Jag blev psykolog av ett enda skäl – för att förstå min far. Hur utvecklas en sådan personlighet? Jag har sysslat med honom hela mitt liv. Ska det nu bli likadant för dig”, säger hon.

”Nej, nej. Absolut inte”, försäkrar jag.

Jag har tänkt mig några veckors genomläsning av breven och sedan ska jag bli fri. Fri från farfar.

Men breven är fler än jag trott. Och min faster berättar att hon hela sin uppväxt och långt upp i vuxen ålder, var övertygad om att hon var en ”minusvariant”. Fysiskt sett. Hon var övertygad om att hon inte hade rätt att fortplanta sig.

Hur mycket finns egentligen när man lyfter på ett ”släktlock”? Jag borde lägga på det igen. Men nu går det inte, nu finns ingen återvändo. Farfar knackar mig i huvudet och jag känner efter om jag fått en bula. Nej, inte minsta lilla upphöjning.

Hur är det möjligt att dottern till en rasbiolog inte skulle vara värdig att få fortplanta sig? Farfar var ju expert, han föreläste i rashygien.

”Jag tyckte att far var nästan kriminell. Han var ärftlighetsforskare och ville ha långa, blonda och starka barn. Ändå skaffade han fyra barn med mor som var liten och klen och brunhårig”, säger min faster.

”Insikten kom med puberteten. Fortplantning var ingenting för mig. Det var inte mitt ansvar att jag fanns, det kunde jag inte rå för, men jag kunde rå för om jag satte barn till världen.”

Ingen sa att hon var undermålig, det var underförstått, påpekar hon. Det behövde inte sägas.

Hon såg hur han stack till flickor med blonda flätor små presenter.

”Man förstod vad som var riktigt – man skulle vara lång och blond och blåögd och långskallig. Jag skämdes för hur vi såg ut. Vi var inte bara små, utan tunna också. Vi mättes och vägdes jämt och fick vitaminer, men det hjälpte inte. Läkaren sa alltid: ’Här får vi ta till en annan skala.’ ”

På skolgårdarna retades man: ”Den som är liten och klen får gå till Frälsningsarmén. Men jag som är stor och stark får gå på Folkets Park.”

Min faster berättar att hon tog sig genom gymnasiet med känslan ”ursäkta att jag stör, jag ska bara ta studenten, sedan ska jag inte besvära mer”.

Högre utbildning var till för de värdefulla.

”Jag skulle ägna mig åt att skriva rent uppsatser åt de värdefulla människorna. De skulle inte behöva ta upp sin tid med sådant”, säger hon.

Och hon skulle öppna en tvättinrättning. Den skulle heta Purissima, ”Den allra renaste” på latin. Det namnet kom farfar på.

Purissima skulle ligga alldeles nedanför Carolina-backen så att hon kunde slinka in och lyssna på de offentliga föreläsningarna på universitetet.

”Eftersom jag inte hade rätt att sätta egna barn till världen, ville jag ta hand om andras. Jag skulle öppna ett barnhem för föräldralösa A-barn och ge dem en god uppfostran. Det var viktigt eftersom de skulle bestämma i samhället. Barnhemmet skulle finansieras genom tvätteriet."

"Far tyckte tvätteriet var en rolig idé. Det fanns en uppriktig beundran för kroppsarbetande och starka människor, smeder till exempel. Helst skulle man vara fattig änka, öppna bageri och sedan skulle alla ens söner bli professorer. Det tydde på gott gry."

Hon gick en tvåårig utbildning till tvättföreståndare. Vittvätt.

Men efter tvättutbildningen började hon läsa Bertrand Russell, den brittiske filosofen och samhällskritikern, som fick nobelpriset i litteratur.

"Åh, vad jag älskade honom. Hela hans ungdomskamp kände jag igen mig i. Han hade varit hos en läkare som sagt att han hade så dåliga arvsanlag så han borde inte fortplanta sig. Avkomman skulle bli ännu sämre."

Min faster öppnade aldrig Purissima.

Men på vad sätt var du undermålig, undrar jag. Det räckte väl inte att du var liten och brunhårig?

"Jag var av dålig sort. Jag hade utstående tänder och fick vita hår redan i tonåren. Jag vet inte om det var ärftligt, det kanske var den psykiska pressen. Min lärare i första ring tog tag i ett hårstrå, drog ur det och utbrast: 'Va, har du vita hår!' Och så opererade jag bort mandlarna. Jag hade varbildning i öronen och hörde dåligt. Det var ständiga sjukhusbesök och jag var rädd jämt."

Hon säger att hon är klar med farfar. Hon känner inget hat, utan kan tycka om både farmor och farfar.

"Jag har ett ljust minne", säger hon. "Mor och far står i köket. Far har sin vita laboratorierock och mor har sin 'sylt- och saftklänning', en klänning som hon doppat i röd saft. De kokar och konserverar och steriliserar sina burkar. De är lyckliga. De är tillbaka på Chemicum där de träffades."

Varför har jag gett mig ut på den här resan? Jag är varken lång eller blond, bara 157,5 cm. Vad tyckte farfar om mig? Var jag också en "minusvariant"? Jag kanske inte borde ha fått födas.

Jag ringer pappa och frågar om han också kände att han inte hade rätt att fortplanta sig?

Nej, det gjorde han inte.

"Men jag kände mig alltid värdelös. Den känslan satt i ända tills jag gått igenom Teknis i Stockholm", säger han.

Pappa vägde 17 kilo när han började första klass. Han hade astma och hjärtfel och blev befriad från det mesta i gymnastiken. Han fick kasta varpa.

Med Uppsala som förebild

"Är Ni villig att gå in i Rashygieniska Sällskapet? Vet Ni andra biologer i Upsala som skulle vilja gå in?" frågar Herman Lundborg, som alltså var professor i rasbiologi, på ett brevkort till farfar den 11 februari 1921.

Var han villig att gå in? Jag vet inte. Men hösten 1922, när Statens Institut för Rasbiologi hade öppnats i Uppsala, håller farfar tillsammans med Herman Lundborg och Nils von Hofsten de första orienterande föreläsningarna. Nils von Hofsten var professor i zoologi i Uppsala och den som sedan skulle leda det svenska steriliseringsprogrammet. Ämnet för föreläsningsserien är: "Ras- och ärftlighetsfrågor med särskild hänsyn till Sverige."

Herman Lundborg var tjugo år äldre än farfar. Han var inte biolog utan medicinare och skrev ett mastodontverk om en blekingesläkts nedgång och fall. Det vägde sju kilo. Avhandlingen är en sedelärande historia om vad som händer om man gifter sig fel. En släkt kan gå från storhet till misär på grund av ärftliga defekter. Och detta höll på att hända hela nationen, ansåg Lundborg.

Rasbiologiska institutet tycks ha bytt lokal flera gånger. Men till att börja med flyttade Lundborg in med sin personal i några rum i gamla folkskoleseminariet i Uppsala. Ett stramt vitt hus i nyklassicistisk stil, som numera kallas Dekan-huset. Det ligger mellan Domkyrkan och Trefaldighetskyrkan, mitt emot ärkebiskopens bostad.

Fem år senare, 1927, öppnades ett motsvarande institut i Berlin "för utforskande av det tyska folkets rasbiologiska förhållanden". Enligt Herman Lundborgs pärmar med tidningsurklipp, som finns på Carolina, var institutet i Uppsala en förebild. Lundborg var också mycket uppskattad i Tyskland för sina rasteorier och 1936 blev han hedersdoktor i Heidelberg.

Bland breven jag får låna av min faster ligger även tjocka kuvert med brev som farmor skrev till sina föräldrar. Den 1 oktober 1922 nämner hon Rasbiologiska institutet. Hon har då varit gift med farfar i drygt ett år, han är lektor i biologi och hälsolära vid folkskoleseminariet i Uppsala och hon är stolt över honom.

Hon använder smeknamnet Måns om farfar och skriver till sina föräldrar:

> Måns gick just nu till Botanicum med orden "ja, jag drar väl åt Hellsicke tillsvidare!" Skönt. Måns knogar på i sitt seminarium. Jag hade nog väntat, att han skulle vara mera utledsen på arbetet och trött, men det går bättre än jag hoppats. Fast inte tycker han det är roligt förstås. Det är mycket att göra, bara att samla ihop material till lektionerna tar ju sin dryga tid. Så håller han på att göra skioptikonbilder likaledes för seminariets räkning som jag sedan får klistra i ordning. Men det får jag en hacka för. Så har professor Lundborg anmodat Måns att hålla ett par föreläsningar i den serie av 10 diton, som rasbiologiska institutet anordnar. Den ena har redan gått af stapeln, nummer två i morgon i universitetets största lärosal X, som visst var besatt till 2/3. I morgon går jag kanske och hör på. Sen kommer Hofsten med tre föreläsningar och Lundborg själv med de övriga. Vidare har professor Sjöström på Ultuna bett maken hålla högtidsföredraget på deras terminsavslutning den 20 oktober. Och så ska han skriva en liten avhandling till Nilsson-Ehles festskrift (han fyller 50 år i rappet) samt avge ett utlåtande om ett betänkande över sexualundervisningen i riket. Puh och allt inom denna månaden. Så skall 100-årsdagen av Mendels födelse avfiras i Brünn, och där är en större internationell kommitté som utfärdar inbjudan till densamma, och bland en massa annat fint folk står också min lilla Måns som inbjudare! Kors i all sin dag! Så fint! /.../

I går muntrade vi upp oss med att se Strindbergs "Dödsdansen", men den var så faslig att den till sist lämnade oss oberörda. Invigde min vita jumper till den bruna sidenkjolen. Mycket fint, tyckte Måns också.

I *Svenska män och kvinnor* (Stockholm, 1944) läser jag att farfar var den förste i Uppsala, som gjorde mendelska ärftlighetsförsök. Det var dock Herman Nilsson-Ehle, botanist och ärftlighetsforskare i Lund, som på allvar introducerade Mendels teorier i Sverige. Nilsson-Ehle blev berömd för sina nya vetesorter och satt även med i Rasbiologiska institutets styrelse.

Gregor Mendel upptäckte att man inte ärver egenskaper, utan anlag, från sina föräldrar och att anlagen nedärvs oförändrade generation för generation. Varje individ har *två* arvsanlag för varje egenskap och varje förälder lämnar *ett* av sina anlag till avkomman vid befruktningen. Avkomman får då hälften av moderns anlag och hälften av faderns, och därmed en komplett uppsättning av två anlag för varje egenskap.

Och Mendel själv? Jo, han var en munk som 1865 höll ett par föredrag i den naturvetenskapliga föreningen i Brno i nuvarande Tjeckien. Han hade gjort försök med ärtor, men de flesta av åhörarna somnade när han redogjorde för sina ärftlighetslagar. År 1900, när farfar var tolv år, återupptäcktes hans lagar. Flera forskare hade då kommit till samma resultat.

Farfar gick till Carolina varje lördag. Det gjorde alla professorer, berättar min faster. Fruarna översatte avhandlingar och skötte hem och barn under veckorna och på lördagarna försvann männen till Carolina. Här satt de och studerade tidskrifter och diskuterade.

Jag diskuterar inte, jag är glad att jag är anonym på Carolina. Jag läser referaten av några föreläsningar på Rasbiologen, de finns också i Herman Lundborgs klippärmar.

Det var fri entré och ljusbilder. En del så populära att man fick byta från universitetets lärosal X till universitetsaulan.

Tidens vetenskap förkunnade bland annat:

Av korsningar mellan fjärilar kan man lära om rasblandning hos människor. Den första korsningsprodukten producerar inte fullt normala könsceller och leder till "en avkomma med mindrevärdiga egenskaper. Någon principiell olikhet mellan ärftlighetens mekanism hos en växt, ett djur och en människa existerar inte".

Precis som i växtlivet kan också nya människoraser skapas. På samma sätt som man kan korsa högavkastande engelskt vete med härdigare nordiska vetearter och på så sätt främja både avkastning och härdighet, skulle man kunna åstadkomma människor "med exempelvis negrernas anpassning till sitt klimat kombinerad med vår begåvning".

Ju högre samhällsklass, desto större huvud. Och ju starkare inslag av nordisk ras, desto större begåvning i matematik och naturvetenskap.

De begåvade släkterna är på utdöende. Kaiser Wilhelminstitutet i Berlin har undersökt 3 490 professorsfamiljer och funnit att det i varje professorsfamilj finns i genomsnitt 2,35 barn. Att jämföra med 5,52 barn per äktenskap i en nedersachsisk by.

Matematiska formler kan åskådliggöra sambandet mellan kroppsliga och själsliga fenomen.

Fullständigt omusikaliska föräldrar har uteslutande omusikaliska barn.

Och så vidare.

Jag packar ihop Lundborgs klippärmar och återvänder till handskriftsavdelningen där farfars brevsamling finns.

I ett av breven ber Herman Lundborg farfar att skicka in sitt porträtt att eventuellt hängas upp på Stockholmsutställningen 1930. Funktionalismen presenterades här för första gången i Sverige för en större publik. Även Rasbiologiska institutet deltog med en särskild avdelning kallad Svea Rike. Texterna skrevs av författaren och journalisten Ludvig "Lubbe" Nordström, känd för sina radioreportage om "Lort-Sverige". Här redovisades också genomgången av ”Stormor i Daloms” släkt, ättlingarna till en prästfru från 1600-talet. Ett bevis för att bondebefolkningen, särskilt Dalarnas, utgjorde Sveriges ryggrad.

Jag vet inte om farfars porträtt kom med. Han kommenterar utställningen kortfattat i brev till farmor den 3 augusti 1930, när han passerar Stockholm på väg till England:

> ”Svea rike” var ju roligt, äfven om det hade ett stänk af tivolinöje. ”Hurra, hvad jag är bra i da” skulle nästan kunna sägas vara kontentan af Lubbe Nordströms ”röda tråd”. Urbaniseringen har ju i hans tycke endast goda sidor. En liten treflig film från fackskolan i Upsala med Lundell och dr Ida Norrby var ganska nöjsam. Då och då visas nämligen svenska filmupptagningar på ”Svea rike”. Ja, sedan hamnade jag i ett bostadshus i ”funkis”-stil. Jag kände mig rätt trött och föga receptiv, och när jag såg på klockan, var hon half sju.

I källaren

Bilderna från rasutställningen och Rasbiologiska institutets verksamhet finns på Kart- och bildavdelningen på Carolina. Jag har ringt i förväg och vet att farfars porträtt finns där. Ändå – när jag bläddrar i högen och hans ansikte plötsligt dyker upp, med slipsnålen som ett tredje öga, måste jag ta tag i bordskanten. Jag sjunker ner på en stol som påpassligt står i närheten.

"Du har väl inte klaustrofobi?" säger Margareta Lindgren, chef för avdelningen.

"Oh nej", säger jag och försöker se ut som om det var sant.

"Bra, då kan jag låsa in dig längst ner i källaren. Där har vi det hundratal album som är samlingens kärna, bland annat nakenbilder."

I hissen ner berättar hon historien om hur bilderna kom hit. En dag i början av åttiotalet får hon ett telefonsamtal från Institutionen för medicinsk genetik, som gamla Rasbiologen numera heter.

"Han sa: 'Vi ska flytta och tänker inte släpa med oss de här gamla bilderna. Om ni inte hämtar dem illa kvickt, så slänger vi hela högen i Fyrisån här utanför.' "

Hon kastar sig iväg och lyckas rädda den stora samlingen. Mer än 12 000 fotografier, 1 000 namngivna porträtt. Väl tillbaka på Carolina möts hon av undrande frågor: Ska vi verkligen spara på de här?

Margareta Lindgren låser upp och visar mig hyllorna med de stora, tjocka albumen. Skinnklädda med rejäla mässingsskruvar i ryggen och slejfar med tryckknappar. Hon lovar att komma ihåg mig.

"En gång glömde jag bort en person här nere", säger hon och vrider om nyckeln.

Det luktar Björnklister. Förmodligen från nytillverkade pappmappar några meter bort. Bakom mig står flera ställ med hoprullade kartor i gulnad väv. På en hylla ligger nötta skolplanscher med insekter, svampar och fiskar.

Jag tittar i förteckningen: Nordiska typer, lappar, judar, zigenare, tvillingar och trillingar, brottslingar och andra undermåliga, främmande rastyper, kåtor och stugor.

Jag börjar med albumet över Rasbiologiska institutets personal. Här finns inte farfar med. Alltid något. Han höll föreläsningar och skrev, men var inte anställd på institutet. Chefen Herman Lundborg sitter i vit rock vid sitt skrivbord. Han har en stor liggare framför sig, bredvid står en bukett liljekonvaljer, man kan ana doften. Han håller en trälinjal i handen som om han vore beväpnad. Han ser bestämd ut.

Lundborg var särskilt intresserad av samerna, eller lapparna som han kallade dem, och gjorde flera resor för att mäta och fotografera dem. M 11 heter ett av de stora albumen – det måste väga flera kilo. "Helbilder av lappar och lappblandad befolkning 1927–28 och 1932" står det med vacker textad skrift. Centrerad, ordentligt uppmätt.

Vita, helnakna kroppar. Som porslin mot kolsvart bakgrund. Händer, nackar, ansikten och fötter är mörka. De står på ett vitt lakan med en upphöjning. Ligger det en telefonkatalog under? Unga pojkar och flickor. Äldre kvinnor och män.

M 9: "Helbilder av nomadskolegossar från olika lappmarker 1932."Tre nakna pojkar på led på samma lakan, fyra pojkar på led – nej, fem pojkar på led. Namn och adress på några av dem.

Jag vill ut härifrån, men det är en timme kvar tills jag ska bli hämtad.

"Judar. Bilder från rättsmedicinsk undersökning 1931." En bankdirektör med familjemedlemmar. Det börjar som ett familjealbum. Kostymer och mjuka sidenblusar. Därefter profiler, vänster, höger. Sedan vänsterhänder, högerhänder, avgjutningar av gommar. Så röntgenbilder på händer, på kranier, nio bilder på kranier.

Bilder från Landskrona tvångsarbetsanstalt. Nakna kvinnor. Helbild, halvbild, profil, vänster, höger, framifrån och bakifrån. Några ler ett snett tillkämpat leende. De äldre kvinnorna visar inte mer än brösten. Kanske var fotografen blyg? Det finns ett foto på honom också, en ung man med stela små vågor i håret som om havet dragit sig tillbaka för gott.

En äldre kvinna har tjocka flätor, hon ser ut som en indianhövding. Hon ser rakt igenom mig. Jag slår ihop albumet.

Jag tänker på vad farfar skrev i det konservativa idéorganet Svensk Tidskrift 1942: ”En neger i Sydsverige har fått sju barn, en mulattavel som självfallet icke bör uppmuntras eller tolereras.” Och: ”I hjälpklasser eller sinnesslöanstalter undervisas drygt 5 000. Se där några stickprov på en icke önskvärd barnalstring.”

Vad hände med alla dessa så kallade undermåliga?

Ansiktena löses upp. Jag ser hela tiden min studiekamrat från socialhögskolan. Det är sjuttiotal och vi ska bli socialarbetare och förändra världen. Men jag vet inte mycket om världen. Jag tillhör de yngsta och har varken bott i fosterhem eller suttit inne. Jag dras till henne för hon har inte velourkläder i Mah Jong-tyg, utan jeans och blus och en livrem hårt åtdragen om den bulliga midjan. Hon är mycket äldre än jag och har stora bröst och verkar ha upplevt LIVET.

Hon bjuder hem mig till sin lilla etta i stockholmsförorten Kärrtorp. Det är korsstygnstavlor på väggarna och vi äter ”dopp-i-kopp”, mandelpotatis i smält smör, en rätt från Norrland. Men hon kommer från Småland och hon talar om sin by och vi dricker vin och vi dricker ännu mera vin och hon säger: ”Jag kan aldrig få barn.”

Hon berättar att hon blev våldtagen. Hon var fem år och hennes far anmälde inte mannen. Han sa att hon hade lockat honom.

Så då var det fritt fram för honom. Och för storebror också. Och senare för fosterpappan. Hennes ögon är isblå och de har blivit väldigt smala och hon knyter näven. Men hon lyfter den inte. Jag är rädd och jag vill gå för hon är stor och har kraftiga överarmar, men hon dricker ännu mera vin och säger att hon blev inspärrad. Diagnosen hette "lössläppt". Hon skrev på att dom fick klippa av äggledarna, så hon blev utsläppt. Hon rodnar – som om det var hennes fel.

Jag gick därifrån. Jag var tjugo år och skämdes för min ungdom och mina icke avklippta äggledare.

Så känner jag alltså en av dem, en av dessa människor som tvångssteriliserades i Sverige.

Min väninna måste ha tillhört dem farfar syftade på, när han skrev i Svensk Tidskrift att "Med kvalitativ befolkningspolitik bör alltså förstås sådana åtgärder, som syfta till att gynna de på skilda sätt dugliga människornas familjebildning och däremot så långt som möjligt hindra de i olika avseenden undermåligas fortplantning".

Luften är svår att andas, taket lågt, lysrören nakna och vassa. Ett värmeelement brusar långt borta.

Inte gråta, inte gråta. Gråter.

Så vrids nyckeln om och Margareta Lindgren tar mig upp till dagsljus och frisk luft. Jag är trött, men jag tänker att om jag bara fortsätter, om jag rullar mig igenom ytterligare några mikrofilmer, läser några skrifter till, några brev till, så ska jag till sist få se att farfar tog avstånd från sina idéer.

Han ska skriva att alla människor har lika värde.

Navet

Om nu farfar var rasbiolog och ville ha långa och blonda barn, varför gifte han sig då med farmor? 1,47 lång och dessutom tydligen kortskallig. Inte var det väl bara för att hon kunde tyska och kunde översätta hans arbeten?

För mig var farmor vacker. Kanske var han faktiskt kär i henne?

Jag dyker ner i breven och upptäcker att det inte alls går så lätt som jag tänkt mig. Inte bara för att de är så många och ofta svårtydda. Särskilt farfars. Han envisas dessutom med gammalstavning. Nej, det är något annat som tömmer mig på energi. Efter två brev måste jag lägga mig och vila. Och så håller jag på. Ett par brev och sedan vila. Och så breven igen. Jag önskar att jag vore forskare och tog mig an till exempel Selma Lagerlöfs brevsamling. Att jag kunde se det hela strikt vetenskapligt. Men nu är Ossian min farfar och Greta min farmor.

Jag tänker att detta, att min farfar var rasbiolog, det kan jag aldrig publicera. Det får bli mitt personliga projekt.

Men jag måste skriva. Jag förvränger och försöker skapa fiktion, jag ändrar namn och miljöer. Men texten är död.

Nu skriver jag alltså min berättelse i dokumentär form, det har blivit det enda möjliga. Och jag kan inte förtiga att han var rasbiolog. Det är själva navet.

Jag märker att mycket går förlorat när jag försöker berätta om innehållet i farmors och farfars brev. Deras egna formuleringar och sätt att se på tillvaron gestaltar dem bättre än vad jag någonsin kan göra. Det gäller såväl kärleken, som deras yttre konflikt och egna inneboende konflikter. Jag låter dem komma till tals själva genom sina brev. Men urvalet är hårt och naturligtvis mitt.

Hotel Baltic

Berlin 6.3.1921

Käraste min lilla Greta!

/.../

Sent i går sände jag mina kära föräldrar ett långt bref, där jag talade om den stora händelsen. Tänk hvad de skola bli glada öfver att få en sådan rar och älsklig sonhustru. Jag beskref dig ganska uförligt: hårbeklädnad, hudfärg, läte, kroppsvikt jämte andra egenskaper och färdigheter.

/.../

Din så lyckliga och innerligt tillgifna Ossian.

När farfar skriver till sina föräldrar och berättar att han friat till farmor, ligger han i svåra magplågor på ett hotellrum i Berlin. Hotellet ligger "gegenüber dem Stettiner Bahnhof" och heter Hotel Baltic.

Till min stora förvåning finns byggnaden kvar. Jag har åkt till Berlin för att om möjligt gå i farfars fotspår, men är beredd på att det mesta ska vara bombat och borta. Av järnvägsstationen Stettiner Bahnhof återstår en ruinrest, overklig som en teaterkuliss, flankerad av ett rostigt bevakningstorn från DDR-tiden.

Precis här gick muren genom Öst- och Västberlin och farfars hotell hamnade i öst. Att döma av arkivbilderna från tio- och tjugotalen var detta en livlig knutpunkt med hotell på rad, droskor och hattförsedda resenärer med svällande kappsäckar hopbundna med breda läderremmar. Nu är det skräpigt och ödsligt, en man rastar sin hund på det toviga gräset. Investeringsboomen har inte nått hit. Snart är det kanske som nere vid Potzdamer Platz, där Sony, Merzedes och andra företag reser skrapor mot skyn.

Jag känner genast igen fasaden till Hotel Baltic. Den har kvar sina små franska balkonger framför varje fönster, precis som på ett av farfars Postkarten. Men hotellskylten är nerplockad och i stället hänger där en banderoll med annons om platser i seniorboende. Det ser ganska tomt ut. En kvinna i röd sjalett sträcker sig ut över balkongräcket och stirrar på mig när jag fotograferar byggnaden.

Här checkar farfar in i mars 1921 efter att han hälsat på farmor och hennes föräldrar i Hagen im Westfahlen, en industristad i Ruhrområdet. Tyskland har förlorat första världskriget och det är kallt och mörkt på grund av kolbristen. Farmor arbetar som kemist på laboratoriet i Ackumulatoren-Fabrik Aktiengesellschaft i Hagen. Ett företag som också har fabrik i Nol norr om Göteborg.

Hon föddes i Malmö och var 17 år då hennes far Axel Estelle, 1912, blev forskningschef här på fabriken och familjen flyttade till Tyskland. Om Axel har jag hört berättas att han under hyperinflationen satt högst upp på en vagn och vaktade pengarna med pistol när det var dags för löneutbetalning. Farmor är alltså inte tyska. Är hon något utländskt, är det i så fall fransyska. Släkten heter Estelle och kommer från Marseille. Hennes föräldrar är kusiner. Det var deras morfar, respektive farfar, som invandrade till Sverige. Det har alltså gått ett par generationer och jag kallar dem därför svenska.

Precis som farmor var hennes föräldrar småväxta. Min pappa berättar att farfar negligerade släkten Estelle totalt. Han glömde bort att de fanns.

När min faster tog studenten höll farfar tal. Där satt tre generationer på kvinnosidan. Min faster, min farmor och farmorsmor i vita studentmössor. Ingen från farfars sida var närvarande, ändå framhöll han bara släkten Dahlgren i sitt tal. Han nämnde inte Estelle med ett ord.

Släkten var Dahlgren, Estelle var "de andra".

”Det var så självklart att jag reagerade först långt senare”, säger min faster.

Det som var fint var det svenska. Och det svenska var ljust och långt och blont. Det var forskning, uppfinningar och bedrifter. Farfar talade inte om löner och tjänstetillsättningar hemma vid middagsbordet, han stod över mänskligt skvaller. Han talade om Nansen och Nordenskiöld och andra stora nordiska män som trotsat polaris, mörker och kyla.

Farfar var äldst av fyra syskon och hans syster Karin gifte sig med just en sådan polarhjälte: Herman G Simmons, professor i botanik och rektor på lantbruksinstitutet Ultuna utanför Uppsala. Simmons var med på den andra av fartyget Frams färder, expeditionen 1898–1902 ledd av Otto Sverdrup till bland annat Grönland.

”Vi jämfördes jämt med våra kusiner Simmons. De var starka som björnar”, säger min faster.

Vid ett besök i Oslo åkte jag ut till Fram-muséet, ett manligt hjältemuseum med Kontiki-museet som närmaste granne. Jag gick ombord på Fram och jo, där fanns Herman G Simmons enkelhytt. Den stod utmärkt med en liten mässingsskylt. Här fanns en skinnfäll och en svensk flagga. Men britsen var väldigt kort. Var han inte längre – eller måste han ligga krokig?

Min pappa berättar att när kusinerna Simmons tog studenten fick de manschettknappar i guld av farfar. Själv fick han som studentgåva efterskänkt en bok han slarvat bort. Eller rättare sagt, han hade haft den ute i regnet och vågade sedan inte visa den för farfar.

Musiken

Farmor spelar en av sina grammofonskivor.
Det är Aases död ur Peer Gynt-sviten av Grieg.
Farmor är rörd.
Hon gråter.

Farfar sitter absolut stilla.
Vi andra skruvar på oss, rör en hand, vrider en fot.

Men farfar sitter helt orörlig.
Fastfrusen.
Han kan sitta orörlig genom en hel symfoni.

Förlovningsbreven

Jag återvänder till breven. Hur tänkte farfar när han valde att gifta sig med farmor? Jag hittar ett kort från april 1917, då farmor studerade i Uppsala. Farfar har sökt henne på adressen Sysslomansgatan 21 en solig förmiddag för promenad till "Asis", det vill säga Anatomicum. Hon var inte hemma. Farfar titulerar henne Ni och hoppas att skadan kan repareras, terminen är ju inte slut ännu.

Farmor läste kemi och det var på Chemicum de lärde känna varandra. Farfar "uppvaktade" henne genom att lägga jodkväve på hennes laborationsbänk. Så fort hon rörde sig det minsta, så small det.

Fyra år senare förlovade de sig nere i Hagen i Tyskland.

Farfar återupptog kontakten med min farmor året före förlovningen. Han var då 32 år och skulle åka på stipendieresa till Zürich.

Innan han lämnar Uppsala skriver han till farmor, som då är 25 år:

Upsala 5.10.1920

Kära Greta!

Du blir väl antagligen en smula förvånad öfver att jag besvärar dig med en epistel. Anledningen är endast den, att jag beslutat ägna denna dag åt brefskrifning med ty åtföljande innesittande, hvilket fördelaktigt bör inverka på en liten förkylning. Härvid kom jag också att tänka på dig; och då jag tycker det är ledsamt när tid och afstånd allt för mycket utplåna minnet af gamla vänner och bekanta, hälsar jag dig nu med några rader. /…/

Hur mås nuförtiden? Ägnar du dig åt husliga värf eller kemiska analyser? Ämnar du på allvar bli bofast i Tyskland eller återvända till fosterjorden? Jag har börjat min 27:e (!) termin i Upsala och kommer väl inte ifrån den evinnerliga ungdomens stad ännu på åtskilliga år. D.v.s. för närvarande väntar jag dagligen på pass för att resa till Schweiz, där jag tänker arbeta några månader på professor Ernsts laboratorium i Zürich. /…/

I Upsala gör man det vanliga: arbetar på laboratoriet, sköter kulturer, föreläser, tenterar ultunesare, skrifver litet smått, går på bio o.s.v. Föreläsningsskyldigheten är nu ganska betungande, men docentstipendierna äro ju också från och med i år rätt rikligt tilltagna, så man får ju inte klaga. /…/

I våras anlände en massa studenter från Wien hit inbjudna af studentkåren. Icke mindre än ett halft dussin kvinnliga botanister voro med i sällskapet. De trifdes naturligtvis mycket bra i Upsala, fetmade och fingo vara med om åtskilligt festligt. Nu ha så godt som alla de inbjudna rest. Jag följde häromdagen två af flickorna till stationen, hvilka afreste under ymniga tåreflöden. Ja, kontrasten mot Upsala kommer nog att märkas, då de komma åter till Wien. Den förbaskade Ententen* som skryter med sin "rättsfred", man kan verkligen känna harm och smärta öfver hvad som sker och skett. Det vetenskapliga lifvet i Tyskland lider naturligtvis oerhördt af tidsförhållandena. Dels äro de gamla internationella associationerna upplösta och nya bildade i hvilka tyskar ej få vara med, dels ha åtskilliga tidskrifter startats med afsikt att konkurrera ihjäl de tyska "Centralblätter". Mycket annat skulle ock kunna anföras. Bara valutasvårigheterna göra, att Berlineruniversitetet i år blott kan prenumerera på 140 tidskrifter mot 2 300 före kriget. /…/

* De länder som stred mot Tyskland och Österrike-Ungern under första världskriget, det vill säga Frankrike, Ryssland, Storbritannien, Italien och USA.

Ja, det blef mycket prat hit och dit. Det vore roligt att vid tillfälle få höra något om ditt lif och lefverne. Må så godt och var hjärtligt hälsad
Af vännen Ossian Dn

Farmor svarar omgående:

Hagen 16 oktober 1920

Lieber Ossian!

Vid 8-tiden i morse knackar det på dörren, vår lilla jungfru kommer in med ett brev, jag tar det och ämnar just lägga undan det, tills morgontoiletten är klar, då en blick på utanskriften kommer mej att tvärstanna, vad i all världen – – – jag tror det är från själva docenten Ossian!!!! Uppsalanytt! Halleluja! Och i ett flygande fläng stormade jag igenom ditt långa och innehållsrika brev, som så oväntat trillat ner över en stackars krake, som suttit och trånat efter ett livstecken därhemifrån, och som i all stillhet knorrat över den egna brevskrivningslättjan /.../

Men, vet du vad, du förstår väl att enda raka vägen mellan Stockholm och Schweiz går över Hagen, fast sträckan blir lite krokig (!) och så stannar du över några dar hos oss, om möjligt över en lördag och söndag, för då kan jag hinna att visa dej en underbar droppstensgrotta (hoppas geologen reagerar), vidare får geografen se det westfaliska höglandet, som är gudomligt t.o.m. för en svensk, men tyvärr kan jag inte locka botanisten med någonting, om du inte plockar med dej några "kulturer" eller ber farbror Bore att få låna lite isblommor. Ja, vet du, du får inte resa förbi oss, det vore nedrigt, man blir så gräsligt sugen på landsmän när man bor så här. /.../

Vad nu mej själv anbelangar läskar jag min själ med kemiska analyser av mer eller mindre egendomligt slag i en av landets största fabriker, där jag är anställd sedan i mars med en bra lön. Jag reder mej utmärkt, men det beror nog mest på att jag var så välekiperad när jag lämnade hemlandet, för här bör man akta sej för att handla, jag får svindel bara jag kommer in i en affär och hör hur det surrar tre-siffriga tal i luften, i fredstid nöjde man sej med en-siffriga på samma föremål. Brrr! Och maten är också lika ruskigt dyr, ett ägg kostar 2,60 t.ex. När jag känner mej särskilt mild till sinnes donerar jag familjen ett ägg extra och känner mej förfärligt pampig över mina självförsörjda pengar.

Eljest måste jag säga, att jag trivs gott här nere, i synnerhet i mitt arbete. Det är nämligen en alldeles idealisk umgängeston oss kamrater emellan, och med våra arbetare trivs jag alldeles särskilt bra. Och väldigt intressant är det ju att få titta in i en så där stor fabrik. Och det fick jag särskilt bra tillfälle till för en tid sedan, då jag som tolk för en svensk arbetare, som var här nere till utbildning, fick vandra igenom en stor del av fabriken. /.../

Jag har varit nog fjollig att gå med i stadens sångförening, trots min rösts ringa omfång, men jag ångrar det ej, man lär känna musiken på ett särskilt sätt. För tillfället övar vi in Beethovens 9:e symfoni. Konsert i slutet av månaden.

Snälla du, förlåt min rysliga stil, men jag sitter hoprullad i en korgstol och skriver med papperet i knät, om jag ska sitta som anständigt folk rätt upp och ner på en stol framför ett bord får jag rakt ingen inspiration!

Nu slut för denna gång! Hjärtligt välkommen önskar hela familjen men mest din gamla vän Greta E.

P.S. Vi bor Lessingstr. 1, nyss inflyttade i en stor o. trevlig våning, med plats för nattgäster!!!

Ett vykort visar huset där de bor. Farmors mor syns i fönstret på andra våningen. Jag undrar om det finns kvar?

Industristaden Hagen blev sönderbombad under andra världskriget.

Det blir inget av med farfars besök hos farmor på nerresan. Efter flera brev och postkort där hon skriver ”Oh, vad roligt att du kommer”, ”När kommer du?”, ”När kommer du egentligen?” skriver hon slutligen en knapp månad senare: ”Du må tro jag blev lång i synen när jag läste, att du inte kunde komma hit; men så lugnade jag mej lite längre ner på sidan, där du lovar att komma hit på hemresan. Och akta dej väldigt noga, om du inte håller ord!"

Hon berättar att hon satt upp farfars passfoto på skrivbordet. Och nu vill hon ha ett nytt, eftersom myndigheterna behöver detta för hans pass. Hon skriver också om en sak som glatt henne "alldeles hiskligt":

> Jo, när jag för en tid sen var hos en läkare för min sömnlöshet, så undersökte han mitt hjärta och fann, att det var alldeles oklanderligt, den svaghet, som jag lidit av i hela mitt liv har "vuxit bort" alldeles av sej självt. Och det har ju varit "pålen i köttet", som gjort mej så sorgesam och dyster jämt, som gjort att jag aldrig känt mej annat än som en halv människa. Förstår du, hur det känns för ett litet barn, att se sina kamrater stoja och leka och själv vara tvungen att sitta i en vrå och se på för att man inte orkar. Och sedan vart det att säga nej till all dans. Ännu i Uppsala, när jag var med dej på nationsdans, kunde jag ju inte hålla ut mer än en halv dans. Du, som ju är passionerad dansare, kan nog sätta dej in i hur svårt det var att bita ihop tänderna och säga till att "nu orkar jag inte längre" när det var som allra roligast. Och så nu, (sista tiden har jag ju anat att jag undergått en betydlig förändring, men först nu fått bekräftelse därpå), nu denna underbara befrielse att jämt kunna säga "du är frisk, du är som andra", å, det är något underbart. Och därför kan jag omöjligt ta den här elaka sömnlösheten med det sanna tragiska allvaret, äsch, det går väl över, hjärtat är ju bra, vet ja. Det går stadigt framåt. Ja du, gamle hedersmannen Stiernhielm hade bra rätt, när han sa: "Hälsan är allt. Allt, allt är alls intet, där intet är hälsan."

På resan ner till Zürich stannar farfar däremot till som hastigast i Berlin. Han skriver till farmor om besöket:

Zürich 21.11.1920

På kvällen i Berlin. Tog mina kappsäckar och vandrade direkt upp till Baltic, där jag fick ett bra rum och somnade. Morgondagen ägnades åt Berlin. Fem grader kallt och en bitande blåst. Den glans man väntar sig finna öfver en världsstad som Berlin, fanns ej mer. Människorna magra och ofta torftigt klädda, dålig belysning, inga illuminerade butiksfönster, droskor utan lyktor. Öfverallt funnos plakat med uppmaningen: ”Liefert die Waffen ab” [*Lämna in vapnen*]! Jag gnodde omkring hela dagen. Vid slottet sågs märken efter kulor. /.../

Jag blottade mitt hufvud för Robert Kochs* hvita marmorstod. En svensk känner sig en smula millionär i Berlin. Jag fick fjorton M för kronan, och då går det ingen nöd på en. Men för folket där nere, som har en ofta liten lön i mark, måtte det inte vara så roligt. Allt finns att få i Berlin, blott man kan betala. /.../

På aftonen åkte jag från mitt hotell till Anhalterbahnhof, där expresståget stod inne. Fullt öfverallt, trots jag var vid stationen tjugo minuter före afgångstiden. Det här var trefligt. Visserligen hade jag vis av gårdagen satt på mig dubbla kallisar och andra intimiteter, men en natt i en dragig korridor och med en andra klass biljett i fickan var verkligen ingen lockande utsikt. Der Schaffner [*konduktören*] hade ”ingen plats”. Kallt var det, då de förbaskade fransmännen skola ha så mycket kol, och jag frös trots påpälsningen; och efter en timme hade jag ilsknat till åtskilligt. En passagerare rådde mig att ge konduktören en hacka. Jag kände mig grufligt generad, då jag stack femtio M under näsan på gossen, men du skulle ha sett hvilken fart det blef på honom. /.../

Jag hade tur och fick ett mycket trefligt ressällskap. I Tyskland pratar man, som du vet, i all gemytlighet med sina medmänniskor. Jag slaktade en chokladkaka och snart var samtalet i gång. Utom undertecknad funnos i kupén en polsk skådespelerska, hörande till Reinhards sällskap, och som liksom jag

* Tysk nobelpristagare, lyckades odla tuberkelbacillen. Upptäckte också kolera- och mjältbrandsbakterien.

hamnat i tredje. Vidare en student, som sysslade med studier i cellulosateknologi, en tigande man, som läste en af titelplanschen att döma ganska omoralisk bok, ett medelålders par, som nu flydde från de af polackerna besatta tyska områdena samt slutligen två män, som snart lämnade tåget. Skådespelerskan måtte mest uppträda i dansroller att döma af de fotografier hon visade. "Nicht für jedermann" [*Inte för vem som helst*] sade hon och lät undertecknad skåda hennes Salomekort, där hon var naken ned till nafveln och mer till, litet dingelidang dock undantaget. För öfrigt var hon en snäll flicka, som bjöd på varmt te. Studenten donerade en slags kaka. Jag plockade fram en låda med svenskt mejerismör och ett paket rån. Det är roligt med tacksamma gäster; man nosade och vädrade och sade Ah och kunde inte nog uttrycka sin förtjusning öfver vårt Butter. Jag kunde inte låta bli att också plocka fram den af en omtänksam fader medsända medicinkonjaken med tre stjärnor. Allmän belåtenhet. När vi närmade oss Frankfurt entpuppade sig vår tigande medresande som fransman och flygare. Han berättade om de raider han gjort öfver Tyskland och talade bland annat om, att han varit en af dem, som släppt bomber på barnen i Karlsruhe under den katolska festen. Man var visst inte ovänlig mot honom, tvärt om. Man började tala franska med honom, hjälpte honom med bagaget, och studenten, som själf varit med i kriget, önskade lycklig resa. Jag var förvånad. Tänk om detta varit i Frankrike och rollerna ombytta. Den gifta damen var storslagen. Hon flydde nu från sitt land, två barn hade hon förlorat i kriget och genomgått och lidit mycket. Trots allt detta kunde hon visa vänlighet mot en cynisk fransman, som saknade takt och finkänslighet. Jag kände tårar i ögonen och kunde inte låta bli att fråga hur detta var möjligt. "Ja, hvartill tjänar hat", sade hon. "Alla ha vi felat. Hvarför skola vi göra lifvet svårare för hvarandra än hvad det är?"

Farfar skriver långa, detaljerade brev från Zürich, bland annat om hur upprörd han är över att den amerikanske presidenten Woodrow Wilson fått Nobels fredspris:

Jag har förut varit en beundrare af Wilson, men numera är han mig en vidrig företeelse, som jag afskyr. Hyckleri är mest motbjudande af allt. Wilson har uppträdt som profet och en ny Messias. /.../

Men allt var bara ord, fraser, humbug, Han har undertecknat "rättsfreden" och efteråt förklarat denna, om inte i allt, så dock i stort sett vara i öfverensstämmande med hans punkter och rättfärdighetskraf. Fy tusan! /.../

Snart skall man få höra den nye Nobelpristagaren öppna sin Homo Heidelbergensis-käke och prata om rätt och rättens triumf, om fred och frihet och allt möjligt ädelt och upphöjdt. Jag känner mig faktiskt upprörd och ledsen.

Farfar arbetar i laboratoriet i det nybyggda universitetet i Zürich, där man i vestibulen "släppt lös några futuristiskt-dadaistiskt sinnade målarsluskar, som åstadkommit häpnadsväckande saker; och ändå lär man ha målat öfver en hel del. Hvarför inte allt, frågar jag mig ofta. Jag går igenom den ståtliga portalen, som för till den biologiska afdelningen. På nedre botten finnes ett vackert zoologiskt museum med skelett af mammut, grottbjörn och andra trefligheter. En trapp upp till vänster ha vi 'Institut für allgem. Botanik'; stora präktiga väl inredda laboratorier finnes, och åttatimmars arbetsdag blir nästan ett behof. Hvad jag har för mig där intresserar dig väl ej, men för tillfället håller jag på med en löksort, som gärna föder tvillingar och trillingar och på mycket underliga sätt (flera embryoner i embryosäcken)."

Efter stipendietiden i Zürich gör farfar en avstickare till Italien innan han åker till farmor. Han konstaterar lakoniskt på ett kort från San Remo 11.2.1920: "Italienarna äro delvis stora fähundar." I Genua har han nämligen träffat en tyskfödd professor som inte fått föreläsa under kriget, trots att han bott 40 år i Italien.

Det finns inga brev om förlovningen, men farfar måste ha friat ganska omgående när han kommit till Hagen. Att döma av datum på hans resebrev kan han inte ha stannat många dagar hos farmor och hennes familj.

Den 10 mars 1921 skriver farmor att nu kan de fira fjorton dagar som fästfolk. Hon tänker på den solgula hästhov farfar gav henne och hoppas att deras liv tillsammans ”ska förflyta i solens och blommornas tecken”.

Två föga koagulerade ägg

Innan farfar åker hem till Uppsala gör han ett nytt besök i Berlin och tar återigen in på Hotel Baltic.

Det är inte svårt att föreställa sig honom i ett rum bakom en av de franska balkongerna. Hans brev är mycket detaljerade.

Jag kan se honom framför mig, där han ligger med sin tunna kropp i sängen. Han har placerat farmors porträtt på nattduksbordet, han "ligger utsträckt i horisontalplanet, har en synnerligt låg kudde och begagnar Berliner Tagesblatt som underlägg för papperet".

Den 5 mars 1921 skriver han till henne:

> På aftonen var jag åter i mitt hotel beredd att nästa morgon anträda hemfärden, men däraf blef ju intet. Jag vaknade vid tvåtiden på natten vid de mest infernaliska smärtor. Jag tog för gifvet, att det var fråga om ett perforerande magsår med ty åtföljande peritonit [*bukhinneinflammation*]. "Lilla Greta, lilla Greta" minns jag, att jag låg och stönade. Ljus lyckades jag tända men att ringa lönade sig ej, då båda dörrarna till mitt rum voro reglade. Det blef dock bättre, äfven om hvart andetag vållade mig smärta. Jag erinrade mig ett exempel på känslans relativitet, som vi läste i vår skolpsykologi: "Äfven en ringa förbättring hälsar den sjuka med glädje." Fram på morgonen lyckades jag krafla mig fram till dörren, låsa upp, ringde och fick om ett par timmar ett Sanitätsrath. Han, eller man kanske bör säga det, lugnade mig med att de starkt begränsade ömmande ställena, tydde på att det ej vore fråga om något Durchbrech, utan att jag endast bekommit en svår

maginflammation. Jag fick pulver med vismut och opium och hade det ganska drägligt nästan hela dagen. Att resa märkte jag snart det ej kunde bli tal om och fick vara glad öfver att kunna få ligga till sängs. /.../

Det är ingen anledning att vara ängslig för mig; jag försäkrar dig det, lilla Greta. Jag känner mig i dag rent af pigg. /.../

Man får nästan hallucinationer af diverse födoämnen, när man ligger här och digirerar en ensam äggula i den vida ventrikeln. Jag fantiserar om ett smörgåsbord med salta oliver, små röda rädisor med ljusgrön blast, rökt makrill, hummerklor och oljiga sardiner dränkta i tomatsås på rostade hvetebrödsskifvor. En brunstekt biffstek med mycket lök vore nog också godt fast liktydigt med självmord. Eller min mammas mandelmusslor med jordgubbssylt och vispgrädde, som vankas till jul och nyår! /.../

Nej, nu kan det vara nog med mina gastronomiska fantasier. Tro för all del inte att jag är något matvrak! /.../

Stackars Tyskland, som snart kanske kommer att tvingas underteckna en Versaillesfred no 2. Jag känner detta ganska tungt, trots all den personliga lycka som dessa dagar bringat mig.

Jag skulle önska skrifva mer till dig, men mitt "skrifbord" är en smula tröttsamt i längden. Sof godt, lilla Greta! Hälsa din syster och dina kära föräldrar.

Farfar avslutar brevet "Tuissimus Ossian", som betyder "Din alldeles egen" på latin.

Han skriver dagliga rapporter till farmor om avmagring och diet och resan som ständigt skjuts upp: "Någon hemresa blir det ej i dag, då jag nyss upptäckt att jag ej kan sitta utan oangenäma förnimmelser." Till slut kan han i alla fall sitta i länstolen och skriva, "klädd i ytterrock, strumpor och pyjamas". När det är dags för hemfärd den 8 mars ber han flickan på hotellet att knäppa hans kappsäckar så att han inte överanstränger sig. "Men inte sitter jag och skakar från Trelleborg till Sala, om jag inte kan få sofvagnsbiljett, det lofvar jag dig. Så var inte orolig! Jag skall gå långsamt och krokryggig och andra skola knoga på mina kappsäckar."

Dessa "infernaliska" magsmärtor efter förlovningen. Kan man sitta här 80 år senare och ställa diagnos? Nej, naturligtvis inte. Men jag kan inte frigöra mig från tanken att konflikten mellan hans känslor och hans teorier spelade in.

Innan magsmärtorna däckade honom, hann han i alla fall med att åka ut till Botanischer Garten i Berlin den 2 mars. Han berättar:

> Sedan jag sofvit den första natten på Baltic, stod jag upp, intog två föga koagulerade ägg, knäckebröd från Hagen och en kopp te samt susade sedan i väg med untergrunden till Dahlem. Som det var rätt tidigt på dagen beslöt jag mig för att först bese växthusen. De voro imponerande. Jag har aldrig sett maken. Jag kom dit med den föreställningen, att allt låg så där temligen i lägervall, men häpnade nu öfver rikhaltigheten och ordningen därinne. En del ömtåliga saker har förstås strukit med under Kappdagarna, då vattning och eldning ej voro tillåtna; men det märker ju ej främlingen.

Kappdagarna? I uppslagsboken läser jag att Wolfgang Kapp var en tysk konservativ ämbetsman som levde 1858–1922. I mars 1920 gjorde han en misslyckad statskupp. Han lät trupper marschera in i Berlin och upplöste nationalförsamlingen. Under 100 timmar var han rikskansler och diktator, men kuppen misslyckades på grund av bristande militärt stöd och generalstrejk.

Det låter ganska torrt. Betydligt bättre bild får jag i farmors brev den 16 oktober 1920:

> Under Kapp-dagarnas oroligheter fick man uppleva åtskilligt. För det första utbröt det ögonblickligen strejk bland arbetarna, så att när vi tjänstemän kom på morgonen stod där framför varje ingång en martialisk arbetare med gevär på axeln och spärrade ingången för oss. Och när strejken efter några dagar äntligen var avblåst var oroligheterna minsann inte slut för det. Ibland hände det att sirenen från rådhuset tutade ända

till tre gånger om dan för att kalla samman de beväpnade arbetarna. Det var full och regelrätt strid i Hagens förstäder, så att vi hörde maskingevären ända hit. En natt under påsken väcktes vi av gevärseld inne på våra gator, vi rusade upp i den fasta tron att gatustriderna med de röda var i full gång, klädde oss och gömde undan pengar och dyrbarheter och väntade att vart ögonblick få se vilda horder tränga in i bostaden. Emellertid var det bara alarmskott, vilket inte hindrade att jag hunnit få en ordentlig nervchock innan vi fick veta det. Ett par gånger hade vi planerat för flykt över till besatt område.

Men nu är det alltså mars 1921 och farfar befinner sig i växthusen i Berlin, där några ömtåliga saker strukit med under Kappdagarna för ett år sedan. Han fortsätter i brevet till farmor:

> Massor med underliga orchidéer ståtade med sina praktfulla och fantastiska blommor. En sal med blommande camelior kom mig att tänka på Riviera di Levante. Ormbunkssamlingarna voro imponerande. Bananer med frukt, som Linné med sådan förtjusning skådade i Cliffords trädgård i Holland, funnes också här. Treflig var den rikhaltiga samlingen af succulenter från skilda familjer. Ett kaffrerkranium med en grönskande Cotyledon hängde som en ampel; så en gång funnen i öknen.

Jag åker naturligtvis till Botanischer Garten när jag är i Berlin. Särskilt nyfiken är jag på att se om "kaffrerkraniet" hänger kvar. Jag har slagit upp ordet kaffrer och fått veta att det är en nedsättande, numera förlegad benämning på bantufolk i södra Afrika som inte omvänts till islam eller kristendom, till exempel "zulukaffrer".

Det är mars precis som när farfar var här och jag går direkt till "varmhusen". Jag kan bara instämma: Jag har aldrig sett maken. Sexton sammanbyggda växthus där man vandrar genom tropisk och subtropisk vegetation, berusas av färger och dofter, tar igen sig på små bänkar, lyssnar till vattendrag och fåglar. De främre husen är höga och ståtliga med tinnar och torn. Mycket tycks vara som på tjugotalet, i alla fall de imponerande orkidé- och kameliasamlingarna. Här vill jag stanna, men jag dras till succulenterna och kaktéerna. Jag finkammar växthus H och I, där dessa växer, men något ”kaffrerkranium” kan jag inte hitta. Det hänger visserligen en ampelväxt här nu också. Men i en plastkruka.

Innan farfar tar sig upp ur sjukbädden på Hotel Baltic och reser hem till Sverige meddelar han farmor den 7 mars att han skrivit brev till en kvinna vid namn Ellen:

> I går kväll skref jag ett bref till Ellen, den kvinna vid hvilken jag en gång varit så innerligt fäst, och meddelade henne den stora outsägliga lycka som blifvit min. Det är nu mer än tio år sedan våra vägar skiljdes. Det gick många år, innan mina hjärtesår ärrades, och jag trodde mig alltid vara dömd till att vandra i öknen. Men ”af år, som stormat och förrunnit, blott snäckskal ligga kvar på strand” (Levertin). Hvad bäst var, det skedde. Nu har jag ju fått och vunnit dig Greta, du mitt eget lilla, kära rara älskade Gretabarn. Jag är så lycklig att ha fått den enda jag ville ha. Jag känner mig så glad och rik.

Farmor vet nu vad det vill säga att gå med ”klumpen”, ett uttryck hennes mormor använde när hon ängslades för något. Hon är glad för meddelanden varje dag om hur farfar mår, annars hade det nog ”varit lite tjyvigt att sitta här nere solokvist med klumpen”. Hon har magrat och tacklat av ”en hel hög” på grund av hans sjukdom. Hon sitter och skriver på labbet, det är soligt och lika vackert som för fjorton dagar sedan då de förlovade sig:

> Men i dag fick jag stå i svavelväteatmosfär och titta på solskenet genom dimmiga fönster! Usch! Och solen som nära nog blivit min enda religion. Det gör mig så oändligt ont om alla dessa bleka ungdomar, som mist all lekamlig och andlig färg inom fabriksmurarna. Adolf, min vis-à-vis är 19 år och

har varit på laboratoriet sen han blev 13. Sex långa år redan. Och det är först med revolutionen som den barmhärtiga 8-timmars arbetsdagen införts. Men man kanske ska ha varit arbetande i fabrik själv och fått känna på för att veta, att på andra sidan 8-timmarsgränsen vidtar rena barbariet. Det är min erfarenhet.

Farmor drömde nog inte om en egen vetenskaplig karriär. Av hennes skildringar från fabriken i Hagen förstår jag att hon ser äktenskapet som en befrielse. Men samtidigt är hon rädd att farfar ska behöva offra något för hennes skull.

Och farfar? För mig var det alltid så självklart att han var professor. Även om jag visste att han inte hade en professur, utan professors namn. Jag blir förvånad när jag läser om hans tvivel:

> Snart kommer, om allt går efter beräkning, min kollega, docent Kylin, att utnämnas till professor i Lund. Följaktligen blir hans lektorat här vid seminariet ledigt. Skall jag söka det? Det är verkligen ytterst svårt att besluta sig. Blir jag skolmästare, får jag visserligen "stadigvarande anställning", ökadt medborgerligt förtroende, pension o.s.v., men man får då också nöja sig med att bedrifva vetenskapligt arbete mera på lediga stunder. Vore befattningen inte i Upsala, skulle jag aldrig tänka på att söka den; men det är just det den är. Nu har jag visserligen docentstipendium och ekonomiskt alltså nästan lika bra som en lektor, fast ofantligt mycket trefligare arbete. Men om sex år är det slut med fröjden, och då kanske man får söka ett lektorat i Luleå. På professur är ej att tänka, då så många framstående, äldre och obefordrade botanister olyckligtvis nu finnas i Sverige. Som skolmagister kommer jag väl att sluta, och då kanske det kan vara så godt att sälja sin själ med detsamma. Du förstår, att man kan vara villrådig och att hur man gör, så är det galet.

Farmor svarar den 10 mars: "Du blir tvungen ge vetenskapen på båten. Det tycker jag är rent förfärligt. Inte kan stackars lilla jag ersätta dig vad du förlorar i och med din vetenskap, du överskattar mej så hemskt, jag är en sån fasligt vanlig liten flicka, det kommer du nog snart underfund med när vi varit gifta några år."

Om farmor uppfattade vetenskapen som en svår rival, tycks hon ha känt sig betydligt säkrare när det gällde Ellen. Vid den här tidpunkten visste hon inte hur mycket, och kanske framför allt inte vad, Ellen betydde för farfar. Hon skriver att hon hoppas att farfar ska känna att han kan tala med henne om Ellen hur mycket han vill: "det plågar mej inte på minsta vis, och jag skulle ta det som ett stort förtroende till mej som livskamrat och människa, om du i vårt blivande lilla hem hänger upp hennes porträtt på väggen."

Farfar blir rörd över förslaget om porträttet och skriver till farmor den 14 mars: "När jag läste hvad du skref om Ellen, och du bad mig inte taga bort hennes porträtt, skymde det för mina ögon. Ack lilla Greta, du min älskade, du är så fin och god och förstående."

Han skriver också att han tror att farmor ska bli "en god arbetskamrat, den bästa jag kan få för öfrigt. /…/ Det skall bli så roligt att få föra dig in litet på mitt område. Du kommer nog att intressera dig. Men mycket enformigt och mekaniskt arbete finnes också på ett botaniskt laboratorium, det bör du nog göra klart för dig. /…/ Hosta nu opp 'klumpen' och sof så godt!"

Ej skördar man fikon på tistlar

Jag heter inte Vilhelm. Det gjorde min farfarsfar och min farfar och hans bror. Och det gör min pappa och mina farbröder, mina bröder och åtta av mina nio manliga kusiner.

Det skulle dröja åtta år innan jag fick en kusin som inte var döpt till Vilhelm. Min mamma är enda barnet, så på den sidan blev det inga kusiner alls.

Jag var utom tävlan. Släktchiffonjén från 1700-talet med leksaker, brev och dagböcker från sex generationer tillbaka skulle ärvas av äldste sonen, sa farfar. Och sedan vidare till hans äldste son. Den 25 juni 1933 skriver farfar i Svenska Dagbladet: "Som gosse såg jag denna byrå hos min farfar, den ljuslynte och lärde jubeldoktorn Otto Dahlgren (1821–1905) i Alingsås. De höga stakarna stodo där också på hans tid. Min far, disponenten O.Wilh. Dahlgren (1858–1921) i Sala, ärvde den sedan i egenskap av äldste sonen. Han var en pietetsfull man, som förökade samlingarna. Nu står denna sekretär på hedersplatsen i mitt hem i Uppsala, ty också jag hade förstfödslorätt."

Farfar beskriver innehållet och avslutar artikeln: "Att tillhöra en god ätt ger en känsla av lugn trygghet och stolt tillförsikt. Jag hoppas att få många barnbarn, ty som gammal ärftlighetsforskare vet jag alltför väl, att den själviska kortsynthetens snåla tvåbarnssystem kan inom få generationer alldeles förinta en släkt."

Farfar fick femton barnbarn. Tio heter Vilhelm.

När hans far: Otto Wilhelm Dahlgren dött 1922, höll han ett minnestal över honom i Sala frimurareförening:

> "Hvar och en sin egen lyckas smed", säger ordspråket. Detta är också delvis sant. Vi få likväl aldrig glömma, att nuet i mycket är en produkt af det förgångna, att vi äro tidigare generationers arftagare. Jag tänker nu särskildt på den rasbeskaffenhet vi utan vår förskyllan fått som feernas faddergåfva. Ej skördar man fikon på tistlar, och ej växer god frukt på ett dåligt träd. Min fars släkt var tydligen en af dessa många, som göra vårt folk till en så ädel stam.

För farmor var det som om "solen släcktes" när svärfar Otto dog. På en bild i fotoalbumet buffar hon på hans tjocka mage. Han har väst och klockkedja och farmor vit spetsblus och rutig hängslekjol. Det är tre veckor innan han ska dö. Båda skrattar och jag anar att han håller om hennes midja.

Otto ger ett jovialiskt intryck. Under åren på Teknis i Stockholm var han redaktör för Blandaren. Han skrev under signaturen Sing, bildad av refrängen "Singdingduliandej". I släktchiffonjén ligger två tjocka dagböcker från 1883–86, då han for till Amerika för att lära sig om elektriciteten.

Jag hittar inga bilder där farfars mamma Alma skrattar. I stället ser jag en tunn allvarlig kvinna, spikrak i ryggen som farfar. Hon har vackra klänningar och kyliga ögon. "Fattig men vacker och stolt", säger min faster om Alma Dahlgren, född Tour.

Otto var industrialist och blev så småningom disponent för Sala Maskinfabriks AB. I minnestalet hyllar farfar hans insatser och berättar bland annat att hans far fått pris "af Industritidningen Norden för behandlingen af ämnet: Hvilka äro de förnämsta hindren för den svenska industriens blomstring, och huru skola de undanröjas?"

Även farfars bror Richard var industrialist och blev vd för Eskilstuna Stålpressnings AB. Han var med och utvecklade svenska arméns hjälm.

Men när farfar skriver som rasbiolog är det tvärtom industrialismen och städerna som gör att "vår folkstam förtvinar". Han konstaterar att de som togs ut till krigstjänst i första världskriget var de fysiskt och psykiskt bästa. ”Ett fruktansvärt urval: men trots all sin fruktansvärdhet har kanske kriget dock icke anställt större förödelse bland kulturfolken än några decenniers nutida västerländsk kultur med sin industrialism och sitt stadsliv.”

Hos mamma

Farfar lämnar alltså Berlin i magplågor. Han reser till föräldrahemmet i Sala, där han sköts om av sin mamma, som "förplägar" honom "med ägg och grädde och hvetebröd". Men han är orolig för farmor. Weimarrepubliken, som Tyskland kallades 1919–33, var en tid av arbetarrevolter omväxlande med högerkupper som Kappdagarna. 1919 utbröt Spartakistupproret, en arbetarrevolt i Berlin, och nu i mars 1921 tycks det vara dags igen.

Men farmor lugnar honom:

> Av tidningarna du sänt (Dag.Nyh. o. Sv. Dagbl.) ser jag, att det står en hel del alarmrykten från Spartakistdagarna här. Men vi har inte hört ett dugg, och än så länge har det varit alldeles lugnt i Hagen. Var inte ängslig. Alla människor tar det med ro, inte minst våra vanliga arbetare. Enda skillnaden är, att man ser "die Sicherheitspolizei" med gevär på axeln på gatorna. I Gevelsberg (två stationer härifrån på vägen till Elberfelt) har dom visst knallat och skjutit. Men vi ger oss ju inte ut på några äventyr och lilla Estelle tänker på sin Ossian och håller sej beskedligt hemma.

Tolv år har gått sedan farfar trodde sig "dömd att vandra i öknen", men av breven från konvalescensen i Sala förstår jag att Ellen är ständigt närvarande i hans tankar. Så döpte han också min faster, enda dottern, till Ellen som förstanamn.

Han ber Ellen att också skriva till farmor. Detta brev, daterat den 17 mars 1921 Väster Tuna prästgård, Sellnäs, ligger i samlingen. Liksom återkommande brev hon skrev till dem under hela deras äktenskap. Men eftersom man inte har citaträtt förrän 70 år efter författarens död, får jag nöja mig med att referera vad Ellen skriver.

Tonen är närmast religiös, hon skriver om vilken lättnad det nu är att HON har kommit som ska lätta på skuldbördan. I mer än femton års tid har hon tyngts av känslan att ha förstört livet för farfar. Hon skriver också att Ossian är en stor man, hon har aldrig upptäckt minsta fläck på hans nobla karaktär. Och han är mäktig en kärlek som vida övergår vad människor i gemen är mäktiga.

Hur reagerade farmor på detta? Jag väljer ett brev hon skrev till farfar några dagar senare:

> Å, vilken dag det har varit i dag! Bara, bara glädje. I dag morse bragte posten mej ett brev från Ellen, så fint, så nobelt och kärleksfullt. Vilken god och ädel människa hon måtte vara! Jag har läst hennes brev väl tio gånger och gömmer det som en dyrbar klenod. Jag har just nyss besvarat det, men mitt scriptum tyckes mej så torftigt och tunt bredvid hennes djupa tongångar. Du kan inte tro hur lycklig jag är, som får räkna henne till mina vänner, och får innerligen hoppas, att den personliga bekantskapen en gång gör utbytet ännu rikare än det ju kan bli per brev.

På detta svarar farfar: "Ellen har skrifvit till dig, meddelar du. Ack Greta, jag håller inte minst af dig för din förståelse och ditt varma hjärta, för hvad du sagt och skrifvit om mitt förhållande till min ungdoms älskade. Hon har betydt så mycket för mig; och det hade varit gränslöst svårt och hårdt, om du fordrat, att de band af varm vänskap, som fortfarande binda oss, skulle brytas för alltid."

Vem var Ellen? Och vad var det som hände, som fick farfar att känna sig förpassad ut i öknen? Hela berättelsen finns i de brev han skrev till sina föräldrar under sin ungdomstid. Men dessa hade farmor säkert inte läst. Hur mycket berättade han för henne? Det är en underlig känsla att sitta här med breven och förmodligen veta mer än vad farmor gjorde då. Och det var ju ändå henne det gällde.

Farmor var nästan 26 år när farfar friade. Kanske började hon se "glasberget" framför sig, ett helt liv i laboratoriet med dess svavelväteatmosfär. Hon skriver till farfar att hon "aldrig haft ett uns av vad man kallar 'herrtycke', underligt att du över huvud taget upptäckt att jag finns!"

Farfar återkommer till Ellen i breven och den 12 april 1921 skriver han:

> Jag är dig så innerligt tacksam för att du ej sökt tvinga mig, att alldeles meningslöst bringa en människa lidande, hvilken alls inte förtjänar det. Ack Greta, jag hade aldrig kunnat hålla af dig som nu, om du handlat på annat sätt; ja, jag har aldrig ens tänkt mig, att du kunde handla på annat sätt än du gjorde, nobelt och fint. Men jag känner mig ändå värmd och glad och tacksam. Du käraste Greta!

Här – om inte förr – borde nog farmor ha anat oråd. Men om hon gjorde det, så dolde hon det väl.

Hon var inte van vid husliga ting, som hennes mor uttrycker det, men nu sätter hon igång och handarbetar och förbereder sig för giftermålet: "Nu har jag spets till ett lakan färdigt. Och medan jag låg i påsk stickade jag ett par dammhanddukar enligt min mormors modell. Nu håller jag på att göra en duk av fyra servietter och tre meter mellanspets."

Hon syr sig också rockar "i stil med sin laborationsrock" att ha i deras blivande hem. Hon är glad att inte ha så mycket "ballast" med sig i boet. Hennes mor hade bland annat fått 20 dussin kökshanddukar när hon gifte sig.

Farfar är också full av planer. Han skriver inte bara om Ellen. Tvärtom utbrister han:

> Tänk att jag skall gifta mig med den vackraste studentskan i Upsala, den där lilla rara älskliga Greta Estelle. Ett tu tre

man sitter här med sitt arbete, spritter man till af fröjd, då man tänker på detta underbara faktum. Min kära älskade Greta, som håller af mig. Att veta detta är salighet. /.../

Jag har nu fått min skinnmöbel inflyttad. Det är väldans massiva pjäser och jag känner mig inte alldeles öfvertygad om att det var ett så klokt köp. I ett för litet rum passa de inte. Synd att jag inte hade min Greta som smakråd, när de i hastigt mod anskaffades. Det är mastodontfåtöljer, som tycks ha en släng af elephantiasis.

När jag blir litet piggare och får undan en del arbete, som ligger efter, skall jag spana efter andra möbler. Jag har sett en treflig sängkammarmöbel i hvitt. Bokhyllor skall jag låta göra enligt ritning. Tycker du om björk i ett herrum eller hvardagsrum, hvad det nu skall kallas? Möbler blir nog inte så svårt att bestämma sig för och anskaffa. Värre är med rum att ställa dem i. Är emaljerade grytor bra? /.../

Vore inte en dammsugare en bra sak.

Söndags förmiddag hörde jag en koncert i aulan och kunde inte låta bli att titta opp till läktarna till höger, där jag under en vårkonsert satt tillsammans med die niedliche Chemikarin.

Det var alltså på Chemicum i Uppsala farfar träffade "den näpna kemissan".

Chemicum är en ståtlig byggnad från 1904 med tre gipsbyster i fasaden över entrén: Torben Bergman, Jöns Jakob Berzelius och Carl Wilhelm Scheele. Den ligger i den naturvetenskapliga "staden" som byggdes upp kring sekelskiftet alldeles bakom Carolina, intill gamla kyrkogården, där farmor och farfar nu ligger begravda.

De hade inte bara kemin gemensam, de tillhörde också samma matlag. De var vänner.

Men kanske var det redan då något mer? Farfar skriver den 12 april 1921:

Du tycker jag är "styf, som kan tiga så intensivt om vår hemlighet". Visst inte. Jag tycker det är så rasande roligt, att det är vår och inte en offentlig hemlighet. Min gamle gode vän Malmström, nu assistent på Skogsförsöksanstalten, har dock fått veta saken. "Jag kunde förstå det", sa han, "det gläder mig uppriktigt att höra". Hur han kunde förstå, det förstår inte jag riktigt. Visserligen har jag talat om dej ibland men i alla fall. Malmström är en genompräktig människa, en hedersman och en duktig karl. Jag sätter stort värde på honom.

Lite skojfriskt kunde farmor berätta att farfar höll på att slå upp förlovningen med henne när han upptäckte att hon aldrig smakat på en myra. Han var så förvånad, så besviken och upprörd över denna brist på nyfikenhet. Ändå var farmor just nyfiken. Hon läste humaniora, naturvetenskap, religion, psykologi. Precis som farfar var hon konservativ, men på äldre dagar läste hon Maos lilla röda. Och trots att hon älskade klassisk musik, kunde hon säga om ABBA: "Vet du, jag tycker att det låter riktigt fint!"

Farmor var nog på många sätt lik sin mor. Bildning var viktigt, hon led om hon inte fick tid att läsa.

Farmors mor, Karin Estelle, tog studenten. Hennes far var skeppsredare i Oskarshamn och en god vän till honom sa: "Vill flickan läsa, så skicka henne till Stockholm." Det ville hon och när hon återkom med den vita mössan på huvudet hyllades hon av hundratals människor på kajen som den första kvinnan i Oskarshamn som tagit studenten. Men det spottades efter henne på trottoaren också. Hon var född 1874, fyra år efter att det blev tillåtet för svenska kvinnor att ta studenten. Den första hette Betty Maria Carolina Pettersson och gick upp som privatist.

Karin Estelle läste Nordisk Familjebok eller gick på offentliga föreläsningar när andra kvinnor i hennes samhällsklass satt och broderade. Och hon måtte ha varit storsint. Hon tog hem farmors yngre halvsyster Gerty som sin egen dotter. En sjuksköterska i Malmö var Gertys mamma och eftersom Gerty var "oäkta" lämnades hon på barnhem.

Den 3 april 1921 skriver farmor till farfar om sin mor Karin:

Å, om du visste vad det gläder mej, att du håller så mycket av min lilla mor. Rent omedvetet gjorde jag som liten en indelning av släkt och bekanta, den ena delen älskade jag, den andra hade jag en oförklarlig aversion emot; och indelningsgrunden har jag senare upptäckt var: om dom var snälla mot mor eller ej! /.../. Och den aversionen har jag tills dato ej kunnat övervinna, trots somliga av dem bättrat sej. Man hör talas om folk, som aldrig kan glömma och förlåta en mot dem själva begången oförrätt, jag hör obönhörligen, oomkullrunkligen till den kategorien i översättning jag kan varken glömma eller förlåta en oförrätt mot mor. Och tyvärr, de äro legio. Och det fastän det är frågan om människor, som med lite eftertanke kunnat inse hur storartad mor varit. Om dom bara visste hur myggsmå dom är i förhållande till mor! Vad vi barn och vårt stackars hem har mor att tacka för, det kan aldrig betalas. Mitt hem, det har varit mor. Så länge mor har stått rak, har jag varit trygg och lugn, och det var bara en enda gång mor vacklade, men mer var det heller inte. Så du förstår, hur gränslöst tacksam och lycklig jag kände mej, när jag upptäckte, att du hade fattat mor utan att egentligen veta något, rent av känsla och instinkt. /.../ Och med allt detta till bakgrund har jag så lätt att förstå hur du känner det över att jag inte visat mej obarmhärtig och barbarisk gentemot Ellen. Vi har var sin liten varelse som vi vill vara aktsamma om och skona.

Så gränslöst sorgligt att din mor är så klen och sjuk; jag har sänt henne en liten hälsning per brev i dag. Jag har börjat ta i tu på allvar med ansträngningarna att komma från fabriken så fort som möjligt, i går skaffade jag mej ett läkarintyg på, att jag är "arbeitsunfähig für mehrere Monate" [*arbetsoförmögen i flera månader*]. I morgon ska jag söka upp passmyndigheterna, så mina papper inte lägger något hinder i vägen, om jag ett, tu, tre vill resa hem. Och mor och Gerty snurpar och syr för högtryck. Och allt efter som det blir färdigt läggs det ner i en särskild koffert, som ganska snällt fyller sej, d.v.s. där läggs även allt nytt i min personliga utrustning.

Farfar och hans blivande svärmor skriver också till varandra.

Den 23 mars 1921 skriver Karin Estelle:

Tycker jag ville sända dig en liten vänlig påskhälsning, då vi nu äro så långt bort i världen, att du omöjligen kan fira dina ferier hos oss. Det är riktigt synd, att du inte kan se din lilla Greta nu, då hon bara går ikring och strålar av idel lycka och glädje. Hon, som i vinter varit så trött och nedstämd, att det riktigt gjort ondt i hjärtat på en, hon är nu som en annan människa genom vissheten om din kärlek. Tack för allt du ger vårt lilla Gretabarn. Jag är så glad över all den välvilja med vilken de dina redan tyckas omfatta henne. Måtte hon kunna motsvara alla de goda tankar, ni alla hysa om henne och kunna ge dig all den lycka, du så väl förtjänar. Greta är ju inte precis ett vanligt litet flickebarn, den reflektionen har jag ofta gjort, redan som mycket liten visade hon sig som en ovanligt utpräglad individ. Men hon ser ju ingenting ut, och det är ju en sak som de flesta män äro mycket känsliga för. Därför har det gladt mig, att en sådan man, som du, förstått hennes värde trots hennes obetydliga yttre.

I morgon kväll ha vi bjudit hem Gretas chef med fru. Far vill då meddela dem Gretas glada framtidsplaner, så att de kunna få diskutera frågan, hur snart hon skall kunna bli fri från sitt labbisarbete.

/…/ Må så godt och sköt dig nu väl.

Din så tillgivna
tant Karin

Varför hon skriver att farmor inte ser någonting ut, förstår jag inte. Och det gör inte farfar heller.

Han svarar den 27 mars:

Hvad menar Tante med att hon ”inte ser något ut”? Man skulle nästan kunna tycka, att det är en onaturlig mor, som kan säga så om den lilla vackra och älskliga Greta. Jag fäste mig genast vid henne, då jag träffade henne i Upsala. Och nu älskar hon mig, och jag har ändtligen möjlighet att snart skaffa henne ett eget hem. Hvad lifvet ändå kan vara underbart härligt. Jag låter kanske barnslig men kan inte annat. Kära lilla Tante, måtte Greta kunna bli riktigt lycklig. Det är ett stort ansvar jag fått, men som är ljufligt att få bära.

Tysk förödmjukelse

Jag minns att vi läste i skolan om tysk förödmjukelse efter första världskriget. Att det var ur den Hitler hämtade näring. Men det var väldigt abstrakt. När jag läser farmors brev till farfar från den 7 april 1921 förstår jag bättre:

> Just nu berättar mor något hårresande från Düsseldorf. Vår tapetserare, en 55 års man, hederlig och vederhäftig, hade i dag haft besök av en f.d. kund, numera gift i Düsseldorf. Som du kanske vet har fransmännen dekreterat att så och så många våningar i "Hofgartenviertel"* ska ställas till deras förfogande. Klockan 9 en morgonkvist infinner sej hos sagda fru en fransk officer med familj, kokerska samt barnjungfru och meddelar, att samma dag klockan 3 tar han våningen i besittning. "und nichts darf mitgenommen werden" (*och inget får tagas med*), linne, silver allt ska stanna kvar! Tror du fransmännen har en gnista förnuft kvar?!! Stämningen i Düsseldorf befinner sej på kokpunkten, i synnerhet som de gifta officerarna, som tvångsinkvarterats i de fina familjerna kommer dragande med sina fruntimmer och diverse vanor. Det ska allt vara trevligt att vara anständig dotter i ett sånt hus! Omdömet om de franska officerarna är (även i Aachen på sin tid), att de är veritabla svin. Å, när jag tänker på, att något sådant skulle hända vårt lilla hem som man nu börjar bygga upp med så mycken kärlek och där alla små föremål får sin bestämda saga och sitt särskilda värde genom alla de tankar man förknippat med dom. Världen är så rå, så rå! Jag lever i

---

* Central stadsdel i Düsseldorf.

en sån underlig stämning om dagarna, å ena sidan min stora, svindlande stora personliga lycka, å den andra detta omätliga elände ute i världen.

Farfar svarar:

> /.../Hvad du skref om förhållandena i Düsseldorf är ju upprörande. Det är en beklämmande känsla detta, att ett af världens största och förnämsta kulturfolk metodiskt skall hindras i sin utveckling och hållas i fattigdom och träldom för generationer. Väl må Tyskland ha haft sina fel och begått stora oförrätter, men det har ju också straffats hårdt och mer än tillräckligt. /.../ Flera gamla ansedda vetenskapliga (och internationellt redigerade) tidskrifter i Tyskland ha nu lagts ner. Brist på pengar och bojkott från det fientliga utlandets sida äro orsakerna. I Amerika särskildt ha startats flera refererande konkurrenstidskrifter, som väl skola ersätta de tyska, som förr voro allenahärskande. Skada bara att man ej tolererar andra spåk än engelska och mer än lofligt negligerar tysk forskning. Men man vill ju befria världen från "the domination of german thoughts and hegemony", som det en gång stod i "Nature".

På Rasbiologiska institutet i Uppsala var dock de tyska forskarna välkomna. Att döma av Herman Lundborgs klippärmar var de flitiga föreläsare. Bland annat talade docenten friherre O von Verschuer om psykiska egenskapers nedärvning, professor J Lange om anlagens betydelse för ungdomsbrottslighet, professor Ernst Kretschmer om sambandet mellan kroppsbyggnad och psykisk konstitution och jesuitpatern dr Hermann Muckermann om den rashygieniska utformningen av framtidens folk.

Men institutet har inte öppnat än. Det skulle dröja till januari 1922.

Farmor fortsätter packa och förbereda flytten hem till Sverige. Hon skriver till farfar, som gett henne pengar till en päls, att hon är ”alldeles precis platt! Och så glad och lycklig och rörd och tacksam, så jag vet rakt inte vad jag ska göra med dej. /…/ Kära, älskade vännen min! Jag erinrar mej vad Ellen skrev om dej, jag behöver inte ta fram brevet för att kunna citera det, jag kan det ändå: ’Ossian kan offra mycket, offra med glädje för att göra sin kära glädje.’ Och nu har du offrat hela binocularmikroskopet för att kunna svepa mej i ett mjukt och varmt fodral.”

Men samtidigt är hon betryckt över situationen i Tyskland:

> Ofta, när jag går på gatorna och ser alla de bleka kvinnorna, med sina håglösa och resignerade anleten, så kommer det på mej den tanken, det är de fattiga mödrarna, som får bära krigets efterverkningar. Det är ett betydande tillskott i arbetet att ständigt behöva lappa de gamla lumporna, att köpa nytt är otänkbart, att skaffa hjälp är för dyrt, kvinnorna får bland annat nu också skyffla in kolen själva. Och det är intet lätt göra. Släpet, slitet, umbärandena är fruktansvärda. Männen, som ska i arbetet och barnen i skolan måste ha bröd med sej tillräckligt, ransonerna räcker inte, alltså får mödrarna avstå några brödskivor om dan. Och utan hopp, att det ska bli bättre. När de inte orkar mer är döden barmhärtig. Å, vad det är förfärligt! I går kom en av våra arbetare (ungefär vid fars ålder) fram till mej, han hade hört, att jag skulle sluta, och till sist kom det i en så hemskt resignerad ton: ja, ja, Estellchen, Sie können froh sein, dass Sie aus Deutschland herauskommen” [*ni kan vara glad att ni kommer ut ur Tyskland*]. Strupen alldeles snördes ihop på mej. Och så går det mej varje dag därnere i fabriken. Jag försöker att inte se för glad ut, när talet faller på min hemresa, det skär så att se de andras dystra och avundsamma blickar, de arma varelserna, som är dömda att stanna i detta hopplöshetens land.

Hon berättar också att ”… hushållet är komiskt för närvarande. Allting är upp och nervänt ity, att lilla mor huvudsakligen är sömmerska åt undertecknad. Vill pappa ha sej en skvätt kaffe får han larva ut i köket och klara den saken själv, ingen människa har tid med det eller rättare sagt lust att gå och smeta ner tassarna, när man som mor nu håller på med ljust siden. Och härom dan frågade fadern med ynklig min, om möjligen någon av husets damer skulle vilja förbarma sej över hans trasiga strumpor! Han hade inte ett enda par i lådan. 'Så fort bara Drulle har rest' heter det, 'ska det bli ordning i huset', men till dess …"

Farmors smeknamn var Drulle. Hennes hemresa till Sverige börjar närma sig och hon skriver till farfar och frågar när de ska eklatera sin förlovning. Hittills har den varit hemlig, men hon vill gärna ha förlovningsring på vårkonserten i Uppsala.

Farfar hade lättast för allt som var på avstånd. Att skriva brev var enklare än att träffa människor. Inget oförutsett kunde inträffa. Han vördade också de döda. De låg stilla, precis som hans uppnålade insekter.

Nu lider deras förlovningstid per korrespondens mot sitt slut och han sänder ett kort meddelande till farmor den 25 april 1921:

> Innan du far till Sala, vill jag nödvändigt träffa dig här. Det hela blir en komplicerad historia, då jag är mycket upptagen. Lördagen den 7:e maj skall jag opponera på en afhandling. Under nästa vecka kan jag alltid laga så att måndagen (9 maj) blir fri. Kunde du komma hit på söndagen, finge jag ju träffa dig, innan du på kvällen eller nästa dag anlände till Sala. /…/
>
> Alltid kan jag få en eftermiddag ledig. Är jag på Ultuna (onsdag och fredag) kanske jag inte kan taga emot dig vid stationen, men du hittar väl alltid hit. /…/
>
> Snart är du i Sverige. Lilla Greta, lilla Greta –
>
> En varm hälsning
I hast
Tuus
Ossian

Farfar använder här Tuus, "Din" på latin, i stället för Tuissimus, "Din alldeles egen".

Farmor svarar:

Du kan inte tro, vad jag känner mej kry om dagarna. Jag har en rent sjuhejdundrande aptit och mitt hjärta känner jag ju aldrig av mera. Tänk du, i går när jag kom hem från laboratoriet ställde jag mej att stryka en del lättare saker – och hjärtat knorrade inte ett dugg! Och jag, som förut fått hjärtklappning och börjat mattsvettas, bara jag sett ett strykjärn! Jag är så glad, så glad. Nu har man ju lite utsikt att kunna orka bli en riktig husmor och inte bara ett fint surrogat, som ingenting duger till./…/

Kära du, inte bryr jag mej om ringförlovning till vårfesten, när jag ser att det skulle bereda dej en massa trassel och besvär! Visst inte.

Ellen

Jag vet inte om farfar satte upp Ellens porträtt i deras hem. Men hon fanns med som en skugga under hela äktenskapet.

"Jag tyckte far hade rätt. Jag ville duga, jag ville vara lång och blond. Ellens barn fick alltid finare julklappar av far, jag skulle inte haft något emot att ha Ellens fysiska arvsanlag", säger min faster.

I farfars fotoalbum från 1916–1925 finns flera bilder på Ellen, med sin man och sina barn. Jag tycker inte att hon ser blond ut, snarare cendré. Men visst, ståtlig kan man nog säga att hon är.

Min faster undrar om jag har läst Ellen Sundbergs bok?

"Nej, vilken bok?" undrar jag.

Hon tar fram *Höstliga utblickar* (Svenska Kyrkans Diakonistyrelses bokförlag, 1959). Den är dedicerad "Till min ungdomsvän Ossian från Ellen".

En memoarbok, där hon berättar personligt om sitt liv som prästfru i Dalarna och på ungdomsanstalten Bona samt som husmor på Viggbyholmsskolan och på Sigtunastiftelsens gästhem. Här finns också inklistrat ett porträtt på Ellen.

Hon växte upp på Frösåker, "en härlig gammal gård vid Mälaren", som farfar sa. Själv associerar jag till herrgård, när jag läser kapitlet Fästmön, där hon skildrar hur tjänstefolket fått ledigt på hennes bröllopsdag och dricker kaffe i parken.

I boken skriver hon också om farfar, "som hon alltid kunde få", och hur det gick till när hon blev förälskad i Sven. Och om sin syster Ebba, som var kär i Sven:

Det var efter min tjugoåriga födelsedag, då Ebba hade bjudit ut alla de närmaste ungdomsvännerna och vi hade trädgårdsfest i växthuset, där de gula rosorna täckte en hel vägg och äppelträden bildade ett hav av skärvit blom. Vi hade haft så gränslöst roligt, och jag solade mig som en kattunge på en förstugutrapp i vännernas värme och tillgivenhet. Mitt skolsvärmeri hade också varit med, och han hade på sitt försynta, blyga sätt visat sina känslor för mig. Honom kunde jag alltid få, det var jag säker på. Jag väntade bara på att känna något alldeles särskilt, himlastormande, oförklarligt.

Ebba och jag hade hämtat posten. Arm i arm gick vi genom allén. Vi hade lovat oss själva att inte öppna posten, förrän vi var hemma på vårt rum. Båda hade vi dock upptäckt ett brev med min adress men med en stil, som var välkänd för Ebba. Jag läste det, Ebba läste det. ”Det måste vara fel. Det kan inte vara dig det gäller, det måste vara till mig!” De klara, blå ögonen betraktade mig länge, munnen blev samma smala streck som alltid, när hon fattade sina beslut, de bruna lockarna fladdrade, när hon skakade bort tårarna, och så lämnade hon mig ensam med brevet.

Och jag, vad ville jag egentligen? Jag kände mig oerhört smickrad och på samma gång i konflikt med min kärlek till Ebba. Inte hade jag väntat, att Sven skulle förklara mig sin kärlek, men det gjorde han faktiskt. Aldrig hade jag tänkt på honom som min man. Han skulle ju ha Ebba. Nu uppenbarade sig ett drag hos mig, som senare i livet skulle bli så ödesdigert – lusten att äga, att behärska, att betyda mycket.

Så kom ännu en konflikt. Jag hade ju lovat en annan, att han skulle få hoppas. Han väntade ännu på definitivt svar. Här kom min systers beundrare, snart färdig präst, mogen, allvarlig och intressant, och föredrog mig framför min bedårande syster. /…/

Efter en stund kom Ebba tillbaka, och aldrig nämnde hon senare ett ord om vad det hade kostat henne. Mig kostade det väl något att välja rätt, och än i denna dag kan jag undra. Jag lät en ung, lovande man gå, som många år framåt inte kunde glömma mig och som jag ofta tanklöst plågade genom att behöva honom för mitt eget livs spänning.

Farfar skrev långa brev hem till sina föräldrar, om hur han uppvaktat Ellen och hoppats under fyra års tid. Hela tiden har hon varit ärlig och sagt att hon inte älskar honom, men också sagt att hon säkert kommer att kunna göra det.

Den 29 november 1909 skriver han ett 16-sidigt brev till dem. Han är då 21 år och student i Uppsala:

> Kära Föräldrar!
> I morgon skall jag tentera på trädgården och växthusen.
>
> Går för närvarande och drar med en långvarig snufva, men min lindriga förkylning är nu nästan bra. Säg inte jag varit oförsiktig, det kan gå galet ändå. Magrat har jag nog ganska bra under den här månaden. Då jag sist var och badade, vägde jag endast 50,3 kg, netto! Så mycket ägghvita, som jag nu har, torde jag väl inte ha haft förut att döma af ett prof, som Daniel gjorde på medicinska kemikum, då jag var närvarande.
>
> Det jag egentligen nu vill skrifva och tala om, är en mycket lång och sorglig historia. Jag känner som min plikt att tala om allt, ehuru det sannerligen inte är lätt att veta hur jag skall kunna det.
>
> Som ni ju veta, har jag i många år – det är fjärde året nu – hållit innerligt af Ellen. Hon har betytt ofantligt mycket för mig, varit en hjälp och glädje för mig i mycket. Jag har aldrig hållit af någon annan som jag hållit af henne. Hon är en så varmhjärtad flicka, så vän och vek, men ändå så stark och fast. Jag har lärt mig att hålla af henne mer, ju mer jag lärt känna henne. Jag har älskat henne; det har inte varit någon alldaglig s.k. föralskelse "utan en stark och varaktig känsla", en den innerligaste tillgifvenhet och kärlek, jag hyst för henne så länge. Jag hade hoppats att snart, då jag tagit min examen, få förlofva mig med henne. "Luftbyggda slott, skimra ju blott, skimra och falla och brista", sjöng ju Fröding.
>
> Ellen har hållit mycket, mycket af mig men på ett annat sätt, det har hon alltid sagt mig. Hon ville kunna möta mig i kärlek, och jag har fått hoppas, att en gång – om hon kunde älska mig – vinna henne. Hennes vänskap till och känsla för mig ha varit något så stort och varmt och rent. Hon är en så-

dan ovanlig ung kvinna, Ellen. Jag är ej partisk, när jag säger så, ehuru jag kanske anses jävig. Sällan tror jag, man skall kunna finna så mycket äkta guld som hos henne och systern Ebba. De ha gifvit mig så mycket godt och stort dessa flickor, att jag alltid måste stå i tacksamhet till dem. Jag har knappt kunnat tänka mig, att två systrar kunde vara så fästade vid hvarandra, som de varit. Aldrig har jag funnit en sådan personlig och upphöjd religiositet som hos dem. Religiöst anlagda människor torde ju ofta bli bigotta, trångbröstade etc. men så ej det minsta här. Ofta har jag beundrat deras vidsynthet och förståelse mot andra. De tillhöra intet religiöst samfund, äro inte klippta i häck. Jag har inte haft samma erfarenheter på detta område som Ellen, och detta har varit det stora hindret, "muren", emellan oss.

Jag skulle inte ha sörjt så förtvivladt, så vansinnigt och hejdlöst, som jag gjort, då det inträffade, som har inträffat, om jag inte hade varit viss om att vinna lilla Ellen. Den vecka, som jag i somras var på Fröshåker, var en sådan härlig tid. Allt var så vackert ute, och det var så många trefliga och minnesvärda dagar. En kväll, strax innan jag reste hem, gingo Ellen och jag nere i parken under bokarna och talade med hvarandra. Och jag minns det så väl huru hon sade, att det endast var "muren", som skilde oss åt. "Det jag gett dig, är intet mot det, som jag skulle vilja ge." "Det skall ske." Denna sommar har varit den vackraste jag kan minnas, jag har känt en sådan inre glädje och arbetslust.

Nu är det helt annorlunda.

När jag kom hit, fick jag ett bref från Ellen, där hon skref, att hon nu kände, att hon ej hade någon rättighet att låta mig gå med ett hopp. Jag skickar af min korrespondence från den sista tiden en del bref och delar af sådana. Läs dem i den ordning de komma! De säga mycket, som jag kanske har svårt att uttrycka.

Detta bref från Ellen tog mig naturligtvis mycket djupt. Men något än värre skulle inträffa. Lördagen den fjärde dennes får jag ett nytt bref, där jag får veta det förskräckliga faktum, att nu älskar hon en annan. Det är en nationskamrat till mig, Sven Sundberg, från Västerås. Han tog just i dagarna teol. Kandidaten. Detta blef nästan för mycket för mig. Jag har aldrig förut vetat hvad förtviflan vill säga, jag har lidit så oerhördt mycket, sörjt så bittert och gränslöst. /.../

Jag ville så gärna träffa Ellen och for lördagen den elfte ned till Västerås och gick upp till den välbekanta adressen. Hon hade dock rest hem. En jungfru, som kommit in i hennes ställe, räckte mig ett bref, adresserat till mig men ännu ej avskickat. På ett bord lågo ännu mina sista bref obrutna. Detta gjorde mig ännu mera ledsen än jag var förut, ty jag ville så gärna, att hon sett hvad jag skrifvit, sedan jag fått Ebbas bref.

Jag telefonerade till Frösåker och fick på eftermiddagen resa ut dit och stanna till måndagen. Det var så ljuvligt att sitta bredvid min lilla vän och riktigt få tala ut om allt det myckna, som vi hade att säga hvarandra. Jag förstår henne så väl nu, förlåter henne af hela mitt hjärta, hur skulle jag kunna göra annat. Jag har aldrig sett Ellen så vacker som då. Jag har alltid tyckt, hon såg så rar ut, men som jag då såg henne, har jag aldrig sett henne förr. /.../

Det är hårdt, mycket hårdt att hafva förlorat Ellen. Hon har betydt så mycket för mig, hjälpt mig så mycket. Det är något, som har brustit inom mig, något som jag aldrig, aldrig mera kan få åter. Min förlust är ju oersättlig. Jag har hållit af henne för mycket. Ännu säger jag mycket, mera kanske än jag borde. Men mera spänstighet, mera lifsglädje måste jag få, jag vet, att jag skall få det; tiden bleker ju allt, och jag har ju ännu kvar Ellen, vännen Ellen, trots allt. /.../

Farväl och många hälsningar till eder alla från tillgifne Ossian.

Farfar skriver att hans förlust är oersättlig. Kanske var den det. För trots att han senare bedyrar farmor att hon är den enda han velat ha, så är det kanske: Eftersom han inte fick Ellen.

Den 10 oktober skriver han till föräldrarna igen:

/.../ Att detta kunde hända. I somras skulle jag ha skrattat åt den, som kunnat antaga något sådant. Jag har nog blifvit litet bitter till sinnes. Jag ägde för mycket, för att inte förlusten skulle bli mycket svår. Tycker ibland att det inte kan vara möjligt, men det är ju den nakna och kalla verkligheten, och man måste resignera. /.../

Jag tänker ständigt på lilla Ellen, jag har nog gjort så alltid. Jag är ledsen öfver, att jag inte längre kan se kärleken så vackert utan mera "empiriskt" än förr. Nej, jag är ju åter inne på det här ämnet. Skicka några näsdukar med de päron, jag fått löfte om, så vore jag tacksam.

Farfar började tidigt observera livet. Han samlar insekter och blommor. Han skriver protokoll över sina kulturer. Men förstod han någonsin livet? Förstod han varför han inte fick Ellen?

Jag tror inte att han hade något emot att vänta på henne. Han var van att vänta – på en intressant skalbagge, en ovanlig fjäril eller fågel. Eller en kemisk förening. Tids nog skulle hon älska honom.

Förmodligen var han inställd på att få uppleva "den stora kärleken". Precis som hans far skriver i sina dagböcker att han fick göra med sin Alma. Och som hans farfar verkar ha gjort med sin Bernhardine: han undertecknade alla brev till henne med orden "Din älskande".

Som bilagor har farfar lagt flera brev. Bland annat detta, med påskriften "Mammas bref". Det är skrivet i Sala den 30 september 1909, alltså samma dag hon fick farfars 16-sidiga brev, där han berättade om brytningen.

Min älskade Gosse!
Mottog i afton ditt bref, så länge med bäfvan motsedt och väntadt. Ty att något inträffat förstod jag så väl, då intet bref på så många veckor anlände, endast korta brefkort.

Tack min älskade gosse för det förtroende du visat oss genom att öppna ditt hjärta så för oss och ge oss del af det hela. Stackars min Ossian att just det skulle hända dig, som jag alltid befarat skulle träffa dig i självfva hjärteroten och som jag ständigt bedt ledaren af allas våra öden bevara dig från! Men jag säger som den älskliga, djupt tänkande och kännande Ebba också säger, att vi förstå så litet hvad som är det bästa för oss och kanske är det, som nu så svårt drabbat dig något som sårat dig för att fira dig högre upp – Per aspera ad astra.

Att du ensam genomkämpat den svåraste kampen i ditt lif, känner jag så svårt och bittert, men tackar innerligt och varmt att du synes ha kämpat och vunnit seger, seger öfver det egna jaget. Att du som man utgått ur denna strid till blods ser jag af ditt bref. /.../

Ossian, det kunde ha varit så mycket värre! Tänk om din kärlek fallit på en ovärdig, någon som du måst förakta och se ned på, som du känt dragit ned det bästa och finaste hos dig! Nu kan du bära ditt hufvud högt trots sorgen, ty en nobel, fin och god kvinna har du skänkt ditt hjärtas finaste och bästa känslor och behöfver aldrig sänka din blick eller rodna inför det minnet.

Din kärlek måste höja dig och göra dig stark och modig att se det grymma lifvet, det härliga lifvet in i ögonen och med högburet hufvud taga emot hvad det ger och i ödmjukhet bära det. /.../

Din deltagande Mor.

Allt detta säger jag dig äfven. Din tillgivne Fader OWDn

Även breven från Ellen manar farfar att resa sig, att lägga stål i viljan och sinnet. Han är en STOR man.

Ebba, Ellens syster, skriver och talar om hans vingar som ska bära honom högt, högt. Och högt ska han bära sin vita panna. Och kan inte blicken stråla av glädje och lycka, så kan den lysa av mod och viljestyrka.

Den 30 december 1909 skriver Ellen till farfar att nu har hon ställt hans porträtt på skrivbordet bredvid Svens. Och där ska det stå.

En fullvuxen svensk

Farmors och farfars grav. Det slår mig att jag måste besöka den.

Jag tar tåget till Uppsala igen och har just slagit mig ned med en pappmugg kaffe i restaurangvagnen, när en man kommer fram till mig.

"Hur lång är du egentligen", frågar han.

"Enochfemtisjuochenhalv", svarar jag.

"Du ser mycket mindre ut", säger han.

Jag sätter ner muggen och försöker uppfatta vad som hänt. Men allt jag hinner se är en tunnhårig hjässa och en brun- och beigerutig blazer lämna vagnen.

Jag tror att rutorna kallas glencheck.

Hur lång var farfar egentligen? Jag har alltid bara hört om farmors längd, att hon bara var 1,47. Men farfar?

Jag minns honom som överväldigande. Han var släktens överhuvud, han var den högste.

I själva verket var farfar bara 1,72. Men det var 25 cm längre än farmor. Och inget av de fyra barnen kom upp i den längden. Var det generna eller kosten?

"Det skulle vara nyttigt. Det var kokta morötter och buljong med ett kex. Ibland fick vi höns och ris och då åt jag så att jag höll på att kräkas efteråt. Det gällde att passa på", säger den yngre av mina två farbröder.

Han tyckte också att farfar var jättestor. Men det var nog psyket som påverkade, tillägger han.

En och sjuttiotvå är inte särskilt mycket i dag för en svensk man. Men i farfars generation var det fullt tillräckligt. Enligt professor Herman Lundborg, i boken *Rasbiologi och rashygien* (Stockholm, 1922), var genomsnittslängden för en fullvuxen svensk man 171,88 cm. Denna siffra hade fastställts efter mätningar på 45 000 värnpliktiga i arbetet *Anthropologia suecica* 1902.

Där hade alltså farfar 1,2 millimeter till godo.

Lundborg skriver i samma bok:

> *Svensken av rent nordisk typ* är högrest och kraftig. Huvud och ansikte äro relativt långsträckta; hyn ljus och rödlett; håret blont; ögonen ljusa; näsan oftast kort och rak.
>
> Kriterium på ren nordisk typ är 1) äkta långskallighet [med ett indextal upp till 75] 2) reslig kroppsbyggnad [170 cm eller däröver], 3) blont hår och 4) ljusa ögon.

Jag vet inte om farfars skalle hade ett indextal upp till 75, men han var alltså över 170 cm lång.

Det finns tre olika europeiska rastyper, enligt ett klipp i Lundborgs pärmar på Carolina: ”Den ljusa långskalliga nordiska, den brunhåriga kortskalliga alpinska och den mörkhåriga långskalliga sydeuropeiska.”

En av mina ingifta fastrar visar mig farmors och farfars grav, jag har glömt bort var den låg.

Det är en varm höstdag, gula löv täcker gångarna och gravarna, så det är svårt att se vad som är vad. Stora träd sträcker sig upp mot himlen och ett träd växer på deras gravplats.

Farfar ville absolut ligga här på den gamla kyrkogården invid Carolina. Med Fröding, Geijer, Dag Hammarskjöld och alla professorer.

Jag hajar till – farfar och farmor ligger i graven bredvid Herman Lundborg. Det namnet sa mig ingenting då farfar dog 1976. Men farmor (som levde till 1982) sa, när det stod klart att de skulle ligga bredvid Herman Lundborg: ”Tänk om farfar hade vetat detta, då skulle han blivit glad.”

På Herman Lundborgs gravsten står det bara professor, men farfar har låtit skriva på latin: HIC IACET PULVIS BOTANICES PROFESSORIS HC, PH DOKTORIS IUB K V OSSIAN DAHLGREN 1888–1976 UXOR EIUS GRETA NATA ESTELLE 1895–1982.

Här vilar en hedersprofessor och en filosofie jubeldoktor. Med hustru.

Farfar och Herman Lundborg umgicks bara sporadiskt. Däremot var de ute på föreläsningsturnéer tillsammans. I farfars dagböcker återkommer flera gånger i månaden små notiser om föreläsningar: i Sparrsätra Missionshus, godtemplarelokalen Sala, sjuksköterskeföreningen, etisk-pedagogiska institutet, godtemplarelokalen Bollnäs, rotary i Eskilstuna, Kyrkskolan Hållnäs …

Ämnet var "Sexualiteten och dess betydelse för individ och samhälle".

Den 15 februari 1922 berättar farmor i ett brev till sin mor om en föreläsning i Gävle:

> Emellertid var det skojigt att gå på makens föreläsning. De hade hyrt en stor biograflokal, som var tämligen fullsatt, de bägge sista föreläsningarna. 400 åhörare! Frenetiska applåder efter den sista. Ossian hade råkat få höra vaktmästarn i samspråk med en annan funktionär: "Ja, se Lundborg var ju här förra året och föreläste om samma sak, men se han var då inte på långt när så redig och lättfattlig!" Och det gladde honom ju väldigt. Han är minsann en god pedagog. – Efter sista föreläsningen var vi, Ossian och jag och Ernst inbjudna till en f.d. församlingssyster i Sala (numera återbördad till sin fädernestad, Gävle) som Sala-Dahlgrenarna varit mycket snälla emot. Hon bor tillsammans med en syster, också självförsörjande, och de hade ordnat ihop en förtjusande liten supé med eftertraktat med både vin och vindruvor. Det var riktigt trevligt.

Hon berättar också i samma brev om en soaré i Uppsala till förmån för de arbetslösa. Farfar hade köpt biljetter, men kunde inte själv gå eftersom han ”bundit sig för en ärftlighetsföreläsning för nykteristerna”.

Exakt vad farfar sa, vet jag inte eftersom han aldrig använde manuskript. Jag förmodar att det var ungefär samma tankegångar som i hans artiklar. Som att ”Vi få ej glömma arvets allt överskuggande betydelse” och ”Individen är inte det högsta och intet självändamål. En människa med goda arvsanlag fyller en etisk och fosterländsk plikt genom att ge livet åt många nya medborgare” och ”Grädden flyter så småningom uppåt, och grumset avsätter sig på botten”.

I en av dagböckerna har farfar klistrat in ett referat av en föreläsning i Bollnäs. Tidningen Ljusnan skriver den 15 oktober 1938:

> Docent Ossian Dahlgrens föreläsning på Godtemplarsalen i går kväll i samband med folkhögskolekursen om ärftlighetsforskningen och dess ekonomiska och sociala betydelse blev för den tyvärr tämligen fåtaliga publiken en upplevelse, som säkerligen aldrig skall glömmas. Docent Dahlgrens utomordentliga framställning höll åhöraren i andlös spänning från början till slut. Man måste beklaga alla dem som låtit avskräcka sig av det våta vädret och ämnets ”torra” formulering. Föreläsningen var sannerligen allt annat än torr. Utan att på någon punkt pruta av på den koncentrerade saklighet, som varje verklig vetenskapsman och aktiv forskare är angelägen om, förstod docent Dahlgren också att krydda framställningen med en förlösande humor.
>
> I första delen av sin föreläsning gav talaren med belysning av planscher och ljusbilder en ingående redogörelse för ärftlighetsforskningens grundläggande resultat. Man fick en klar bild av kromosomklyvningens underbara processer och forskningsresultatens praktiska tillämpning. Man kan t.ex. numera med matematisk säkerhet förutsäga, hur färgblindhet nedärves.
>
> I andra avsnittet talade doc. Dahlgren om ärftlighetsforskningens ekonomiska och sociala betydelse och klargjorde biologens syn på arvshygien och befolkningspolitik. Det blev

en framställning, som i sin lidelsefria saklighet gav en skakande och skrämmande bild av den västerländska civilisationens och inte minst svenska folkets framtid.

Man gick från föreläsningen med en svindlande känsla av att under ett par timmar med en trollkarl som ciceron ha fått skåda djupt ner i själva skapelseprocessen. Det är ingen överdrift att säga, att docent Dahlgrens glänsande framställning av biologens livssyn gav bestående och bestämmande intryck för hela ens livsåskådning.

Hälsan är allt

Min faster berättar att hon ofta låg på kvällarna och tänkte: "Det har jag ärvt av far och det har jag ärvt av mor. De utstående tänderna till exempel kommer från fars sida."

Bland böcker och artiklar från farfar ligger ett litet häfte från 1930. Det är Röda Korsets broschyr *Hälsan är allt.* Idel blonda, friska människor.

"Man skulle vara sund och frisk och ljus. Ett sunt släkte – det var viktigt", säger min faster.

De värdefulla människorna var stora och starka. I 1936 års sexualutredning hette det att "högre allmän intelligens och högre social moralitet och likaså större kroppslig hälsa och styrka äro att anse såsom socialt värdefulla egenskaper".

Jag hittar ytterligare två Röda Kors-broschyrer från 1930: *Vår föda och folkhälsan* samt *Tandvård och folkhälsa.* Det är påfallande hur hårfärgen skiljer sig, beroende på hälsotillståndet. De sjuka och magra, liksom den som har tandvärk, är brunhåriga.

Det är som i Lyckoslanten, tidningen vi fick utdelad i skolan som gåva från Sparbanken.

Spara hade ljusa, blonda flätor och Slösa var bestraffad med brunt, stripigt och fett hår.

De onda och goda återkom också i Hjärtebibliotekets romantiska seriehäften. Detta var inte litteratur, men jag hittade en hel hög på soptippen i Bjuv och läste i smyg. Det var alltid den blonda flickan som till slut fick gifta sig med flygkaptenen eller överläkaren.

På Chemicum blev farmor och farfar bekanta med Are Waerland, hälsopedagogen som utvecklade en egen folkhälsoideologi där grunden var laktovegetarisk kost, framförallt råkost. Kaffe, tobak och alkohol var förbjudet. Hans lära fick stor spridning och påverkade grundprinciperna för hälsohemmen. Målet var enligt Waerland "tre luktfria tarmtömningar om dagen". Min mamma berättar att han bodde en sommar på pensionat Solbacken i hennes hemby Grådö i Dalarna.

Det pratades i gårdarna om hans tarmtömningar och personalens bekymmer med att servera sådan mat att de verkligen blev luktfria.

Farmor och farfar var också engagerade i folkhälsoarbetet. Farfar undervisade i hälsolära på seminariet och föreläste ute i landet. Farmor skrev regelbundet artiklar i Svenska Dagbladet under signaturen "Fru, f.d. vetenskapare".

När min faster fötts 1926, skriver Ellen till henne och gratulerar. Hon är full av beundran över att farmor, samma dag som födelseannonsen är inne, har en intressant vetenskaplig uppsats om konservering av ägg i tidningen. "Fru, f.d. vetenskapare" hedrar sitt kön.

Två klippböcker finns bevarade. Farfar har skrivit utanpå med sin slängiga handstil: "Artiklar af K V Ossian (och Greta) Dahlgren". Att döma av parentesen stod han för huvudinnehållet, men många artiklar är undertecknade "Fru f.d. vetenskapare" eller "Culex", det vill säga "mygga" på latin.

Farmor bytte signatur till Culex efter ett brev från redaktör Dan Byström, som tyckte att Fru f.d. vetenskapare "var en smula tungrodd".

Hon skriver artiklar om mygg och mal, om vitaminer, sol och salta bad. Men det är också ett par artiklar om rasbiologi. Den ena heter "Tvåbarnssystem och släktförintelse. Befolkningsproblemet från biologisk synpunkt. Allvarsord i en aktuell fråga." Den var publicerad i Svenska Dagbladet den 2 januari 1926. Jag hoppas och tror att det, trots signaturen, i själva verket är farfar som skrivit denna artikel. För annars förstår jag absolut ingenting. Varför skulle farmor skriva om invandringspolitiken i USA att den avser att skydda landet "för en hotande översvämning av icke önskvärda raselement". Och att "enligt nuvarande lagstiftning är en invandring av södra och östra Europas lägre stående folkslag ytterst försvårad, under det att nordvästra Europa med sin högt kulturbegåvade befolkning är betydligt mera gynnad".

Farmor framhöll gärna att hon härstammade från Frankrike och det var inte norra Frankrike, utan Marseille. Alltså ett lägre stående folkslag, enligt artikeln.

"De skrev artiklarna tillsammans", säger min faster. "Jag tror nog att mor tyckte att rasbiologerna hade rätt i att det var en utarmning av folkmaterialet att de bästa dött i kriget."

De svaga och undermåliga blev kvar hemma och fortplantade sig. Detta oroade också farfar som själv var "kronvrak", frikallad som han var från militärtjänst på grund av sin "ägghvita".

Den 23 maj 1925 publicerades "Vitaminerna och vi" i Svenska Dagbladet. Denna artikel tror jag absolut att "Fru f.d. vetenskapare" skrev själv, precis som signaturen säger. Jag återger ett stycke, eftersom det berättar en del om hur det kunde gå till när farmor hade bjudning.

> Vi voro samlade några unga fruar häromdagen på ett kaffe-rep, där de vanliga ämnena barn och mat och dagens on dit [*skvaller*] diskuterades, och hur det nu var föll samtalet på vitaminerna.
>
> "Ja, vet ni", sade Elsa, "det är nästan genant att behöva erkänna det, men jag vet inte ett enda dugg om vitaminerna, fast t.o.m. min jungfru brukar svänga sig med uttrycket."
>
> "Här är en till", inföll Gunhild.
>
> "Å, tala ni om vitaminer", hördes nu värdinnan själv, som just kom in med en lockande fruktbricka, "då känner jag mig en smula på min mammas gata. Min man har nämligen fördjupat sig i några tjocka luntor om vitaminer, och hur det var blev jag också intresserad." (Hennes man är fullblods

biolog.) ”Det är förfärligt roliga saker, ska jag tala om, och inte alls så obegripliga för en lekman.”

”Nej men, snälla du, då måste vi få 'pumpa' dig, du som är ett lärt fruntimmer”, inföll Gunhild litet spydigt. ”Vad är vitaminer för något, vet man det över huvud taget?”

”Jo, nu har man kommit så långt, att man åtminstone kan klassificera dem. De äro katalysatorer, som –”

”Vad i fridens namn säger du för något? Tänk på att vi höra till dem i anden fattiga. Vi ha ju inte som du varit kemister under våra självförsörjande dagar.”

”Tyst, nu ska jag visa er ett experiment. En sockerbit, en tändsticka och en cigarett är allt vad som behövs.”

”Tänd eld på sockerbiten, Elsa!” Hon repade eld på en tändsticka och höll den under sockret, så att den delvis blev till karamell, men brann gjorde den inte alls.

”Nej du, jag håller mig allt till något mera eldfängt”, sade hon litet sarkastiskt och tände en cigarett.

”Där har du trollstaven, peta bara på sockerbiten med cigaretten.” Hon lydde en smula undrande. Värdinnan tog sockerbiten med den obetydlighet aska som häftade vid den och höll den över en låga. Nu brann den verkligen.

”Askan, förstår ni, verkar i detta fall som katalysator, d.v.s. den sätter i gång och påskyndar en reaktion, som inte vill gå av sig själv. Det behövs endast små mängder av en dylik katalysator. Vitaminerna verka nu som katalysatorer i vår kropp. I sista hand komma de från växtriket. Vi få dem med vår mat, men inte i all mat, och få vi dem inte lider maskineriet brist på smörjolja, och då kan det snart gå alldeles på tok.”

Artikeln är illustrerad med fyra bilder på duvor. Två är döende av B-vitaminbrist sedan de utfordrats med polerat ris. De andra två bilderna visar samma duvor ”botade på ett par timmar med endast några tusendels gram B-vitaminextrakt från pressjäst”.

Jag tänker på min fasters ord:

”Jag var av dålig sort på något vis. Trots alla vitaminer, så blev det inte bättre.”

Det elfte budet

Trots sina tvivel blev alltså farfar lektor och undervisade i biologi och hälsolära på folkskoleseminariet i Uppsala. Vid ett par tillfällen har jag träffat äldre män som haft farfar som lärare och när de förstått att jag är hans barnbarn har de utbrustit: "Ossian Dahlgren! Honom minns jag väl. Så entusiastisk för sitt ämne. Tiden gick så fort att vi häpnade."

Farfar hade sin sal på tredje våningen och det fanns ingen hiss. De sista åren led han av muskelförtvining och två, tre elever "sköt" honom uppför trapporna genom att hålla emot i korsryggen.

Den här entusiastiska sidan av farfar har jag också mött, särskilt när han berättade om naturen och om sina resor. Och den möter jag återigen när jag läser hans brev – i alla fall i många av dem.

Och jag känner igen klurigheterna. "I vilket land odlas mest makaroner", kunde farfar fråga. I brev till farmor den 10 juni 1931 skriver han:

"Jag har just läst upp mina frågor för 60 unga män af hvilka endast en mindre del skola komma till paradiso. I fem andra rum tillverkas äfvenledes lektyr för min räkning. 'Hvad är hus-, båt-, slakt-, kött-, mjöl-, skepps-, döds- och latmask?' Kan du klara det?"

Genom min yngre farbror som bor i Eskilstuna får jag kontakt med Arne Lindblom, pensionerad rektor, som haft farfar som lärare. Jag ringer honom.

"Ossian Dahlgren? Ja, honom hade jag första året i seminariet, det måste ha varit 1944–45. En smal, mycket bräcklig gestalt som med möda tog sig upp till biologiinstitutionen."

"Man såg honom för han rörde sig sakta och värdigt. Han skred fram. Samtidigt hade man en känsla av att han kunde blåsa bort när som helst."

Arne Lindblom berättar att dagen innan hade han tagit fram korten från seminarietiden och där ser man farfar med hatt och skarpskuren profil.

"Men var han verkligen bara 56 då? Vi uppfattade honom absolut som äldre. Han gjorde ett gammelmansintryck", säger han.

Ja farfar kände sig gammal, att döma av dagböckerna. Redan 1936 års dagbok, när han har 40 år kvar att leva, inleder han med orden: "Under förra året började jag åldras. Om jag bara finge sofva ordentligt! Förbannelse öfver italienarna, som bombarderat fältlaboratoriet, vi sändt till Abessinien*."

Arne Lindblom fortsätter:

"Jag har för mig att han undervisade om Mendels ärftlighetslagar, recessiva och dominanta anlag. En vänlig, blid man. Inga stora åthävor. På ett stillsamt sätt undervisade han om ärftlighetslagarna för både växter, djur och människor."

Ibland tänker jag att jag hade två farfar. Eller hur kan en och samma person undervisa och folktala om hur viktigt det är att gifta sig "rätt" och samtidigt säga: "Lilla Greta är så klen, lilla Greta är inte så duktig." Farmors föräldrar var dessutom kusiner, vilket innebar att de dåliga anlagen dubblerades, ansåg farfar. "Ja, ja dom är ju kusiner", kunde han säga.

Kanske var teorierna en sak och privatlivet en annan? Och så klen kan inte farmor ha varit. Hon blev ändå 87 år.

Inom rasbiologin var valet av äktenskapspartner så viktigt att man till och med kunde tala om ett elfte Guds bud. Det hävdade i alla fall jesuitpatern Herrmann Muckermann, avdelningschef

* nuvarande Etiopien

vid det tyska rasbiologiska institutet, när han talade i Uppsala den 13 februari 1930:

> Människorna äro vana att tala om tio Guds bud, men här handlar det om ett bud, som måhända överträffar de tio buden. Därför har inte blott individen plikten att bringa sina arvsmöjligheter till full utveckling, varöver han ock en gång skall avlägga räkenskap, utan han har att känna sig ansvarig även för den livskamrat, med vilken han grundat äktenskapet, samt för framtida barn. Han skall tillse att de bästa ärftliga anlag bliva förenade och han skall uppfostra sina barn så, att dessa bära sitt erhållna arvegods oförändrat vidare. Samtiden måste lösgöra sig från den egocentriska individualism, som står i skarpaste motsats till eugeniken, vilken vetenskap icke har individen utan dennes ärftliga anlag till föremål.

I västficksformat

I början av maj 1921 lämnar farmor svavelväteatmosfären i laboratoriet nere i Tyskland och anländer med ångfärjan Konung Gustaf V till Trelleborgs hamn. Hon reser vidare till sin födelsestad Malmö, den stad som hennes far elektrifierade vid sekelskiftet, när han var chef för dess elektricitetsverk.

När hon kommer till Malmö skriver hon omedelbart ett kort till farfar: ”Önskar jag kunde packa in mej själv i ett kuvert och skriva 'durch Flugpost', så kunde du få stoppa mej i västfickan sen också; folk säger ju ändå om mej, att jag är i västficksformat.”

Hur deras återseende i Uppsala blir, vet jag inte. Det finns inga brev som berättar om det. Men farmor åker vidare till sina blivande svärföräldrar i Sala. Jag förmodar att farfar följer med och presenterar henne, men sedan återvänder han ensam till Uppsala och skriver till henne den 26 maj:

> Käraste lilla Greta!
> Hur mår du nu? Hur sofver du egentligen? Den frågan gör jag mig ofta och får väl svar om lördag. Kära lilla Greta, jag hoppas innerligt, att du kommit i jämnvikt och kan sofva dina välbehöfliga sex timmar.
>
> Du har fått en dålig fästman. Det är inte sömnen som strejkar; men jag tycks aldrig bli af med min feber, som är ganska mattsam i längden. I tisdag morgon kom jag hit /.../ och arbetade sedan under förmiddagen i trädgården. Rätt schack vid middagstiden och +38°. Detsamma under alla

dagar hittills. Eftermiddagarna tillbringar jag i sängen och svettas och dricker vatten. En högst underlig åkomma.

Farmor svarar omgående:

> Ditt brev i dag har allt gjort mej ganska ängslig. Det är då för väl, att du kommer hem i morgon och då blir det bums, bus, bas i säng! /.../ Du förstår en lungkatarr får man inte skoja med, och en sån vill vi verkligen inte ha med oss i boet.
>
> Din fästmö är inte vidare lydig. I går natt sov hon inte en blund, varför hon blev liggande hela dan. Men av doktor Friberg fick jag sömnpulver som kommit mej att sova elva! timmar i natt och i dag känner jag mej som jag vore full. Förresten har jag fått en plunta innehållande Gentiana, NaBr, och rävkaka att ta tre gånger dagligen före maten och som smakar fy skam! /.../
>
> Jag har fått flera lyckönskningsbrev, samt ett från Ellen ställt till oss båda, fint och rart som vanligt.
>
> Jag går ner i god tid till middagståget i morgon, så jag kan hjälpa dej med kappsäcken. Du kommer väl då, säj! Du har en fin bålgeting i sprit väntande på dej.
>
> Kära, kära vännen min, gå inte och bli sjuk för mej ber din mycket ledsna lilla fästmö.

Jag förstår att farmor var orolig. Penicillinet var inte upptäckt och en lungkatarr var säkert ett dåligt tecken, det var inte ovanligt att do i lunginflammation.

Farmor hinner inte träffa sin svärfar många dagar. Han dör kort därefter i blodförgiftning, vilket han kanske inte heller hade behövt göra om penicillinet varit uppfunnet.

Farfar skriver till farmor om sin far: "En lycklig man har han varit: En ljus barndom, glada ungdomsår, han vann den kvinna han åtrådde, kraft i gärningen, framgång i arbetet, älskad och afhållen."

Jag vet inte hur farmor tolkade detta, själv tänker jag på att farfar inte fick Ellen – den kvinna han åtrådde.

Deras bröllop skjuts upp, nu ska det bli begravning i stället. Farmor följer därefter med sin bästa väninna Gunhild, som sedermera gifte sig med skådespelaren Hilding Gavle, ut till Norrholmen, en ö i Stockholms skärgård. Postgången krånglar och den 25 juli 1921 skriver hon till farfar: ”De sista dagarna har jag varit som förlamad af ängslan fast jag inte förstått det, det är hemskt att jag blir nervös för så lite. Men den som har begripit det, det var allt Gunhild. Här ska du få höra, hurdan hon är. I dag har det förtjusande djuret kammat och borstat mej i en hel timme, 'för det lugnar nerverna så bra' kröp det fram på slutet!!”

Farmor diskuterar också deras köp av matsalsmöbel:

> När man sett vad katalogerna har att bjuda för något för 1200 kr, så tyckte jag Stockholmsmöbeln verkade som en rashund bredvid en byracka. Men hör du en sak: skulle man inte kunna klä stolarna med gobelin, i stället för med läder? Dels blir det billigare och dels tycker jag inte det gör så kyligt intryck. För att nu inte tala om att Drulle så fasligt lätt glider ner från lädersitsar, om hon inte har fötterna på golvet, och det är inte alltid hon har det, se! I så fall kan jag klä dem själv.

Matsalsmöbeln finns kvar. Den står hemma hos min yngre farbror. Skinnet på stolarna börjar bli nött.

Farfar svarar från Fiskebäckskil på västkusten, där han hyr sommarbostad och semestrar med sin mamma:

> Hvad menar du med att vara ”nervös”? Det bör du minst af allt vara nu, när du har tillgång till sol, bad, luft och frihet. Skulle ändå inte litet motion göra godt? Ön är bara 100 meter lång, säger du. Fram och tillbaka blir det 200 meter; och 200×2^3 några gånger om dagen torde vara välgörande, om också en smula enformigt. Tag reda på alla växter som din ö härbärgerar, så får du nog anledning att skutta omkring litet! /.../

Vi finna oss ganska väl här. Mamma och jag ha fått ett par trefliga rum i samma hus, där far och mor en gång bodde under en sommartur. Balkong med utsikt öfver Gullmarn. Vi bryta vårt bröd på restaurant Utsikten, hvilket nog i längden bleve ganska enformigt. Det är mässutfodring. Tre gånger ha dock sardiner och en gång tomater uppenbarat sig på smörgåsbordet, hvilket tacksamt erkännes. /.../

Tänk om vi nästa sommar skulle lägga oss vid Kristineberg? Du skulle då medfölja som min assistent /.../

Du får förstås först dresseras i Upsala.

Farmor skriver:

Gunhild hälsar och frågar, om du inte kan komma hit och hämta mej och stanna ett par dar. Du är så hjärtligt välkommen. Och Gunhild menar vad hon säger. Det gör du naturligtvis som du vill och som din hälsa tillåter. Är det så, att jag har en del saftflaskor med mej, vore jag nog tacksam för lite hjälp. Men det är ju inte nödvändigt. Du får inte uppoffra dej på nåt sätt.

Jag förstår att farmor känner sig nervös. För farfar uppoffrar sig inte, utan svarar:

Att hämta dig på Norrholmen tror jag inte jag bryr mig om. Hälsa i alla fall din väninna och tacka henne så mycket för vänlig inbjudan! Jag anser det dock vara nyttigt för dig, att du stannar ännu en liten tid och sköter dig, medan tillfälle finns. Du är naturligtvis hjärtligt välkommen till Sala, så fort du får lust att komma eller anser det lämpligt. Saftflaskorna bli ju litet besvärliga att frakta med sig, helst som de sedan åter skola sändas till Upsala, men jag vet intet annat sätt att få med dem än kupéledes.

Han berättar också att han från Berlin "erhållit inbjudan till deltagande i Gründungsversammlung Deutschen Gesellschaft für

Vererbungswissenschaft", alltså grundandet av tyska sällskapet för ärftlighetsvetenskap.

> Under normala förhållanden reste jag naturligtvis genast. Nu anser jag det vara klokast att vackert stanna hemma. Det är en hel del intressanta föredrag som skola hållas, och alla berömda tyskspråkiga genetici komma tillstädes. Ernst har skrifvit från Zürich, att han hoppas få träffa mig i Berlin. Det är då retsamt att man måste ligga för ankar. Det skulle vara synnerligen roligt att få begagna sig af inbjudan, se och lära åtskilligt samt personligen få träffa några af ärftlighetsforskningens främsta.

Han fortsätter dock att oroa sig för farmors hälsa:

> Jag blef mycket ledsen öfver att höra att du inte känner dig kry och är nervös. Nu om någonsin, borde du väl krya på dig, då du har ledigt eller lindrigt arbete och är ute på landet med alla dess fördelar. Kära lilla Greta, jag kan inte hjälpa, att jag går och känner mig orolig för dig. Tror du inte kalla bad är välgörande, äfven om du får vara försiktig med solbaden? Hur sofver du egentligen? Kroppsligt arbete brukar vara välgörande för nervositet. Tror du inte det vore nyttigt att arbeta dig trött ute i det fria med t.ex. rensning i grönsakslanden, bärplockning, rodd osv. Du är af ohejdad ovana ej så lifvad för friluftslif, men sök att tvinga dig till det, och du kanske skall finna det både nyttigt och nöjsamt. Lilla Greta, sök att krya på dig för din egen och för min skull. – Själf tycker jag mig nu må mycket bättre.

För farfar var Fiskebäckskil något alldeles särskilt. Han fick alltid en speciell värme i rösten när han pratade om somrarna på västkusten. Precis som när han talade om Alvaret på Öland. På äldre dagar tillbringade han och farmor somrarna på Bo pensionat i Vickleby.

Farfar tillbringade tretton somrar på Kristinebergs havsfiskebiologiska station i Fiskebäckskil. Den första sommaren, 1911, var han där ensam. Så småningom var hela familjen med.

"Jag satt och torkade täckglas på somrarna. Det var inte så roligt, men jag kom honom ganska nära", berättar min faster.

1911 är han 23 år, det är två år efter brytningen med Ellen, och han skriver till sina föräldrar den 16 juli:

> På stationen har jag fått ett enskildt, visserligen litet men ganska trefligt rum. Möblemanget består af en järnsäng, som kunde vara längre, en lavoir, en byrå, ett nattduksbord och ett annat bord samt en munk- och en pinnstol. En liten garderob hör också hit.
>
> Om kvällarna är det allmän folkvandring till "Kilen", där det hvarje kväll är bal i societetssalongen. Jag för min del har hittills nöjt mig med att vara åskådare. /.../
>
> Kristineberg ligger mycket vackert och bjuder på vida utsikter. Mitt fönster ligger dock tyvärr nästan helt och hållet åt land till. Lysekil ligger på andra sidan fjorden, och med tiden skall jag väl göra staden ett besök. Det artar sig till att blifva en härlig sejour härute efter hvad jag kan finna.

Den 23 juli berättar han att han också fått ett enskilt laboratorium på stationen och där sitter han nu och skriver: "Så tråkigt att Mamma har blifvit dålig igen, och det t.o.m. vid Porla. Hela försommaren har ju Mamma förefallit att vara ovanligt kry. Jag vill hoppas att det onda ger sig."

Bakom honom plaskar aquariets vattenledning, som dag och natt förser de djur han håller levande med friskt vatten. Hans rum är beläget i gamla laboratoriebyggnaden.

Den nya är helt och hållet byggd av granit, berättar han, och mycket dyrbart inredd med ledningar för söt- och saltvatten samt gas.

I hallen finns stora dissektionsbord och där äger varje morgon stor hajslakt rum för professor Müllers räkning.

Farfar njuter av vistelsen, och det låter verkligen behagligt:

En kvart före 9 ljuder gonggongen, kl 9 serveras frukost: frukostbord, gröt, varmrätt och kaffe. Förmiddagen disponeras efter behag. Före middagen bruka vi bada. Tyvärr ser jag nu genom fönstret att alla båtarna äro tagna, så det tycks som om det inte skulle bli så mycket bada af för mig denna heta dag.

Kl. halv 3 serveras middag, i allmänhet en mycket bra sådan. Köttdieten är dock väl kraftig i sommarhettan. Efter middagen samlas alla på verandan, dricka kaffe och invänta posten från Fiskebäckskil.

Kl. 5 på eftermiddagen är demonstration af dagens fångst, och kl. 8 serveras soupé. Efter denna taga sig alla utom professorerna ned till "Kilen" och deltaga i eller åskåda dansen.

Badas görs det med besked, skriver han. De simmar i månskenet med marelden som fyrverkeri om kroppen. Han har också börjat dansa: "Det blef litet tråkigt i längden att bara stå och titta på inne i 'Kilen' om kvällarna. Jag kastade mig därför in medias res, något som jag ingalunda ångrar, ithy det är ganska trefligt."

Vid måltiderna har han "den gamla röfvarhöfdingen och västgöten Hagelin" som bordsgranne. "Det var han, som under sin långa Upsalatid brukade indela sina fordringsägare i 3 klasser – ni känna ju historien – som en sommar 'bodde' under en gran i botaniska trädgården och lagade mat på en bunsenbrännare på geologicum."

Typiskt farfar, tänker jag, när jag läser hans skildring av en segeltur till Skagen. En doktor Kupelwieser hade bjudit dem med och de fick också "rättighet att medtaga damer".

Gårdagens svåra blåst har gett med sig och när de kommer ut på havet dukas en riklig frukost upp på däck. Två flickor ligger svårt sjösjuka i fören.

Farfar försöker "pigga upp dem med en liten föreläsning om fett fläsk".

Innan han återvänder till Uppsala stoppar han ned "diverse djur i omkring 15 burkar" och fraktar med hem.

En god husmor

Farmor och farfar trodde inte på Gud. De trodde på vetenskapen. Den 10 september 1921 gifte de sig i Villa Dahlgren i Sala. Farmor var varken döpt eller konfirmerad, vilket måste ha varit ovanligt på den tiden. Eller är det jag som är fördomsfull, kanske är människor mer konventionella i dag?

Farmor kände sig aldrig accepterad av sin svärmor. Alma hade ingen förståelse för intellektuella kvinnor, utan det var husmorsidealet som gällde. Ellen måste ha varit den ideala svärdottern för henne, husmor som hon blev på Sigtunastiftelsen. Ingen av farfars två systrar läste vidare, trots att det fanns pengar.

I breven talas mycket om konservering. Frukt och bär och grönsaker, allt ska stoppas på burk. Farmor som bott i stadsvåning i Hagen är valhänt till en början. Locken släpper och burkar spricker. Farfar skriver att "det var fasligt så många burkar som går sönder" men hans syster Karin Simmons på Ultuna har "steriliserat 60 burkar".

Farmor blev med tiden en duktig husmor. "Det finns ju kompendier", sa hon. Men till yrket var hon kemist och hade tyska, kemi och geologi i sin fil kand-examen. En kombination som väl knappast skulle godkännas i dag. I sin ungdom gjorde hon ett försök att skaffa sig ett mera kvinnligt yrke, hon skulle utbilda sig till kindergartenlärarinna i Berlin. Men hon vantrivdes med "kasärnlivet" på skolan och hoppade av efter ett halvår. Hon skrev detaljerade brev hem till föräldrarna i Hagen, bland annat om när hon sökte in till utbildningen.

Det är september 1914, en månad efter att Tyskland förklarat Frankrike krig. Farmor är 19 år och möter hurrande soldater på väg till fronten. Även på förskollärarutbildningen märks kriget. De ska skriva tysk uppsats i ansökan. Men inte om barnpedagogik eller liknande, utan de får välja på följande två ämnen: ”Was hat der Deutsche seinen Gegnern voraus?” och ”Sind Kriege trotz ihren Schrecken berechtigt und notwendig?” [*På vad sätt är tyskarna överlägsna sina fiender* och *Är krig trots sin fasa berättigat och nödvändigt*].

Farmor skriver till föräldrarna: ”Det sista skrev jag naturligtvis. Trevligt tema, men man fick bara 1 1/2 timme på sig, så man kunde ju inte hinna med det uttömmande.”

Trevligt tema? Det låter märkligt, tycker jag. Men jag ser på första världskriget med min tids ögon och har facit från skyttegravarna. I farmors berlinbrev från den här tiden framtonar en bild av att tyskarna ser kriget som något ärofullt, de räknar med att fransmännen blir en lätt match. Det anses också att kriget kan ha en ”renande” effekt, man hoppas till och med att det inte ska bli alltför kort, eftersom en hel del människor nog skulle må bra av ett krig.

Farmor berättar 3 november 1914 om en episod hemma hos en väninna i Berlin:

> Jag har hittills just ingenting märkt av kriget här i huvudstaden men i lördags fick jag verkligen vara med om något. Jag berättar från början. Frk v Bülow /…/ frågade mig, om jag inte ville komma till dem på lördag, hennes far, hon och jag skulle då promenera i Grünewald först, sen skulle vi dricka kaffe och äta kväll hemma hos dem. Jag var rent rörd över hennes stora vänlighet och oändligen glad. (Bülow är 21 år och syster till den där svårt sårade.) 1/4 före 3 hade vi stämt möte och gingo sen direkt till tåget och åkte iväg till Grünewald.
>
> Jag tog miste, pappan är inte ute i fält, han är över 60, överste. Vet ni, vi hade riktigt trevligt, gamle översten var så gemytlig, berättade om allt upptänkligt, lärde oss både skjuta,

marschera, hoppa, – andas m.m. När det började skymma och vi voro duktigt genomfrusna och hungriga drack vi kaffe i ett synnerligen lantligt värdshus och så bar det av vidare under muntert samspråk. Vid 7-tiden voro vi "hemma" och där mötte oss en större överraskning, för en liten stund sedan hade den sårade brodern kommit från sjukhuset. Han har nämligen fått alla sina 7 skott i överkroppen, så han kan trava omkring obehindrat. Han såg blek och mager ut, eljest trevlig. Vi skulle just sätta oss till bords då det ringer; det är en ordonnans från "Grosses Hauptquartier" med order till gamle översten att inställa sig till aktiv tjänst i en fästning i Posen. Uppståndelse förstås; ingen bedrövelse blott allvar. Problemet var nu att kunna meddela modren detta något så när skonsamt, hon var nämligen inte med inne utan för tillfället ute i köket. Vi flickor gick ut till henne, dottern meddelade henne det muntert; men tårarna trängde dock fram innan hon hann behärska sig (modren nämligen) men ögonblicket därpå sa hon: "Ja, ja, das ist doch was grosses" [*det är ändå något storartat*] och så tog vi varann i famn alla tre. Jag kände det så underligt, ofrivilligt vittne som jag plötsligen var. Kvällsmaten intogs under överläggning om mått och steg i fråga om utrustning etc. /…/

Fick sedan höra av min kamrat, att fadern varit så oerhört nervös den sista tiden och nödvändigt behövt förströelse, och att hon var så glad åt att han varit så livlig, när vi var tillsammans.

Curiosa-middagar

Farfar var som en uppslagsbok. Han kom ihåg årtal och man kunde fråga om fysik och kemi och litteratur. Farmor sa: ”Det är så praktiskt att vara gift med en levande encyklopedi.”

Han hade svårare för människor. Han lät ofta seminarister tentera två och två hemma hos honom. Min äldre farbror berättar att när de hade gått sa farfar: ”Vem var vem?”

Hans pedagogiska middagar eller ”curiosa-middagar” som han kallar dem i sin dagbok, var omtalade. Fortfarande kan jag stöta på äldre herrar som minns att de ätit skallerorm hos farfar.

”De får ju ingen mat”, sa farmor bekymrat. Men det bekom inte farfar, han kunde leva på en banan en hel dag.

Oftast var det pappa och min äldre farbror som serverade. Pappa var vinkypare, klädd i ärvd frack. De hade ett långt detaljerat schema att följa. Middagen inleddes med att farfar höll tal, där han beskrev var och en av gästerna.

Jag läser i farfars dagbok att den 6 maj 1938 var det: ”Middag för botanister med 40 slags vegetabiliska produkter.” Och den 19 november samma år: ”Middag för botanister med sådana saker som skallerorm, Hibiscus, bambuskott, batater, papaya m.m.”

En av mina ingifta fastrar kommer med en rysning ihåg att farfar bjöd på ålyngel. ”Det såg ut precis som springmask”, säger hon.

Jag minns värmen och väsandet från gasspisen, där farmor stod på sin pall. Vi pratade ”kors och tvärs”, om granit och gnejs och psykologi.

”Farfar är så knepig, så jag måste gå och prata av mig ibland”, sa farmor.

Vad åt vi? Jag minns mest kokta morötter och kokt blomkål. Ofta med en halv grapefrukt före. Och sedan buljong med ett kex och ost.

Farfar kommer ut i köket, vi byter samtalsämne, han tar på sig sin vita laboratorierock och försvinner in i skafferiet. Han kommer ut med grapefrukter, som han halverar.

Köttet är rött som solen. Men solen är kall och det isar mot tänderna.

Farfar vilar ut

Kära lilla mor!
Vad i all sin dag går du och har klumpen för??!! Det är alldeles absolut spiksäkert att jag mår bång. Har aldrig i mitt liv mått så bra. Så bränn upp klumpen i husets enda brinnande kamin, det råder jag dej.

Så skriver farmor till sin mor den 15 februari 1922. Hon är då gravid med första barnet.

Denna frenetiska försäkran om att hon mår bra – bottnar den i att hennes mor, som varit uppe på bröllopet i Sala, börjar ana att det inte skulle bli ett helt lätt äktenskap?

Jag vet inte om hennes mor brände upp ”klumpen”, men nio månader efter bröllopet föder farmor första barnet. De hyr ett litet hus, en ”stuga” som de själva kallar bostaden i sina brev, av von Hofsten. Den ligger på Trädgårdsgatan, biogatan i Uppsala, alldeles vid Svandammen.

Stugan är numera riven. Den var kall och dragig och kanske var farmor orolig att bo där med sin nyfödde son, för efter förlossningen åker hon med honom till svärmor Alma i Sala.

Farfar är kvar i Uppsala och den 10 juni 1922 skriver han till svärföräldrarna om sonens vikt och proportioner. Han tillägger: ”Placentan [*moderkakan*] blir ett bra preparat för seminariet.”

Den 28 juni, medan ”malfjärilar fladdra i mängd” kring lampan och fönstret i hans rum, skriver han litet mer utförligt till sina svärföräldrar:

Som jag förut meddelat äro Greta och pysen lyckligt och väl installerade i Sala. Under midsommarhelgen var jag där och inspekterade dem. Ledsamt nog har Greta för litet mjölk, antagligen beroende på för litet körtelväfnad i brösten. Emellertid göres hvad göras kan för att öka på mjölkproduktionen. Mamma gör i ordning svagt kallt te med fruktsaft, som hon dricker litervis, och Greta har ju inte annat att göra än att stallfodras och mata pojken. Han är fasligt mager och kontrasten mot Karins smällfeta tös är ju stor.

Farfar fortsätter skriva om sin syster Karin:

Karin är dock snäll och låter "Bucke" dagligen få sig ett ordentligt skrofmål. Greta är naturligtvis ledsen men tycks taga saken förståndigt. "Tro ej att du faller, så faller du inte" sade katten i sagan åt ungen, när den kom ut på takkanten. Jag hörde Mamma hviska detta till Greta en kväll, då hon gråtit. En utmärkt barnmorska kommer dagligen och ser till barnet och masserar brösten. Äfven dr Friberg har varit där. Han ville ej höra talas om någon flaska nu i rötmånaden. Pojken måste äta hvarannan timme. Han får alldeles för litet för att kunna reda sig med längre intervall.

Hemma är ljufligt vackert, och trädgården står i sitt flor, men så är den också skött af Mammas flitiga fingrar. Stackars Mamma hon är inte så stark nu och har nog en smula för mycket om sig. Under helgdagarna fick hon ensam laga all mat och se till pojkarna. Vår utmärkta jungfru skall nu sluta (för sina händers skull), så Mamma får hädanefter endast en femton-års flicka till hjälp. Det kännes verkligen tryggt att ha Greta och pysen i Sala hos min handlingsgoda, själsstarka och uppoffrande mor. Där kan hon få all möjlig hjälp och goda råd. Här i Upsala vore det svårt att sköta sakerna under nuvarande förhållanden. /.../

Barnmorskan har fått tag i en flicka med riklig mjölkafsöndring, som nu är undersökt af Friberg. Emellertid får amman dröja tills hennes blod blifvit undersökt i Stockholm. Detta för att ej riskera syfilis. Under den närmaste veckan fortsätter väl Karin och ger vårt barn hvad hon kan afvara. Pojken måste äta hvarannan timme. Det är ju ledsamt att behöfva ”mjölka bönder”, som Strindberg säger, men nöden har ingen lag. /…/

Här i Upsala isolerar jag blommor, kastrerar, pollinerar, räknar och fotograferar. En hel del vackra mendelklyfningar har jag fått fram. /…/

Möjligt är att jag gör någon liten resa i sommar, när jag blir klar med mitt arbete.

Stackars Mamma, skriver farfar. Stackars farmor, tänker jag. Att bo hos en kylig svärmor och inte ha tillräckligt med mjölk. Och vara beroende av svägerskans överskott för att inte barnet ska dö.

Den 2 juli skriver farfar till farmor att det är tråkigt att gå ensam i de ogästvänliga rummen. ”Sopat har jag inte gjort på hela tiden, och mitt läger reddes nog bättre då du skötte om den saken. Hyran är betald. Mal mördas i mängd. /…/ Bed Mamma söka vara i stillhet, hvilket är bra för Tarmen.”

Mot slutet av månaden ger sig farfar av på den lilla resa, han nämnde för svärföräldrarna att han planerade. Han är inte bra i lungorna och farmor har uppmuntrat honom att resa till Malen, en populär kurort utanför Båstad. Själv bor hon och sonen kvar hos svärmor i Sala.

Farfar reser dock inte till Malen, utan till Båstad. Den 27 juli sitter han på terrassen till Strandhotellet där och skriver brev till farmor. Han berättar att han på tågresan haft ”sällskap med en abessinier, hans hvita hår och skägg skarpt kontrasterande mot den på grund af negroida inslag i stamträdet, brunsvarta hudfärgen”.

När han anlänt till Båstad påstod badkamreren att det var mycket ont om rum.

Emellertid fanns det ett litet, som en tjock, sidenkappsklädd fru med generande hårväxt, just hade anmält. Jag besåg palatset vid Strandgatan och ansåg mig tvungen att taga rummet.

Det ligger ovanpå en vedbod, vägg i vägg med ett afträde och har snedtak med taksporrarna synliga. Trots den luxuösa möbleringen, en dålig turistsäng, byrå och ”tvättalätt”, ville värdinnan ej ha mer än 3,25 per dag. Att jag så vidt möjligt ej ämnar hålla mig hemma kan du förstå. Bor jag dåligt skall jag åtminstone äta bra, föresätta jag mig. För 6,75 får jag också på Strandhotellet, härligt beläget på en terrass, frukost, lunch och middag, respektive kl. 9, 1 och 6. Maten är utmärkt och serveringen förstklassig.

Regnigt har det varit här nästan jemnt, men i dag skiner solen. Vattnet är kallt, och ”det är icke mycket bevändt med baden”, som kamreren sade. Här badas i badhus. /.../

Jag hoppas Mamma mår bra. Jag känner mig en smula orolig för henne, då hon ej föreföll mig att vara så kry. /.../

Ja lilla Greta, du har väl nu åtskilligt att styra med: barnavård, herbarium, inkok, promenader och annat som ej så noga kan specificeras. /.../

Hur mår Geranium? Har du tillräckligt med pengar?

Geranium. En sommar planterade jag entusiastiskt mängder med olika slags nävor hos mina föräldrar. ”Så roligt, farfar forskade just om Geranium”, sa min mamma.

Jag kan visst inte göra någonting utan att farfar är med.

Två dagar senare sitter han återigen på hotellets terrass och skriver till farmor:

Kära Gretabarn!
I hopp om att ha bref från dig besökte jag nyss postkontoret men med negativt resultat. Under det jag nu digirerar min lunch, passar jag dock på tillfället att tillverka en ny epistel.

Hittills har min badortsvistelse varit ganska misslyckad. Regnet har skvalat, tarmen krånglat och af bad har blivit intet. Det är verkligen gement att ligga på sitt primitiva läger och höra regnet oafbrutet skvala utför snedtaket. /.../

Strandhotellet har en synnerligen treflig matsal med utsikt

öfver hafvet. Allting är prydligt och förstklassigt. Till lunch vankas smörgåsbord, varmrätt, kompott med grädde samt kaffe. Middag alltid fyra rätter. Jag tänker på dig då jag ser smörgåsbordet med den rökta laxen med dillkvistar, skinkan med sina svarta plommon och tomaternas rodnad tillsammans med gåslefvern. Emellertid vankas det också saker, som mera tillfredsställer mina behof. Med afund ser jag tre ovanligt vackra och brunbetsade flickor – en heter Greta – framför mig dagligdags sönderskära och uppsluka jätteklyftor af ljuflig melon, mognad i heta bänkar, där snokar hålla till. /.../

Folk roar sig här som på andra badorter med tennis, dans och flirt, tre ting som min stadgade ålder och gastrala förhållanden ej finner lockande. Här finnes också bio och musik bjudes både före och efter maten. Ehuru jag ej deltager i det s.k. societetslifvet, gick jag dock till badkontoret för att skrifva in mig. Det är ju rätt onödigt men man känner sig dessförinnan dock en smula outsider. En kr per dag var afgiften; badgäster tycks utgöra traktens hufvudnäring. Folket är ganska kosmopolitiskt. Engelska och danska hör man ofta, och bredvid sitter nu en dam och flirtar på franska med fyra herrar. Hon har en hvit hatt med en röd och en blå fjäderblaffa. La belle Marianne annoncerar sin nationalitet med trikoloren. Bakom mig tala två apotekare om de dåliga tiderna. Den ena tjänar "bara 20 000". Det är ju jämfördt med hvad embetsmän ha inte så dåligt i alla fall, menar kollegan i tröstande ton. – Ja, men jämförelsen bör ske inom yrket, anser den förre. – Det får man akta sig för att folk få nys om, då kan det bli tråkigheter, blir svaret.

Nu tar jag mig en promenad.

På Strandängen har jag nu bevittnat "Båstadsspelen", och de voro ganska nöjsamma. /.../

Lustigt var att se småflickorna spela korgboll och den energi och säkerhet hvarmed spelet sköttes. Sedan kom pojkarnas tur. De spelade fotboll med händerna, om man så får uttrycka saken. Det var verkligen rätt spännande, och man måste beundra småpojkarnas disciplin, smidighet och samspel I Upsala få vi väl någon gång åse en fotbollstäflan. Det vore kanske rätt roligt. Så godt som samtliga de täflande barnen voro blonda och blåögda. Det var verkligen påfallande så genomgående den nordiska typen var representerad, sannolikt beroende på att samtliga ju voro öfverklassbarn.

Jag undrar hur farmor reagerar på hans rapporter. Hon dröjer i alla fall med att svara, för farfar skriver: "I dag har jag ej heller något bref adresseradt till mig. Till straff väntar jag därför med denna afhandlings afsändande. Jag är mycket nyfiken att få veta hur det står till med Bucke. Hoppas Mamma kryar på sig. Jag tyckte hon föreföll oroande dålig. Min tarm har nu kommit i ordning igen, och som solen nu åter lyser fram tänker jag i dag löga min lekamen i västerhafvets böljor."

Till slut anländer ett brev från farmor, skrivet i Sala den 29 juli 1922.

Käraste mitt Månsehjärta!
Uste vale, vad det är synd om min lilla månseman, som det regnar på! Och kallt och räligt. /.../

Men nu tycker jag, att Måns bums telefonerar till Malen, och Mölle och först och sist Falsterbo, Strandhotellet, och hör var det finns ett acceptabelt rum och så packar mitt hjärta ihop sina tusen ägodelar i den lilla trånga kappsäcken och ber Försynen att den håller ihop låset som förra gången, och så kuskar Måns iväg och lägger sej på (helst) Falsterbo spottlådssand och låter solen skina på sej, för i Falsterbo himmelrike skiner solen <u>jämt</u>, och låter friska vindar vifta genom dom där fåniga lungorna, och tarmarna och magen med helst. Bitte, bitte Måns! Ögonkrök!! Båstad är inte någe för Måns. /.../

Kan du tänka, att härom natten hade jag så mycket mat, så jag fick lov att mjölka ur 1 cm högt i glaset för att inte remna! Och sen smakade jag på det. Men fy tjyven, jag hade kväljningar hela morgonen efteråt. Äckligt diskvatten!

Geranium är omöjlig. /.../ Vattnas regelbundet. I förrgår var jag uppe klockan halv åtta och plockade, snoppade och kokte in 5 kg. krusbär, och halv åtta på kvällen stod 9 buteljer med kompott och "Krusbär. G.D. 1922" om halsen på parad.

”Rom byggdes inte på en dag”, skrev farmors mor till farfar när de var nyförlovade. Farmor var inte så huslig men skulle nog snart lära sig, menade hon. Han fick bara ha litet tålamod. Det tycks i alla fall som om svärmor och svägerskor lär upp henne. Men hon måste vara dödstrött och det borde vara provocerande att läsa om hur farfar har det i Båstad. Fast jag tänker utifrån min tid och kanske var farfar inte helt unik?

Han fortsätter med sina detaljerade rapporter om sitt hälsotillstånd, om måltiderna och medmänniskorna.

Båstad 4 augusti 1922

Kära lilla Greta!
Tack för ditt bref länge väntadt. Roligt höra att Mamma tycks krya på sig, och att Bucke frodas. /…/

Jag fortsätter här mitt dagdrifvarlif. Frukosten visar tendenser att framflyttas. Efter densamma inköpes Svenska Dagbladet och genomgås. Därefter beskådas tennisbanorna, under det musiken aflyssnas. Här har under ett par dagar pågått tennistäflingar. Urstyfva spelare./…/

Sedan jag – vanligen utan resultat – besökt posten, intages lunch kl 1, hvarpå följer promenad. Jag har gått omkring rätt mycket i trakten och ett par gånger knogat upp på Hallandsåsen. Vid fyra-taget badar jag. Det har varit 16–17° i vattnet, och det är skönt att ligga och gunga i det klara vattnet. (Du bör passa på att hvar morgon taga en dusch hemma!!) Så kommer middagen, och snart är det åter liggdags. /…/ Mage och tarm funktionera normalt, och melon har inkorporerats.

Medmänniskorna observeras i brist på annat. Bakom mig sitter nu en tjock och bullrande ungkarl, som dundrar om ”nubbe och pilsner” och titulerar den söta uppasserskan för ”baby”. Vid bordet framför mig trängas två holländska familjer med barn och blommor iförda trefliga tyllhufvor. De tre söta flickorna vid fönstret, som ej tyckas spara på sina pappors pengar, exponera nya toiletter tidt och tätt. Den, som kallas Greta, dansade i fredags i en lysande grön sidenklädning – som bakkroppen på trollsländan Cordulia aenea – omgjordad med ett silfverband. /…/

Så ha vi den unga och verkligt vackra judinnan; brodern är för mycket semitiskt betonad. Pappa Trangott talar engelska med sin rasrena fru men läser dagligen Berliner Tagesblatt. Med barnen talas svenska. I ett särskildt rum utfodras en del ljuslockiga och barbenta ungar jemte sina uniformerade och antagligen examinerade sköterskor. /.../

Af misstag råkade jag hälsa på en herr Berglund, i tanke att det var badkamrern. Han begagnade tillfället att proponera sällskap utmed stranden. Det är en temligen oförarglig herre, som förr var vinagent och nu säljer papper. Han funderar på att gifta sig och vill gärna ha goda råd. Jag står till tjänst som sakkunnig. Han fjantar ikring en ljuslockig tös, "som för fyra år sedan kastat papperstussar på honom", men som han tyvärr – det kommer en lätt suck – inte känner. Jag finner henne väl färsk för hans förhållanden. Han blir nästan stött och framhåller att han bara är 39 år, och gråhårigheten ligger i släkten. /.../

Han har en stor förtjänst, nämligen att vara dotterson till Lilja, författaren till "Skånes flora". Emellertid uppdagade jag att han inte kände skillnad på kråkor och skator! Jag upplyste honom, att detta kunde vara nog för att frambringa ett olyckligt äktenskap åtminstone med fröken Jensen.

I solskenet framför mig hvilar ett verkligt fettfastage. Jag kallar henne fröken Damejeanne. Hon uppträder i hvita korta klädningar, nedanför hvilka mastodontbenen exponeras på små höga treslejfade styltskor. Under dubbelhakan pöser den öfverfettade barmen behängd med tjocka kedjor. Under middagarna lyfter hon solo sitt vinglas med de juvelprydda svällda fingrarna och afsmakar med välbehag sin Amontillado, favoritvinet. För mycket mat och för litet motion göra henne fet och ful och löjlig. Nu orkar jag inte presentera fler af menageriet. Säg inte att jag saknar intresse för människor!

Hemma i Uppsala såg inte farfar människor. Min pappa säger att han var som en avlägsen rektor för honom. När han mötte farfar på stan, kände farfar inte igen honom.

Samma sak upplevde farfars svärmor. En gång satte sig farfar snett mittemot henne på spårvagnen i Uppsala. Hon bestämde sig för att inte hälsa, utan se om han skulle lägga märke till henne. Det gjorde han inte.

Men när farfar är ute på sina resor verkar han vara på exkursion. Under sin studietid tog han en kurs i vetenskaplig teckning på universitetet. När jag läser hans resebrev tänker jag på en recensent som skrev att hans akvareller visar vetenskapsmannens sinne för exakthet i detaljerna. På resorna observerar och noterar han allt med vetenskaplig exakthet, i högsta grad sina medmänniskor. Han rapporterar till farmor. Jag tror inte att han förstår om det kan vara sårande, han berättar bara hur det ser ut och vad han gör.

Farmor skriver den 5 augusti:

> Så ledsamt det är, att du tycker din vistelse varit så misslyckad. Men varför i alla dar bor du kvar?!! Maja Lindblad har skvallrat, att du lovat gumman bo kvar på hennes rum. Du kan nog förstå, att din moder knappt finner ord för vilken världsfrånvarande ”slöfock” till son hon har. Och jag skriver nästan under. Inte får man skjuta undan omsorgen om sin hälsa på det där sättet. Och i Malen fanns det ju gott om rum och dessutom alldeles invid en skog. Vet du, det är inte snällt av dej, varken mot mej eller pysen, att handskas med den hur som helst. Jag får riktigt ta mej samman för att inte gräla på dej. I förrgår natt skrev jag till dej, men jag skickar ej iväg det, jag var alltför ledsen på dej.
>
> Du undrar väl varför i alla dar du fick ett ”anonymt” brev från mej. Men jag fick just i grevens tid veta, att våra klockor gick efter, så jag bara slungade in brevet i ett kuvert och störtade till stationen. Det var ju redan försenat, därför att pysen inte givit mej nån semester.
>
> Han är inte så förskräckligt all right. Väderspänningar. Kamferolja och vadd på magen. Jag själv har fått en stilla värk i maggropen, och så ser det ut som om blödningarna börjat igen. Så jag är så trött så. Pysen har bara ökat 100 gram den här veckan.

Hon fortsätter också att sköta farfars blommor: ”Geranium har äntligen blivit fason på. Korsade i går 4 blommor, i dag blir det visst 3. Men herbariet… Jag vet inte var jag ska ta tiden ifrån. Och jag är så trött. /…/ Vi reser eventuellt redan på tisdag i varje fall på onsdag. Jag har kokt in 8 flaskor hallon och blåbär, 7 flaskor sur blåbärssaft (+ 3 flaskor eftersaft), återstår krusbärsmos och svart vinbärssaft.”

Farmor tillägger att hon nu väger 46,3 i stället för 42 i vanliga fall. Och hon ”längtar rent otroligt efter Måns”.

Farfar har dock inga planer på att åka hem, utan svarar den 6 augusti:

> Nu kom ditt bref. Tack! Jag mår förträffligt och känner just ingen lust att lämna Båstad. Så spar dina förmaningar! För att vara trefligt fordras här endast vackert väder, och det ha vi nu. Dock vill jag passa på tillfället att få se på Mölle och afreser därför dit i morgon. Kanske jag också stannar ett par dagar i Lund, innan jag far norrut. Du bör gå till Friberg, dels för att fråga hvad du är skyldig och dels för att få några förhållningsorder. Hvad betyder ”stilla värk i maggropen”? Underligt att du fått en ny ovulation [*ägglossning*] under en så tidig lactationsperiod [*amning*]. Är det nödvändigt att resa så tidigt till Upsala? Kunde Ni inte stanna ett par dagar längre och vakta och vädra herbariet? Det vore nästan viktigare än syltfabrikation. /…/
>
> Sköt om dig för din och min och Buckes skull! Det ålägger jag dig än en gång. Det gläder mig mycket, att du tycker Mamma kryar på sig. Hälsa henne varmt och likaså svägerskan från din egen
>
> Ossian.

Farfar reser alltså inte hem, utan till Mölle där han i kikaren ser Hôtel Elverson högst upp och beslutar sig för att bo där. ”Hel pension 9 kr per dag. Rummet är bra, men maten kan ju inte mäta sig med hvad som vankades i Båstad, vare sig beträffande kvalitet eller prydlig servering.”

Om något ställe i Sverige påminner om Rivieran, så är det väl Mölle. Med sina pampiga villor och hotell som klättrar på de branta bergssluttningarna, med den frodiga grönskan och havet. Mölle var vid den här tiden känt för sina gemensamhetsbad och för den skandalomsusade baddräkten kallad "Möllemodellen", en svart- och vitrandig kreation i bomullstrikå som satt som klistrad efter ett dopp.

Farfar skriver:

Sedan jag väl installerats och lunchat satte jag i väg upp på Kullen bärande en badkappa. Jag gjorde ej halt, förrän jag nått Kullens yttersta spets, där fyrtornet står. Jag lyckades få bese innanmätet. Glasprismor och linser rotera flytande i 250 kg Hg. Varm och svettig kom jag åter vid half åtta tiden. Ett bad var frestande, men jag valde middagen. /…/

Efter frukosten vandrade jag ut fast besluten att bada, som jag inte gjort på två hela dagar. Jag upptäckte snart, att man behöfde simbyxor, hvilka jag hyrde hos en gumma, och sedan jag väl tvättat dem, tog på mig med en viss motvilja. Badlifvet verkade ganska beskedligt. Ett par små söta danskor med pepparkakshy poserade några meter från mig. De blefvo mäkta förtjusta, då en luden Esau kom och presenterade dem en påse körsbär. Det gör ondt i fötterna af klapperstenarna. Jag för min del föredrar att komma i djupare vatten direkt. Tiden mellan lunch och middag användes till att traversera Kullen i tvärriktningar. Vackra och branta klippartier finnes mångenstädes utmed kusten, som du ju sett på afbildningar. /…/

Ja, lilla Greta snart är jag åter i Upsala. Arbetet står för dörren. Måtte jag få känna något af arbetsglädje och orka med att sköta mitt nya kall utan att alldeles sluta upp att verka som forskare. Den tanken är i alla fall ljuf och trösterik, att jag har ett hem, en liten älskad kvinna och ett barn att lefva och arbeta för.

Kampen för tillvaron

Det är nyårshelg och jag ligger på en extrasäng i herrummet hos farfar och farmor. Farfar sitter vid sitt skrivbord vid fönstret, mittemot sitt porträtt i olja. Jag försöker somna, men det är svårt för under täcket kiknar jag av skratt. Jag är i kiss- och bajsåldern och farfar är med på noterna. Rummet är fullt av nya förbjudna ord, som vi skickar iväg till varandra.

Farfar är inte som andra vuxna. Han tycker om bus.

Han berättar om när han var pojke. När han skojade med en katt och satte på valnötsskal under tassarna, så den gled iväg över isen.

Var tog katten vägen? Drunknade den? Jag vågar inte fråga och jag vill inte höra mer om katter, men farfar berättar att en gång när de fiskade kräftor la han en halv katt i en kräftbur och den andra halvan i en annan bur. Som bete.

Det bor ett lejon i den öppna spisen. Stora mörka skuggor växer på tapeterna. Jag har svårt att andas.

Jag tänker på den halverade katten när jag läser farfars ungdomsbrev till sina föräldrar. Bland dessa brev ligger en uppsats: "Kampen för tillvaron och det därigenom uppkomna naturliga urvalet." Farfar är 15 år och gymnasist i Västerås. Han konstaterar:

> /.../ kampen för tillvaron är, såsom vi förut hafva nämndt, mycket het och förekommer öfverallt i den organiska världen. /.../ Huru förfärligt är ändå icke kriget i naturen! Hvilka massor duka under! Det finnes ingen nåd, ingen

barmhärtighet. En art eller individ kan ej utveckla sig utan att undantränga eller döda andra. Det är endast styrkan, som härskar. Är då icke naturen uppfylld af jämmer och lidande? Nej, djuren känna nämligen aldrig ångest och fruktan för döden, hvilket kanske är vida pinsammare än döden själf. Denna är nog äfven vanligtvis ganska lätt och smärtfri. Darwin själf sade: "Då vi reflektera öfver denna kamp, kunna vi trösta oss med den öfvertygelsen, att kriget i naturen icke är oupphörligt, att fruktan är okänd i detsamma, att döden vanligen är snabb och att de starka, friska och lyckliga öfverlefva och föröka sig."

Att andas rätt

Det är vårvinter 1927 och farfar är sjuk igen. Det hjälper tydligen inte att vara lärare i hälsolära. Precis som när han kom hem från Tyskland i magplågor efter att ha friat till farmor, ligger han nu hemma hos Mamma i Villa Dahlgren i Sala.

Han skriver till farmor, som är kvar i Uppsala med tre barn. Min yngre farbror är ännu inte född:

> Min lilla tös; så var det en sak som jag ej nändes säga till dig, då du var här. Du får inte bli misslynt, om jag nu ber dig – ånyo – att tänka på din andhämtning. Då du gör ett uppehåll – komma eller punkt – i talet, drar du in luft genom munnen i stället för näsan. Sök att arbeta bort den vanan! Dels låter det ju "tråkigt", och dels är det ju i längden ganska ohygieniskt.

Jag förstår att farmor framstod som en ängslig fjäril, ständigt rädd att göra fel. Det var inte bara hennes dåliga hörsel som gjorde henne osäker.

Farfar skriver långa brev från tiden i Sala. De påminner en hel del om skildringar från kurorter, med sina temperaturkurvor, måltider och oändlig tid för litteratur.

> *Sala 14.2.1927*
>
> Kära min Greta!
> Tack för pälsen och de båda nattskjortorna, som kommo i dag. Deras tvefald tyder på att du tror mig bli länge liggande här. Det kan nästan se så ut. Temperaturkurvan är den

vanliga. Friberg undersökte mig i lördags. Jag måste ligga minst en vecka till, dekreterade han. Jag trodde annars, att jag varit färdig att nu få lunka omkring i öfvervåningen. /…/

Sedan du for har jag kommit under strängare regim. Mamma har ordinerat minst tre "mått" grädde dagligen, men tack vare hennes uppfinning med vichyvattensblandning, går det utan svårighet. Jag tvingas äta smöriga smörgåsar och ost, "som är så nyttigt". Jag tror aptiten är litet bättre nu.

Jag har ännu ej skrifvit något om Primula, men skall väl snart gripa verket an. Däremot har jag roat mig med att författa en novell, en liten psykologisk studie i ungdomserotik. Jag tror hjälten är rätt bra tecknad. Jag har velat skildra en ung, ideellt anlagd man med mänskliga känslor, omstrålad och skyddad af ungdomskärlekens skimrande lycka. /…/ Som helhet tycker jag dock den inte är så dum. Hvilken är din uppfattning?/…/

Det är en smula tomt efter dig och ungarna men onekligen ganska fridfullt. Arbete behöfver jag ej sakna, äfven om jag ej mer förfaller till att skrifva s.k. skönlitterära saker.

Må så godt lilla tös!
Din Ossian

Farmor svarar dagen efter och skriver angående novellen:

Den är ju bra gjord, lilla Måns, det slog mig att du har många fylliga och bra detaljer. Men jag tycker gott du kan ändra både hjältinnans och bovens namn. Det bästa kriteriet på att det hela är bra, är att den verkar så sann. Jag tycker visst du ska publicera den. /…/

Vill du jag ska renskriva den nu? /…/

Själv mår jag alldeles förträffligt, har inte på långliga tider mått så bra. Stiger upp klockan sju varje morgon, gymnastiserar lite och tar sedan en promenad utanför stan efter frukosten. Var i dag till Sommarro och runt genom Kåbo. Vi har ett ljuvligt väder och man arbetar dubbelt så bra efter en stunds frisk luft. Tänker inte upphöra med promenader, förrän för mycket arbete tvingar mig därtill.

Farfars novell publicerades i Dagens Nyheters söndagsbilaga den 9 oktober 1927 med titeln ”Susanna i badet”. Jag tänker på hans ungdomsförälskelse i Ellen, när jag läser om det finskurna ansiktet och det blonda hårsvallet.

Farfar rapporterar till farmor om sin diet:

> Jag lägger an på att äta, äfven om man får truga ned maten en smula. Mamma söker hitta på hvad jag tycker om. Till middagarna får bourgogneflaskan blöda. Gräddkuren fortsätter. Jag har påtagligt fetmat. Mina muskler äro ju rätt slappa, men ”kalaskulan” tycks höja sig. Det blir väl fastare kött och mindre späck, när jag kommer upp och åter till Upsala. En god tupp blir inte fet. Du har väl följt mina ordinationer? Drick grädde i vichyvatten!
>
> Mamma har varit mycket dålig. /.../En massa blommor har kommit hit. Några besök har Mamma dock inte velat ha. Hon får inte tala mer än nödvändigt.

Farfar har varit borta två veckor och farmor skriver till honom, nyss hemkommen efter en konsert i aulan, en Schubert-symfoni.

> *Upsala 28 februari 1927*
>
> Jag har tänkt så mycket på Måns de här dagarna. Kanske det är saknaden, som gör det, kanske tomheten. Men här är inte tomt. Måns är överallt. Du sitter vid skrivbordet och ritar gubbar åt pysarna, i bibliotcket hör jag hur du knäpper igen separatkapslarna, i trappan hör jag dina steg om middagarna och sedan det välbekanta skramlet av handkanna och tvålkopp. Jag känner din närvaro när skymningen faller och lyktorna tändas därute och tycker mig skönja en dunkel skepnad i skinnstolen vid fönstret, en skepnad orörlig och tyst, så som endast du kan sitta. Ända ner i köket tycker jag du är med. Och när jag är ute och springer mina ärenden, så bli inköpen så som jag vet att du vill ha dem. Ja, det gick t.o.m. så långt att jag bjöd pappa på Schorzonera-omelette [*svartrot*]! Du är morgonens första tanke; om kvällen somnar jag hopkrupen

> på din arm och tycker det är lugnt och gott; – att jag är hemma. Månseman, älskade, jag visste inte att du uppfyllt mitt liv så, jag visste inte att du var mig så kär, jag har inte vetat att jag aldrig, aldrig kan bli ensam mer. Och därav kommer det sig att jag går här om dagarna i vår lilla stuga fylld av en stilla glädje och lycka. Månader ha förflutit, då jag endast gått i min dagliga gärning, jag minns dem ej, de ha ej lämnat några spår efter sig. Och så – i tidens fullbordan – kunna två fattiga veckor bli så händelserika.

Efter en vecka skriver hon igen och kommenterar hans dietförslag: "Grädde med vichyvatten är ju rent förträffligt. Min mage log av belåtenhet. Det är tydligen bäst jag försöker få vikten lite reputerligare, jag vägde mig i går när jag badat: 40,35 kg. Det är verkligen som Fanny sa 'en munsbit'. Efter blindtarmsoperationen 1918 vägde jag 39, min ynkligaste tid."

Så tar farmor sats för att argumentera för något som hon misstänker att farfar inte ska acceptera. En handling som på den tiden var själva symbolen för kvinnans frigörelse:

> Lille Måns, nu får du förlåta att resten av brevet blir mycket flärdfullt. Jag hade verkligen inte tänkt skriva till Måns om saken, men hur jag tänkt och funderat så gör jag det ändå. Jag förstår dig om du till att börja med blir både häpen och förargad, men lova mig att du tänker objektivt och kallt på saken och sover på den med. Men se, det är så att jag inte längre kan blunda för det faktum att mitt hår börjar rasa av mig. Jag har varit ganska bekymrad. Jag fäller en hand full både morgon och kväll. Om du tänker efter så har jag fällt lite väl mycket hår mellan barnen, men så har det hejdat sig när nästa varit på väg, men så som det nu faller, har det ej gjort förut. Om det nu ska kunna hejdas ordentligt måste jag börja sköta det på skarpen och det torde nog bli både kostsamt och tidsödande under nuvarande omständigheter. Det var med detta faktum för ögonen som jag, jag fru Greta Dahlgren f. Estelle, på allvar började överväga planen att göra som alla andra, kapa av det!!

Söta Måns, ramla inte ur sängen av förskräckelse, det är ju inte gjort än. Det är nog ingen som märker någon skillnad på mig än, men jag kan ju säga dig att knuten som förut gjorde huvudet avlångt nu endast gör det runt. Vore det inte lika så kvickt att klippa av det med ens för att åtminstone rädda hårväxten. Nu ska jag tala om att jag diskuterat problemet med både Meta och Fennia och dessutom med min hårfrisörska som satt upp shingelsalong i det Brandellska huset. Av dem torde väl den sistnämnda vara mest sakkunnig. Hon tyckte inte den platta nacken var något att fästa sig vid, för så pass stort hår som jag ännu har (till ingen av dem har jag nämnt att håret faller, för då blir rådet bara ett, eftersom så många shinglar sig för att hjälpa upp det och med positivt resultat) kommer det att fylla bra, när det blir stubbat, och förresten klipper dom så att det blir buktigt fall bak. Ett stort hår blir dessutom mycket vackrare än ett tunt, och när det som mitt är lite naturvågigt behövs det endast en klippning i månaden à 1,50, för övrigt ingen extra ondulering eller skötsel. För övrigt såge det (numera) så oproportionerligt ut med den stora knuten på det lilla huvudet och den lilla människan etc. Så långt hårfrisörskan med Shingelsalongen.

Meta sjöng en lovsång mitt bland spårvagnarna på torget till pojkhårets ära. Jag delgav henne mina dubier angående Måns. "Ja, tror du inte Erik också hotade med skilsmässa om jag klippte mig, men nu är jag rädd det bleve skilsmässa om jag läte håret växa ut", sade hon och skrattade. Jag tyckte Fennia var så söt i sitt lilla mjuka hår så jag tyckte hon var dum som klippte sig. Och nu är hon ännu sötare. Sju år yngre dessutom. Jag har tittat mig i spegeln i alla ställningar och kommit till den slutsatsen att jag med all säkerhet inte skulle bli fulare. "Ja, men du har ett sånt stort brett ansikte", hör jag Måns invända. Visserligen, men man får så mycket hår som ram omkring och det gör ansiktet smalt. För att nu inte tala om de praktiska fördelarna: tänk att kunna klä sig på 10 minuter, tänk att se snygg ut hela dan och natten med och inte bara på förmiddagen till dess man haft hatten på trots 20 minuters friserande var morgon, ingen fläta om näsan eller urfallande hårnålar vid morgongymnastiken, tänk så lätt att få hattar, tänk att kunna tvätta håret i duschen och sedan sitta på tork en stund i varmrummet, att alltid känna sig ren och snygg, tror inte Måns att håret med en sådan hygienisk tillvarelseform skulle fastna och – ej heller gråna så fort! Och vore det inte behagligt att komma hem och finna en ny fru på 25 år i stället för den gamla vanliga på 32!! Tänk så skönt det vore att slippa testarna i västkustblåsten. Och detta pansar av stålnålar.

Folk påstår att det inte är en övergående modenyck utan snarare en reform det här i enlighet med tidens fordringar på sport och den självförsörjandes tvång att alltid vara snygg. Förresten var väl herrarnas kortklippta hår på sin tid också en ”modenyck”. Om det blir modernt med långt hår igen? Ja, då får man följa med strömmen. Det är inte gott att streta emot, moderna både klänningar och hattar skrivs ju nu för shinglade huvuden och man ser lätt lite antediluviansk [*föråldrad*] ut med sitt hår kvar. /…/

Nu har Måns fått lite att tänka på. Sen får Måns shingla av sig skägget så kan vi leka 25 år igen.

Puss, puss lilla du.
Din Greta.

Farfar behöver inte tänka länge, utan svarar samma dag:

Dina hårbehandlingsförslag gjorde mig fullkomligt matt. Du får på inga villkor kapa af dig håret, förrän jag kommer åter till Upsala och får titta på dig litet närmare. Och skall du shinglas, vill jag åtminstone dessförinnan draga i håret, medan det sitter fast. Jag vill linda det om min hals och svepa det omkring dig. Att en shinglingsyrkesidkerska anser bortopererandet af den utsökta sekundära könskaraktär, som ett långt och vacker hår utgör, lämpligt och förfasar sig öfver en ”oproportionerligt” stor hårknut, det kan man ju förstå, men man behöfver naturligtvis inte fästa så stort afseende vid dylika uttalanden. Vi få tänka på och senare resonera om saken. Det tager väl ett decennium för håret att växa ut igen?/…/

Att din ventrikel [*magsäck*] fortfarande är så onådig gör

mig stora bekymmer. Du åläggs på det bestämdaste att konsultera B.! Dels är du ju förpliktigad att göra opp med honom, och dels skadar det ju inte att resonera med en fackman om saken. Det kanske är något fel med aciditeten [*surhetsgraden*] eller något annat hvarom han kan gifva dig ett godt råd. Alltså, skjut inte längre på denna sak! Din myggvikt – man kan väl knappast använda den vedertagna termen "flugvikt" – är ju rekordmässig. Med din nuvarande diet är den kanske svår att nämnvärdt förändra. Öka gräddkonsumtionen! Stackars lilla Greta, du hvarken mår eller ser bra ut utan ett lagom späcklager under huden.

Mamma ligger och är ungefär likadan. Temperaturen ungefär 38° om kvällarna. Någon förbättring ha dessa tre veckor i sängen ej medfört, snarare motsatsen. Hon har svårt att andas ibland och är mycket matt.

En kyss, två och tre –
Ossian.

Farmor svarar:

Stackars dig, som blev så matt över mina shingelplaner! Var lugn, det blir ingen shingling annat än i bästa samförstånd med min man. För det är i alla fall du, som ska titta på mig.

Skatten betalade jag i dag. Ävenledes Bergmark, som tog 30 kr. Fasligt billig. Jag kom iväg till honom som ett skott, ity att magen knorrade för all mat. Omtalade för honom att jag gradvis gått ned med dieten; "sitter nu på havreslem och torra franska bröd". "Det va' inte mycket te leva på" sa Bergmark. Vilket villigt medgavs. Undersöktes. Även faeces [*avföringen*]. Intet fel. Nu har jag fått en liten kort matlista, strängare än någonsin. Ej en droppe mjölk. Men smör. För övrigt har jag lagt vadd på magen och har våtvärmande om natten, det tycker jag gör gott. Myggvikten var felaktig, ska vara 43,6 kg. Jag kunde väl tro det, känner mig inget särskilt mager. Men de sista dagarna har jag varit väldigt nere, särskilt som jag var på väg att förlora sömnen. Orkade ej med promenaderna heller. Men nu sover jag och hoppas vara på uppåtgående. Barnen äro så duktiga och äta snällt.

Farmor gjorde nog aldrig något nytt försök att klippa sig. Jag har i alla fall aldrig sett henne i annat än långt hår. Och det har hon även på bilderna i fotoalbumen.

Farfar fortsätter skriva om sitt hälsotillstånd och uppmanar farmor: ”Sök förena späckning med späkning!”

Farfars yngre bror Richard, ingenjör på Eskilstuna Stålpressningsbolag, kommer på besök i Sala. Farfar skriver att Richard tillkallat en expert på Taylor-system, det vill säga löpande bandet, och ska anställa två nya ingenjörer för att genomföra förändringarna. Fabriken kommer årligen att tjäna in en avsevärd förmögenhet och han vill ha ”ungt folk, som kan tänka, arbeta och lyda”. Precis som i dag alltså.

Farfar återkommer sedan till sitt hälsotillstånd och jag har svårt att låta bli att tänka på formuleringen att föräldraskapet bör anförtros åt de ”rasdugligaste elementen inom folket”.

> I går konstaterade Friberg fortfarande rassel i venstra lungan, men han trodde dock jag snart skulle vara fri från eländet. Jag har börjat finna mig i denna lyxtillvaro, som dock i längden blir väl dyrbar. På morgonen läser jag någon timme, sedan frukost, wc, Svenska Dagbladet och solning på balkongen tills kaffet serveras. Det är vår i luften. Man får en förnimmelse af solbad på Västkusten. När jag blundar och hör det entoniga bullret från kvarnen, tycker jag det är sommar och tänker på alla blommorna i trädgården. Där blomma dock endast snödroppar och vintergäck. Flugorna para sig i solgasset; en spindel och två skalbaggar såg jag i dag. Efter förmiddagsmålet skrifver jag en smula, så middag, Verdauungsruhe [*matsmältningsvila*], läsning, temperaturtagning o.s.v. Jag njuter i viss mån af att kunna spendera så mycket tid på litteratur, som intresserar mig. Schücks Romantiken har jag dragit temligen fullständigt. Goethes verser voro en fyndgrufva för mig. Jag har läst 5 à 600 sidor af hans produktion. Han har ju skaldat så mycket, att man måste leta fram, hvad som sarskildt fröjdar en genom klang, färg och tanke. /…/
>
> Goethe var för mig en upplefvelse. Jag har förr så litet tagit

del af hans poesi. För öfrigt har jag ägnat några dagar åt och skall förstöra flera med något, som intresserade mig redan som gymnasist, nämligen medeltidens latinska hymner och vagantvisor.

En dryg vecka senare är han sämre igen. Och hans Mamma ligger också fortfarande.

Sala 30.3.1927

/.../ Det gläder mig att ni äro krya, och att du lägger på hullet. Rundhult hör till fruntimmer och båtar.

Vi börja väl med det ledsamma. Friberg var här i går. Venstra lungan fortfarande i olag. Han har "inte på länge sett maken" till envis katarr. Jag är alltså dömd att fortsätta mitt overksamma lif. Jag får ej gå ut, skall hålla mig stilla och se tiden an. Det föreföll nästan som om han fruktade för en kronisk åkomma, men jag bör ju göra allt för att – om det nu går – bli fri från eländet. Utom det pedagogiska och ekonomiska afbräck, som min sjukdom åsamkar mig, plågar det mig särskildt att inte få komma till Upsala och göra mina afhandlingar tryckningsfärdiga. Friberg ville inte höra talas om mitt förslag att resa till Upsala på en vecka för att ordna med Carolina, fotografering och annat. Jag lofvade dock att åka bil och ligga hemma och plocka med böckerna och manuskriptet. /.../

Mamma är nog nu mycket bättre men får nog ligga länge än. "Ni har samma sorts infektion", påstod Friberg. /.../

Ingrid Lindh (ja, du känner henne kanske inte) har varit här med sin färske gemål. Paret har nu afrest till USA, där mannen är anställd. Det var roligt att se det unga herrskapet, två vackra nordiska människor.

Artkunskap

Farfar systematiserade och ordnade hela sitt liv. Artkunskap var viktigt. Barnen skulle samla växter, göra herbarier och lära sig de latinska namnen. Efter ett visst antal växter fick de en cykel.

Vilken art var farfar? Jag systematiserar och ordnar, försöker förstå honom. Men han glider hela tiden undan. Å ena sidan hård och oförsonlig, å andra sidan skör och bräcklig. Som ett föga koagulerat ägg.

I en låda i släktchiffonjén ligger bladen från min farfars farfars och min farfars doktorskransar. Åtminstone farfars var bunden av blad från Carl von Linnés gamla lagerträd i Uppsala.

Linné var nog den högste för farfar. Det var också han som 1735 i *Systema naturae* kopplade ihop människan med ett biologiskt ras- eller variationsbegrepp och därmed skapade förutsättningar för den fysiska antropologin, enligt Gunnar Broberg och Mattias Tydén i *Oönskade i folkhemmet* (Stockholm, 1991).

De påpekar att oavsett om vi tycker om det eller ej, så har svensk naturvetenskap spelat en anmärkningsvärd roll i rashygienens historia. Man hänvisade gärna till Linné för att understryka rasforskning som en särskilt svensk angelägenhet.

I den traditionen introducerade Anders Retzius, professor i anatomi och fysiologi vid Karolinska institutet, på 1840-talet skallindex som blev grunden för rasindelningen i långskallar och kortskallar. Retzius samlade på skallar och åkte bland annat till Egypten, där han köpte stora mängder mumieskallar som han "förstörde" för att kunna mäta dem. De finns kvar än i dag. Retzius själv finns också utspridd på olika universitetsinstitutioner i

Uppsala. En institution har skallen, en annan mjälten, en tredje en fot. Och så vidare.

Gunnar Broberg skriver i sin bok *Statlig Rasforskning* (Lund, 1995) att i rasbiologins tidiga svenska historia är det ingen som enbart är rasbiolog, men ganska många som ändå sysslar med sådana frågor. Så farfar var inte udda som botaniker. I Rasbiologiska institutets styrelse satt exempelvis botanikprofessorn Herman Nilsson-Ehle från Lund och zoologiprofessorn i Uppsala, Nils von Hofsten.

Bland breven på Carolina ligger en inbjudan från Herman Lundborg till farfar att delta i Nordisk Raskonferens i Uppsala och Stockholm den 25–28 augusti 1925. Syftet är bland annat att bilda en sammanslutning av rasforskare i Norden.

Någon sammanslutning bildades inte. I stället träffades man på de nordiska naturforskarmötena. Vid mötet i Göteborg 1923 bildades en särskild sektion för rasbiologi och ärftlighetsforskning och i farfars fotoalbum finns en bild från detta möte. Han var också med på naturforskarmötena i Kristiania [*Oslo*] 1916 och i Köpenhamn 1929. Hans resebrev – alla skrivna till farmor – finns kvar från mötet 1929.

När han reser stannar farmor kvar på havsforskningsstationen Kristineberg i Fiskebäckskil tillsammans med barnen. Hon sköter hans plantager. ”Men jag kan med bästa vilja ej klara chimärerna så som du helst ville, enär gränsen mellan vitt och grönt i det stadiet är nästan utplånad.”

Det är ”gruvligt tomt” efter farfar, tycker hon, och hon ”längtar nästan tillbaks till nässeljobbet igen, t.o.m. rödalgerna skulle godtas!”

Hans växter fraktar hon sedan med sig på tåget hem till Uppsala när det är dags för skolstart. Hon bär dem i sin läderkasse som stagats åt sidorna med två pappskivor.

Hon skriver till farfar att ”Av 9 Geraniumblommor har två spottat iväg sina frön trots tillsyn morgon och afton. En blomma är skördad. De övriga sex voro ej färdiga när vi reste, men en ung nykläckt dr. med. från Braunschweig, som anlände en av de sista dagarna, har lovat vakta dem. Han stannar nästan hela september på Kristineberg."

Före själva naturforskarmötet i Köpenhamn deltar farfar i föreningen Nordens "Studieophold" för naturforskare på slottet Hindsgavl i Middelfart på Fyn. Jag citerar delar av breven. De säger en del om värderingar och mentaliteten hos dessa forskare.

Farfar var nog en riktig naturforskare. När han behövde hästskit för att titta på bakterier, gick han bara ut på gatan och hämtade litet. Han lade det i ett kuvert och stoppade det i kavajfickan.

Farfars första brev är skrivet i Helsingborg 18 augusti 1929. Han är på väg till Hindsgavl och stannar till i Göteborg:

> /…/ Väl i land högg jag min kappsäck och gick raka vägen till Göta Källare, ett hotell nära stationen, där jag förut logerat. Efter att ha skickat iväg mötesafgiften konsumerade jag tre smörgåsar, fem bananer och en flaska lageröl och skyndade mig därefter att före stängningsdags få galoscher, ty nederbörden ökades åter med några m.m. Med spårvagn for jag sedan till Änggården för att åter bese Skottsbergs* skapelse. Skottsberg var bortrest, men genom ett fönster i den nya institutionsbyggnaden lyckades jag väcka amanuensen Bloms uppmärksamhet. Han är en femtio års man, f.d. bokhandelsbiträde och botanisk autodidakt. Jag har förut endast känt honom genom bytesväxter och skrifter. Han förde nitiskt omkring mig, ända tills mörkret omöjliggjorde vidare förevisning. Öfverallt i institutionsbyggnaden lågo stora lårar staplade i hvilka wienaren Hayeks herbarium låg inrymdt. Mer än 70 000 ark! Köpt af trädgården för 2 700 kr(!) af sterbhuset. Priset är ju upprörande lågt, och visar hur fattigt Wiens universitet nu är. /…/
>
> Den botaniska trädgården är storslagen och vacker. Den kuperade terrängen har ju också skickligt utnyttjats. På de

* Carl Skottsberg, botaniker som byggde upp Göteborgs botaniska trädgård.

storslagna stenpartierna odlas tusentals arter. Jag plockade med mig litet för att sedan i lugn och ro fixera på mitt hotellrum.

Framkommen till Hindsgavl, skriver farfar den 20 augusti:

/.../ Vi äro 80 à 90 gäster. Af svenskar märkas prof Carlgren, prof Ekman, dr Frisendahl, Selim Birger med fru, dr Borge och andra. Värd för det hela är öfverstelöjtnant Bruhn, som har en svenskfödd stilig fru i stilklädning. Hon är charmant som värdinna. Allt är trefligt, men jag och några andra äro grymt hungriga. /.../ Efter tedrickningen gjordes en promenad rundt slottets ägor. I parken finnes mer än manshöga Rhododendronbuskar. /.../

Bokskogar förstås, men här och hvar ha de huggits och ersatts med vedervärdiga kulturskogar af gran. Samma dumhet begå skånska godsägare. /.../

Uthungrade komma vi till middagen: soppa med kalfstek. Utmärkt godt var en sallad af repade vinbär med socker. Efter middagen, som vi ju gjorde all heder åt, dracks danskarnas ramsvarta kaffe i salongerna, där det pratades och musicerades. (Kaffet blandas här alltid med Cichoria, däraf dess mörka färg.) Klockan nio samlades man en trappa opp i en föreläsningssal, där dr Nordmann höll ett orienterande föredrag öfver Danmarks geologi med speciell tonvikt på förhållandena vid Röjle klint, som vi i dag besökt. Det var en liflig föredragshållare, ögonen lyste, han pratade gladt och otvunget, entusiastisk för sitt ämne, och svettig så han blänkte "i ljus och lampors sken".

Ja, så kojade man. Jag har ett eget rum i "kavallerflöjen", mycket enkelt möbleradt, men man behöfver ju ej så mycket. Tyvärr voro de verkligen mycket hårda madrasserna däfna. Jag måste stiga upp och draga på mig underkläder. Det var som att ligga i Blåhammarstugan. Rummet ligger ju på nedre botten, har stengolf, och utanför skugga stora träd, så man kan inte begära, att det skall vara som på Kristineberg.

Half åtta på morgonen ljuder gonggongen. Kl 9 får man frukost: gröt och mjölk i en slags stora crèmekoppar samt buffé och smörgås. Så delgåfvos vi förhållningsorder af öfverstelöjtnanten för dagens utflykt. Marsch till Middelfart. Här låg en beställd "oceandampfer", som förde oss till Strib midt emot Fredericia. I land blef det en lång vandring. Förhållandena vid Röjle klint demonstrerades. /…/ Vid en kyrka med vacker utsikt väntade oss en vagn från Hindsgavl med sex delikata smörgåsar per man, mörkt maltstarkt öl och svart kaffe. Uppiggade fortsatte vi vår vandring – mat betyder mycket för människan –, badade och inskeppade oss slutligen i "oceandampfern", som förde oss ända fram till Hindsgavl brygga.

Nu är klockan 9 och prof Mentz skall hålla ett föredrag om morgondagens bil- och motorbåtsexkursion till Aebelö.

Jag slås av aktiviteten, rörelsen. Farfar är ung och är på vandring. Och han badar. En minnesbild dyker upp:

Farfar står bakom sin skrivbordsstol.

Han är vänd i profil mot skrivbordet och bakom honom blommar vita narcisser i fönstret. Hans ena hand greppar ryggstödskarmen. Den hårda doktorsringen pekar ut från de smala fingrarna.

Det ena benet pendlar.
Fram och tillbaka.
Som en visare går hans tunna ben.

Farfar gymnastiserar.

Han vänder sig om. Det andra benet börjar pendla.
Fram och tillbaka.
Rörelsen exakt och regelbunden. Överkropp och huvud hela tiden blick stilla.

Hindsgavl den 21 augusti 1929:

Nu surra människorna i slottets sällskapsrum. Kaffet är drucket, och man väntar på musik och sång. I går slutade vi med att sjunga de fyra nordiska ländernas nationalsånger. Jag tyckte "Du gamla Du fria" klingade riktigt bra, trots norrmäns och danskars inspirerade "Ja, vi elsker" och "Det er et yndigt land". /…/

Det danska landskapet är yndigt. Kulturell välmåga bär allt vittne om. Men mycket orörd natur finns inte. Bland de rika fälten och utmed vägen ligga de halmtäckta korsvirkeshusen alltid med en väldyrket have framför, och ljushåriga barnungar (andra tycks knappast finnas) leka utanför och vifta förtjusta åt vår bilkavalkad. /…/

Under två timmar rulla vi fram i detta rika kulturlandskap, där snart allt är moget till skörd, njuta af de vida utsikterna, af vår frihet och hvad som ännu väntar oss. I den lilla nydelige staden Bogense göra vi halt och äntra två motorbåtar. Kursen lägges norrut, och målet är Aebelö. Låter det inte trefligt? Päronö gör sig inte alls lika bra. /…/

Vegetationen är naturligtvis mycket starkt kulturpåverkad som öfverallt, men ändock af ett visst intresse. Slån, hagtorn och björnbär bilda bokskogens förposter, böjda och klippta af vinden, så det hela bildar en grön kälkbacke. Under några stora ekar på en öppen plats lägra vi oss och plocka fram matsäcken, som två hästar knogat hit från hamnplatsen. "Smörrebrödpakkerna" äro som vanligt utmärkta och nedsköljas med Carlsbergeröl, en med rätta berömd dryck hvarpå hela Danmarks vetenskap och konst till stor del lefver. /…/

På några ställen är den gamla naturskogen kvar, en trollskog sådan som om Doré härifrån skulle ha hämtat sina motiv för infernoframställningen i Dantes Divina Comedia. De gamla bokarnas och lindarnas stammar äro böjda och vridna som ormar med ett virrvarr af grenar. Vinden kan ej gärna ensam vara orsaken härtill. /…/

Efter en timmes båtfärd äro vi åter i Bogense, och klockan sju rulla våra bilar in på Hindsgavls stora gård. Half åtta går middagen af stapeln. /…/ Efteråt har dr Spärck hållit ett föredrag om den marina faunan i bälten. Nu dansas det. En flicka här, frkn Thomsen, är så utmärkt vacker, att Frisendahl känner sig öfvertygad om att hon ej är någon särskildt framstående biolog.

Hindsgavl den 24 augusti 1929:

Du har hoffentlich ej gått och väntat på underrättelser allt för länge. Man är ganska upptagen här nere. /.../ Geologerna komma först hem till den sena middagen. De äro norr om Vejle. Jag och en del andra botanister togo en lastbil och foro norr om Middelfart till Stavby Mose. /.../

Jag gick och språkade med docenten, fru Hanna Resvolt Holmsen, en ovanligt sympatisk kvinna. (Med hennes syster Tekla byter jag afhandlingar.) Hennes man den ståtlige statsgeologen är också här. I tre månader bodde hon ensam i tält på Spetsbergen, och jag erinrade henne om hennes middag där för Bertil Högbom, hvarom han 1908 berättade för mig. Frisendahl och en af hans många kvinnliga sommarassistenter, Agnes Larsson, äro också nitiska. Både Elsa Sjöström och hon få knoga ordentligt om sommaren, ty Frisendahl är energisk, och middag lär det inte hunnits med många gånger i sommar. Men flickorna äro glada och tacksamma för att utnyttjas och för att få lära sig en del. (I går fick vännen Frisendahl spela kort med fröken Thomsen, "som man knappast vågar titta på.") Nej, här sitter jag visst och pratar smörja. /.../

Gårdagen var ganska händelserik. Jag för min del följde geologerna som i dr Nordmann ha en kunnig, mångsidigt orienterad och entusiastisk ledare. Strax efter frukosten, som här alltid serveras kl 8, gingo vi ombord med zoologerna på Japetes Stenstrup och landsattes snart vid Hagenörs tegelbruk på Jylland. Så marsch i solsken på ändmoräner och genom "tunneldalar". Fast berg anstår ingenstans, och en geolog är här beväpnad med spade. /.../

Efter kaffet improviserade dr Nordmann ett utomordentligt föredrag om Sönderjylland, görande full rättvisa åt tyskarna och framhållande de invecklade och egendomliga politiska, kulturella och språkliga förhållandena där nere. /.../

Regnet plaskade och vinden ven. Med filtar skylde vi oss nödtorftigt. Jag satt i närheten af vår charmanta värdinna, som är fager att skåda och dessutom har andra förtjänster.

Sista kvällen på Hindsgavl samlas naturforskarna i ett trädgårdshus med vitkalkade väggar, lokalen är klädd med bokblad och blommor. Det är långbord, tårtor, vinbål och trångt. Efter mängder av tal bildar de sedan Societatis Hindsgavelensis pro flora et fauna "och under skrattsalfvor antog sällskapet sina stadgar, som utgjordes af de grundligt refviderade för Hindsgavl gällande statuterna." Det låter studentikost. Men dessa träffar med sina exkursioner, middagar och tal var kanske inte så annorlunda mot nationslivet där hemma?

Naturforskarna reser sedan till Köpenhamn, där själva Naturforskarmötet ska hållas. Farfar bor på Hotel Cosmopolite vid Kongens Nytorv, där det är ett "fasligt lif med bilar och spårvagnar".

Han skriver 26 augusti 1929:

/.../ På färjan till Korsör satt en ensam man med en pilsner vid ett bord. Då vi voro många i ett sällskap frågade vi honom, om han ej ville afstå bordet åt oss. "Jo, mkt gärna." Det visade sig sedan, att mannen i fråga var nobelpristagaren Bohr.*

Jag har inkvarterats på Cosmopolite högt uppe under taket. Rummet ej särdeles på något sätt utom priset. /.../

Redan på tåget hade Frisendahl, Ekman och jag gjort upp med några lärarinnor från Hindsgavl, att vi skulle träffas på Tivoli och äta middag tillsammans. På Tivoli var obehagligt mycket människor och ståtligt illumineradt. Hvart annat träd var fullhängdt med elektriska "blommor". Då vi måste betala 50 öre extra om vin ej dracks, beslöto vi strax att intjäna

* Niels Bohr, dansk fysiker.

denna summa och bourgogne rekvirerades. Tre af flickorna foro på kvällen och harangerades af Ekman. Så skulle vi söka upp ett roligare ställe, men jag lyckades afstyra detta med hänsyn till den kommande veckans strapatser.

Naturforskarmötet öppnades i dag med all högtidlighet i rådhuset. R. Fries talade bra som representant för Sverige. N. Bohr höll så ett föredrag om: "Atomteorien og Grundprincipperne for Naturbeskrivelsen". /.../

Sedan vidtogo sektionsmötena. Utanför den botaniska institutionen vaja de olika ländernas flaggor, och växter pryda uppgångarna. Jag har utsetts till sekreterare och måste följaktligen flitigt åhöra alla föredrag. "Äran" får man ju inte för intet. /.../

Nu måste jag skynda till Wivel, där Dansk botanisk Forening ger festsupé för sina utländska gäster.

Farfar har dryga dagar. Det har säkert farmor också, med tre barn och farfars alla växter som ska skötas. Den 28 augusti konstaterar han: "Det var fasligt länge sedan jag hörde något ifrån dig. Jag hoppas allt står väl till. Jag höll på att skrifva: 'särskilt mina Plantago', men jag menar det inte precis så. Plantago kräfver rätt mycket vatten. Jag begjöt krukorna både morgon och afton, då jag fann det nödvändigt med hänsyn till den starkt saltpetergödslade jorden."

Min faster berättar att farfar alltid redogjorde i detalj för alla läckerheter han fick på olika middagar. "Vi var avundsjuka, sådana middagar fick aldrig vi."

"Men det berodde inte på farmor", poängterar hon. "Farfar bestämde och hon fick inte laga annat än katarr-kost."

"På ett förunderligt sätt lyckades hon ändå få till en varierad kost", säger min faster.

Från naturforskarmötet rapporterar han om måltider och kvinnor, precis som när han levde badortsliv i Båstad och Mölle 1922. Inte heller nu tror jag att han gör det med någon baktanke. Snarare är det vetenskapsmannens noggranna observationer som meddelas. Och kanske ansåg farmor och farfar att de som moderna, rationella människor stod över sådant som svartsjuka? Farmor skriver alltid att hon tycker att han skriver så trevliga brev.

Och festen på Wivel var treflig, rapporterar farfar. Han hamnade tillsammans med en lille norsk pike och dr Claussen, framstående ärftlighetsforskare. Det serverades överdådigt smörgåsbord, rostbiff, glace och kaffe.

> Det såg festligt ut, när desserten bars in. Ljusen släcktes och tjugo fracksvarta kypare tågade in i en lång rad, hvar och en bärande en skål af illuminerad is med glace. /.../
>
> Vid kaffet kom man loss. Jag språkade med Elsa Kylin, som hade färska nyheter från Kristineberg. Bland andra jag sammanträffade med var också Irma Andersson-Kottö. Jag titulerade "fru", men Kottö var endast ett epitetum ornans [*dekorativt tillägg*], som hon hängt på Andersson. Hon vistas ju sedan många år i London vid John Innes horticultural institution och har gjort märkliga experiment med ormbunkar (hvilka, som du vet, ha en spor- och en sexuell generation). Det var en smärt, högbarmad dam, intelligent och intresserad. Hon hade dock börjat få skarpa drag kring munnen och skulle nog må godt af ett annat slags genetik. Ett drag af bitterhet och trötthet var påfallande hos henne. Lilla fru Fennia Fries blomstrade som vanligt, och fru Turesson, född Lehmann, hade samma runda kinder och glada ögon, som då jag för åtskilliga år sedan drack kaffe hos henne i Lund. Hon ägnar sig hufvudsakligen åt att hjälpa sin man, som "har en så dålig examen, att han endast kan bli professor". Men så har förstås lilla frun (hon är förstås stor och ståtlig) bara en barnunge. Hon talar nu svenska bättre; bröt förr på tyska och snakker naturligtvis dansk som en inföding. Nej, här sitter jag visst bara och utbreder mig om damerna. Det var roligt att se och tala med åtskilliga forskare, som man stått i förbindelse med men endast känt från trycksaker: Jörgensen, Clausen, Rannkiaer o.s.v. /.../
>
> I dag har ärftlighetssektionen arbetat. Prof. Broman, som blamerat sig med ett föredrag om naturens ändamålsenlighet, fick på pälsen alldeles oerhördt. Juel tyckte det var pinsamt,

sade han; men jag framhärdar i att anse det vara i högsta grad välförtjänt. /…/

Med flygande fart slukade jag litet mat på en billig restaurant – men bra för all del, där jag oftast äter och ock påvisat för många – tillsammans med docent Håkansson, fru Turesson och en annan skön kvinna. Något så när mätta rusade vi till industrirestauranten, hvarifrån turistbilar skulle föra oss till Lyngby. Jag känner mig såsom varande från landet bland alla bilar och hejdade mig ibland och sprang ibland. Fru Turesson högg mig resolut i armen och bad att få lotsa mig: "Inte springa, inte vara rädd." /…/

Vid Lyngby besåg jag Winges mycket intressanta försök med Melendryum. Stora fält, tusentals individer. Mkt intressant att se de vackra försöken med gener lokaliserade till x- och y-kromosomen. Hos Verbena fanns en ständigt från a till A muterande gen. Hvitblommiga plantor voro här och hvar rödfläckiga, ja hela grenar kunde bära uteslutande röda blommor. /…/

Så drack vi te och wienerbröd, hvarpå jag skyndade till plantepatologiske institut, där jag hade glädjen att se Jörgensens trollerier med Solanum [*potatis*] /…/

Nu skyndar jag till Tivoli dit vi ikväll äro inbjudna. Detta är ej ett naturenligt lefnadssätt!

Jag förstår om naturforskarna kände sig som en upphöjd elit, att de inte behövde tvivla på att de hade rätt. Farfar berättar om Köpenhamns stads 35-kronorsmiddag i "Kaempehallen" Forum. Trettiofem kronor låter inte mycket, men omräknat till dagens penningvärde blir det en kuvertavgift på åttahundra kronor. Eller nästan en veckolön för en snickare i Sverige på den tiden.

Den blef något enastående. 2 300 personer. Den största middag som afätits i Kbhvn; gemensam för ingeniörerna och naturforskarna. Vid varje kuvert låg en bok med program och visor samt en större dito med kartor öfver och förteckning på alla gästernas platser. Dessutom för herrarna cigarretuin med maggördlade havannas. Jag satt bland en del ärftlighetsforskare och andra. På min högra sida hade jag amanuensen Aslaug Sverdrup, en intagande kvinna af den bekanta släkten. /.../ Till vänster hade jag frkn Irma Andersson-Kottö, genetiker vid John Innes institut i London. Hon verkar en smula desillusionerad och söker tydligen få ut hvad hon kan af lifvet; röker cigaretter under föredragen, äter endast på Wivel och åker skidor ett par månader om året i fjällen. Midt emot mig satt professor Broman. Vi förbrödrades. Han är en charmant herre, och vi hade verkligen trefligt på vårt hörn. Han visade sina lillfingrar och förklarade, att alla hans barn hade likadana. "Jag godkänner inga andra som mina", påstod han. Han rustar sig nu för den embryologiska Afrika-expeditionen. Han hoppas kunna göra kejsarsnitt på apor: "Humant eller hur? De kunna ju ha mycket roligt efteråt." I laget befann sig också den elegante prof. Sand, som förut för oss demonstrerat sina trollerier med höns och tuppar, som han möblerat om åtskilligt i. Hönorna stoltserade nämligen med sporrar och kammar och golo ljudligt, under det hannarna transformerats i motsatt riktning. Snedt emot mig sutto också Juel och generalsekreteraren prof. Winge, namnet känner du nog.

Ja, så var det maten. Äkta sköldpaddsoppa först. Kvantiteten skulle ha räckt att låta Gefionfontänen spruta soppa i 17 timmar. Så färsk hummer. Förbjuden tid men lagrad lefvande i bassänger till detta tillfälle. Medan humrarna buros in, anlände lastbil på lastbil med kycklingar till köket och stektes. Så serverades körsbärskompott, hvarpå kycklingarna nystekta och nydeliga inburos af de 228 kyparna, under det de 75 vingarçonerna hjälpte oss med den ljufliga bordeauxen af anno 1916. (Det stod en flaska vid hvart annat kuvert.) Allt gick med glans, oljadt och väldresseradt. Ja, så blef det glace förstås som alltid i det här landet och café filtré m.m. Vinerna voro: utsökt sherry, chablis, bordeaux och madeira. Massor med tal förstås. De första hörde man på, men sedan fingo högtalarna, som voro anbragta här och hvar, böla förgäfves. Statsminister Stauning hade en förfärlig brumbas, och ingen kunde eller gitte uppfatta ett ord af all vältaligheten. Ja, det var en festlig middag i alla afseenden. Så blef det dans i denna jättesal, egentligen afsedd att vara en utställningshall. Kl 12 ville Juel förstås ha sällskap till hotellet, men jag afböjde och stack i stället till honom mitt cigarretui, som märkbart gladde honom. Vid ett-tiden for jag dock hem med Lönnberg (som hälsar dig) och fick del af hans belåtenhet med Bromans välförtjänta afbasning. Ja, så somnade jag och drömde, att jag var en karusell på tivoli, som gick i vågor. /.../

Klockan 9 stod jag på Rådhusplatsen med tre bananer i händerna. Frukost hade förstås ej medhunnits. En botanisk heldagsexkursion skulle gå af stapeln. Dumt att jag anmält mig till den. Hade jag underlåtit det, hade jag kunnat få se serum-institutet, insulinfabriken och Winges försök med fiskar i stället.

Sista brevet är från Malmö och skrivet 5 september. Farfar berättar att han tillhandlat sig ett papper för att sända farmor ett meddelande. Det blev ett brev på 24 sidor. Här avslutar han skildringen av mötet i Köpenhamn och berättar också om den påföljande vistelsen i Aalborg.

Kära Greta!

/.../ Mitt sista bref slutade visst med Köbenhavns rådhusfest. Jag språkade där rätt mycket med dr Claussen, en duktig ärftlighetsforskare, som särskildt gjort vackra undersökningar öfver violer. Han är nu assistent på Winges afdelning, och en mera nitisk, kunnig och intresserad medhjälpare kunde väl Winge aldrig få. Det måtte vara härligt att arbeta, då man har sådana möjligheter som vid Lyngby och en sådan medhjälpare som dr Claussen. Hvarje dag cykla han och hans fru ut till Lyngby. Frun var en sympatisk kvinna, som assisterar sin man och hjälper honom med de tusentals pollinationer, som skola utföras. De äro barnlösa, hvilket är deras stora sorg. Särskildt naturligtvis beklagligt för en genetiker.

Ohyggligt trött steg jag ombord på "Köbenhavn" för att fara till Aalborg under natten. Jag stod en stund på däcket och såg på storstadens tusende ljus och strålkastaren på Middelfort, som jag förr under sommarkvällar sett blixtra till på strandpromenaden vid Landskrona. Åsynen af det fjärran Köbenhavn från den svenska kusten är ett barndomsminne, lika starkt som fångsten af den första krabban där nere och fyndet af ett kattkranium vid strandbrinken. /.../

På morgonen kvicknade jag till sedan vi kommit in i Limfjorden. Ett konvolut öfverräcktes innehållande hotellanvisning och bjudningskort. Aalborg ser ut att sörja nästan till öfvermått väl för sina gäster. /.../

Jag har ett trefligt rum på ett hotell vid det lilla järnvägstorget. Logerar tillsammans med Johansson [*tog sig sedan namnet Lohammar*], "Mitstock" är ett mera bekant namn. Han har flackat omkring i Norrland i sommar. I Köbenhavn bodde han på samma dyra hotell som undertecknad. Som du vet är det en elegant herre, som släpat med sig kakikostym, elegant sommarskrud, förmiddagsdräkt och frack, vindtyg, regnkappa och sommarpaletå. Det är ju en mycket hygglig man; men litet mera enkelhet tycker jag skulle anstå honom, i betraktande af att jag förra året skref på ett borgenslån åt honom för att underlätta hans vidare studier. Allt är här ordnadt på bästa sätt. "Morgenmad", drickspengar, utflykter, allt ingår i de 50 kr, som vistelsen i Nordjylland kostar. /.../

Utanför restauranten står en ansenlig bilpark. Stadens förnämligare bilägare ha ställt sina lyxvagnar till förfogande. Medan vi prata, hvem ser jag komma. Jo, oberstlöjtnant Bruhn från Hindsgavl. Han har följt sin fru till Göteborg och kommit hit via Frederikshavn. Först får han syn på Ellinor, den fjärilskunniga danskan (det vet i tusan hvad hon heter för öfrigt) och så på några andra af Hindsgavls gäster. Han trycker min hand och säger: "Lefver ni ännu?" Af tidningarna har han ju sett att Köbenhavn varit ansträngande. Vi vifta farväl åt honom och äntra bilarna. Jag hamnar i en gentil kärra körd af tobaksfabrikören (1 500 arbetare) Obels frus livréklädde chauffeur. /.../

Det hinner bara bli en titt in i ett af naturskyddsområdena, där samma trollskog, samma fantastiskt formade bokar som på Aebelö, möta oss. Orsaken till trädens form? Ja, därom vet man ej något bestämdt. Gjorda försök synes dock visa att ärftliga moment, åtminstone till en del, spela en stor roll.

Tillbaka till bilarna och vidare går färden. /.../

Vi hälsas af en del hedervärda och flaggprydda odalmän, som bildat en kommitté för att värdigt mottaga oss. Det är ju nästan rörande. Vi undfägnas med kaffe och tårtor i ett glödhett skjul, och det bästa af allt, dejligt sodavand.

/.../ Snart spinner åter vår bilmotor som en jättekatt. /.../ Ljushåriga barn vinka åt oss. Det är en skön afton. Jag tänker dock hädiska tankar om Örne, generaldirektören och socialdemokraten, och andra af den typen, som ständigt hänvisa till hur väl de danska jordbrukarna reda sig utan tullskydd. Danmarks kalkhaltiga, bördiga jord är dock en annan än den som utmärker Sverige. Och klimatet är mildare. Vårt tullskydd för jordbruket är af öfvervägande social betydelse. Hvarför skola vi utrota våra bönder i stället för att (utan någon tullförhöjning) laga så, att vi äta vår egen spannmål (låt vara en smula uppblandad) och ej gynna lyximporten af hårda kanadensiska vårveten. Näringsfysiologiskt sett skulle vi ej förlora något men vinna åtskilligt af betydelse, socialhygieniskt och rasbiologiskt sett. /.../

Medan vi språkade dök Iwan Bohlin upp. /.../ Det befanns att vi hade träffats vid Kristineberg i augusti 1914, då han kom dit för att göra magnetnålsobservationer under solförmörkelsen. Det var roligt att nu återse honom, då man fått en smula bättre perspektiv på karlen. Han har sin ej oäfna fru med sig. Hennes gälla röst skär igenom öfverallt, och hon har en mani att alltid formulera små feminina dumheter, i hennes tycke väl kvickheter. Hon verkar rätt besvärande, en nötskrika. Bohlin ler undseende och klappar ömt sin fru i stjärten. /.../

Vid kaffet bad en artist att få rita af mig för en af ortstidningarnas skull. Hvilket beviljades, och här ser du resultatet. En ganska lyckad karikatyr säges det. Samtliga tidningar i staden skicka dagligen upp sina blad till våra hotellrum.

Nästa dag, onsdagen den 4 september är den sista i Aalborg. Vi skola tillbringa största delen af tiden i bilar. En lång rad sådana vänta på oss, privatbilar, som älskvärdt ställes till vårt förfogande. Jag sitter bredvid en hedersman om hvilken jag endast vet, att han heter Rasmussen och har varit flera år i Kaukasus och talar flera språk flytande. Det blir en utomordentligt treflig färd. Vi rulla öfver den långa pontonbron och fortsätta norrut. /.../ Framför oss ligger Store Vildmose, kanelbrun i färgen, inramad af grönt land. Det är ett stort område, och Mentz förklarade, att aldrig kommer han att göra om sin tiotimmars vandring öfver mossen. Geologiskt sett är det en mycket ung bildning. Miltals gå ”Gröfter” snörrätt fram öfver den enformiga ytan, – och mossen förblöder. /.../

Vi fara vidare till Börglums kloster, hvars kyrka demonstreras af sogneprästen, och sedan till Aalborg. /.../ Middag i ”Kilden”. Som vanligt rosor vid hvart kuvert. Program: Buljong med sparris af jätteformat, kokt lax med mayonnaise, filet med tryffelsås och salat, glace med syltad frukt. De vanliga dryckerna. Bordsdam: Fru Statsskovrider Lorentsen. En vacker kvinna, rak i ryggen som Mamma, intelligent, intresserad af och kunnig i sin hemorts natur och kulturhistoria. Taffelmusiken spelade allt för kraftigt för att tillåta en lifligare konversation. Talen ransonerades, ty kl 11 (en timmes uppskof) skulle Köbenhavnsbåten gå. Efter middagen samlades de af oss, som varit med från början d.v.s. gästat Hindsgavl, och utnämnde på stället Mentz, Spärck och Christensen till membra honoraris Societatis Hindsgavelensis scientiarum. /.../

Nästa dag alltså i Köbenhavn. Jag köpte ett par småsaker, som man kunde ha i fickan åt barnen, och på det ”Kongeliges” försäljningslokal ämnade jag inköpa en liten porslinsflicka åt dig, men den kostade 280 kr, så jag gick ur butiken med oförrättadt ärende. Ägnade mig för öfrigt åt Glyptotekets antikafdelning. Vid middagstiden i Malmö. Ditt förslag att i natt kl 2 stiga af i Linköping och möta seminariet kommer jag ej att följa. Tiden är osympatisk, det blir regn, och jag är trött.

Hälsningar
Ossian

Jag hoppas att farfar köpte något annat till farmor. Men det framgår inte av breven.

Farfar och Lundman

De stora mastodontfåtöljerna, pjäserna som farfar skaffade innan han gifte sig, finns kvar. Jag sitter i dem varje dag. ”Kör dem till tippen”, sa tapetseraren. ”Aldrig”, svarade jag.

Han renoverade och klädde om dem, i ett tyg som minner om havet. Men när jag var liten doftade de läder och vi kunde sitta tre kusiner i varje.

Det är nästan natt och jag sitter i en av fåtöljerna. Jag väntar på Venus, Aftonstjärnan, som snart ska synas genom mitt fönster.

Plötsligt slår det mig att det var i mina fåtöljer som farfar och Bertil Lundman satt när de pratade i herrummet om kvällarna.

Lundman som sa att farmor kom från en ”märklig alpinsk ras”.

”Han kom periodvis var fjortonde dag, lagom till kvällsteet vid sjutiden. Då pratades det skallar och mätningar och zigenare och tattare”, berättar min yngre farbror.

Lundman spottade och dreglade så våldsamt att farmor dukade för familjen på ena änden av matsalsbordet och för Lundman på den andra. Farmor fick hela tiden köra ut barnen i köket, eftersom de höll på att explodera av skratt. Särskilt när han bjöds på krabba och stoppade skalen i fickan.

Han hade snaggat hår och vilt stirrande ögon.

”Lundman pratade och pratade, han följde med in i sängkammaren och fortsatte prata medan farsan klädde av sig. Inte förrän han lagt sig tystnade han och gick”, säger min farbror.

”Lundman är ett geni”, sa farfar.

Förutom rasbiologin hade de också botaniken tillsammans. Farfar berättade att när Lundman en gång behövde en växt som fanns i närheten av föräldrahemmet skickade han ut sin åldriga mamma som simmade efter den mitt i vintern. Lundman själv badade från april till december, tills isen lagt sig.

Margareta Lindgren på Kart- och bildavdelningen på Carolina, där bilderna från rasbiologens arkiv finns, berättar att när hon kom till Uppsala på femtiotalet var lördagsnöjet att gå och lyssna på Lundmans föreläsningar. Det gällde att inte sätta sig för långt fram, för då var det risk att han mätte ens skalle.

Han berättar själv i sin bok *Minnen. Glimtar ur ett långt liv*, utgiven av Bertil Lundmans Antropologiska institut (Uppsala, 1987):

> Jag fick lärosal IV på universitetet 1947 och dit samlades en del rent undermåliga och nyfikna människor. När jag var som mest populär hade jag ofta ett par hundra åhörare, som jag förde omkring i världen till de olika stamfolkens hem.

Han undervisade "för fullt fram till januari 1970", skriver han. Jag blir förvånad. Inte minst över att han 1947, två år efter kriget, blev förordnad till docent i fysisk antropologi vid Uppsala universitet. Jag trodde att nazismen hade omöjliggjort alla idéer om skallmätningar.

När han disputerade 1945 på Dala-allmogens antropologi, var intresset så stort att man fick byta från X:an till universitetsaulan. Aulan har plats för 1800 åhörare.

När jag går dit för att titta på aulan är dörren låst. Men jag fäster mig vid Thomas Thorilds ord i guld ovanför dörren: "Att tänka fritt är stort, men att tänka rätt är större."

Lundman ville tillhöra Rasbiologiska institutet, men stöttes ut därifrån. I sin bok skriver han om institutet: "Chefen Lundborg var en entusiastisk men korttänkt person utan större vetenskaplig förmåga". Han berättar också:

> [*där*] fanns en kvinnlig assistent, /…/ som ansåg sig kunna avgöra vilka som passade bra ihop för äktenskap. Hon grundade sina åsikter på folks näsform, ögonform m.m. men det hela var naturligtvis helt och hållet ohållbart. Hon hade under 30-talet mätt lappar åt Lundborg. Hon härstammade från By och var ofta på V-Dala, trots att hon inte var studentska; alla kände henne och hon var mycket populär. Hon tillhörde dem jag mätte men jag var inte intresserad av henne annars. Blandat finskt och vallonskt inslag men ursprungligen av tysk släkt. Tjock med starkt utstående blå ögon.

Själv gav han också äktenskapsråd. "Gift dig inte med honom, han har kriminella drag", kunde han säga till kvinnor på spårvagnen och peka på kavaljeren.

Att mäta skallar var tydligen inte så lätt. Han berättar i sin bok att han övade på sina studentkamrater på V-Dala nation. "Mången kväll lurade jag i hallen till nationens läsrum under ivrig huvudjakt."

Och hur gör man för att fastställa en ras? I boken *Nordens rastyper* (Stockholm, 1940) förklarar Lundman själv "hur en vanlig rasundersökning går till":

> Först och främst ska man försöka undersöka lantliga folkgrupper som i senare tid ej så starkt blandat sig. Även inom sådana grupper måste man ta reda på om de åtminstone under de två, tre sista släktleden tillhört bygden. Utom av verkligt klena och abnorma får man ej göra något urval utan ta med så många man hinner. /…/
>
> Vilka mått skall man taga? För Nordens vidkommande anser jag, att vid en vanlig undersökning, vars mål mest är jämförelse med andra redan undersökta bygder, följande vara tillräckligt:
>
> a) kroppslängd vid full ehuru ej överdriven sträckning (på en halv cm. när), b) huvudets längd från en punkt mittemellan ögonbrynen till den därifrån avlägsnaste punkten på hjässan, c) huvudskålens största bredd, d) okbågsbredden, e) ansiktshöjden från näsroten till hakan, f) ögonens och hå-

rets färg (alltid med fastställda färgskalor!) och g) näsryggens form. /.../

Fotografier (en face, ren profil och gärna halvprofil) böra tagas av så många som man har tillfälle och råd till, åtminstone dock en 5–6% av de undersökta. Äro de fotograferade få, är det tyvärr nödvändigt att göra ett visst, *ehuru ej för skarpt*, urval av dem man anser "typiska". Naturligtvis antecknas även åldern på alla undersökta.

Så ett ord om materialets bearbetning. Man räknar ut först för varje individ förhållandet mellan huvudbredd och huvudlängd. Huvudbredden i procent av huvudlängden kallas "huvudindex", rättare breddlängdindex. Är detta tal lågt är huvudet långt, är det högt, är huvudet brett. Medeltalen för olika människogrupper variera mellan 60 och 88. Likaså beräknas ansiktsindex, d.v.s. ansiktshöjden i procent av ansiktsbredden. (Gruppmedeltalen variera ungefär mellan 70 à 75 och nära 100. Märk att här betyder låga indextal breda ansikten och tvärtom.)

Av alla dessa absoluta och relativa mått tages så medeltal för olika bygder och dessa jämföras sedan i tabeller eller på kartor.

Vem var han då, denne student som hoppade fram med sina mätinstrument när en intressant skalle dök upp? Och som på vintrarna hade ett drygt arbete att sammanställa sina raskartor efter sommarhalvårets mätningar? I *Minnen* får man veta att hans far försörjde sig som skrivbiträde åt departementen och umgicks flitigt med unga radikaler på fritiden. Han tillhörde kretsen kring Röda Rummet och kände bl.a. Branting, Hinke Berggren och August Strindberg, men själv var han aldrig särskilt radikal.

Hans mamma var "svagt begåvad". Och "praktiska sysslor förstod hon sig föga på och behövde pigor m.m. för att sköta matlagning och annat, men gjorde så gott hon kunde och deltog alltid vid stortvätt med flera sysslor".

Bertil Lundman var enda barnet och när han kom upp i 10-årsåldern började han undervisas av informatorer "med stort och gott resultat", som han själv uttrycker det.

Föräldrarna var aldrig intresserade av hans vetenskap: "/.../ pappa till och med delvis hätsk motståndare. Jag kommer särskilt ihåg hur han vid en middag på 30-talet skrek att människorna är individer, vilket dock inte hindrade att den konservative mannen var rätt rasistisk i många sammanhang och likaså tyckte han – den gamla bondefienden – att min specialisering på bönder var otrevlig."

1921 började Bertil Lundman läsa i Uppsala och ger bland annat följande bild av studentlivet: "En hösttermin deltog jag i geografiska exkursionerna till Dalarna. Som ofta bland geograferna var det ett sällsynt dåligt klientel. Mycket drickande och latande. Flickorna var ofta djupt dekolleterade. [*här namnger han en kvinnlig student*] tillhörde en tämligen 'saftig' årgång och blev med tiden läroverksadjunkt i Malmberget, utan att ha avlagt fullständig examen. /.../ Botanikstudierna hade ett betydligt bättre klientel även om en del var svaga."

Redan som pojke var han nyfiken på både djur och människor. "Kreatursmarknaderna med alla deras olika slag av folk och fä, av godsägare och bönder, tattare och zigenare osv roade mig alltid ofantligt."

Han började läsa nyutkomna rasböcker och framförallt Isidor Flodström, en man från Hedemora i Dalarna som blev "både kommerseråd och filosofie hedersdoktor".

"Åter och åter framhöll den märklige mannen vårt folks brokighet i rashänseende. 'Men', tillade han, 'Ni måste skynda på, innan det genom omflyttningarna i nutiden är oåterkalleligen för sent för att någonsin kunna reda ut härvan!'"

Detta var impulsen.

Han hade tänkt börja sina mätningar i Västmanland men samrådde med redaktör Anders Pers då i Västerås. "Självmedveten dalkarl som alltid sade då Pers: 'Ändå intressantare att undersöka vore väl Dalarna. Det skulle säkert kunna ordnas på något sätt.' Detta var nog upprinnelsen till mina Dalaundersökningar."

Totalt mätte Bertil Lundman närmare 11 000 människor i Dalarna och 2 300 i Hälsingland.

Det gick till så att ”man gick in i bondgårdarna med en kännare av infödda släkter och mätte familjemedlemmarna som de gick och stod”.

Vid undersökningarna i Dalarna hade han hjälp av fotograf Karl Lärka, bondson från Sollerön. ”Han var liten och dvärgartad med antagligen lappska inslag, annars ovanligt i trakten”, skriver Lundman.

Kroppslängden mättes med ett vanligt måttband, detsamma gällde sitthöjden men för huvudets längd och bredd användes ett skjutmått. Ögon- och hårfärg fastställdes genom jämförelse med färgade emaljögon och hårdockor.

Bertil Lundman publicerade sina undersökningar i Dalarnas Hembygdsbok under flera år. Hos mina föräldrar hittar jag den för år 1938. Det är en märklig läsning, personligen har jag aldrig tidigare hört talas om Tydalsrasen till exempel. Men Lundman fann ”präktiga exemplar” av denna ras redan i Boda, den första socken han undersökte. De är ”stora grova människor med breda ansikten och breda näsor, i allmänhet mörka, särskilt i håret men inte alltid i ögonen”.

Min mamma, vars skalle Lundman också mätte, har berättat att han togs för tysk spion under kriget. En sådan episod skriver han själv om i sin bok:

> När jag en gång var i en handelsbod nära gränsen i västra Värmland anklagades jag av handelsmannen för att inte vara svensk utan sannolikt tysk spion. Jag utförde mina mätningar i byn och inget hände förrän ett par dagar senare. Då anhölls jag av två beväpnade soldater och vi cyklade, en före och en efter till förläggningen. Där uppmärksammades jag av officerarna. När jag gick på dass hade jag två bassar med mig. Jag fick mat, lämningar från officerarnas tallrikar. En av officerarna var grinig mot mig, han var halvjude.
>
> Den efterskickade landsfiskalen Lövenholm ville se mitt bagage som kommit en annan väg.

När han såg innehållet i mina väskor utbrast han: ”En tysk spion skulle inte ens kunna simulera en sådan oordning!” Jag släpptes därefter och fick fortsätta i sällskap med landsfiskalen ända fram till gränsen.

De mätte våra skallar

I januari 1998 kontaktade 60-årige egenföretagaren Lennart Larsson tidningen Falu-Kuriren. Gömda arkiv hade hittats i en byggnad i Malung.

"Där fanns anteckningar om folk och olika nazistiska handlingar. Jag tänkte att nu har jag kanske en chans att få reda på vad det där handlade om", berättar han när jag ringer upp honom.

"Det där" utspelade sig när han var barn och bodde hemma på gården i byn Sågen i Vansbro, norra Dalarna.

"Jag var väldigt liten, jag hade inte börjat skolan. Men jag minns det ganska väl ändå", säger han.

"Vi höll på med vedkapning hemma på gården. Mor och far hade jordbruk i lag med farsans syskon, det var en stor enhet. Den här dagen var farsans två bröder nere hos oss och hjälpte oss med veden."

Det är en tidig vårdag. Vedkapen går. Helt plötsligt dyker tre personer upp. Den ene känner Lennart Larsson igen, det är skolläraren i grannbyn. De andra två männen vet han inte vilka det är, de är yngre och har portfölj med sig. De presenterar sig inte. De packar upp en stor liggare att anteckna i samt klave och måttband.

Hans far och två farbröder blir otåliga. De vill inte bli störda i sitt arbete och de är misstänksamma för det är fyrtiotal och världskrig och de vet att skolläraren har nazistiska sympatier.

"Vi har inte tid med sånt där strunt", säger Lennart Larssons far.

Men de tre männen insisterar: De måste mätas. Och de tre bröderna protesterar inte. De vågar inte, för vem står bakom – är det någon myndighet? Och vad skulle hända om de vägrade?

Skolläraren var inte aktiv i mätningarna, han var vägvisare, berättar Lennart Larsson. En av de yngre männen skötte mätningarna. Den andre skrev.

”Det var ingen hejd på det. Det var skjutmått och klave och ett måttband, som han lade runt skallen och mätte omkretsen. Det var enkla grejor. Han mätte ansiktena speciellt noga, ögonavstånd och profiler och näsa. Och hårfärg. Jag minns hur han ropade olika siffror och ögonfärg åt den andre, han som skötte pennan. Han slog i en pärm och noterade, så det var noggranna noteringar, så mycket är klart. Han skrev upp namn och adress också.”

Männen packar ner sina instrument och pärmar och försvinner. De tre bröderna återgår till vedkapen, de talar inte mer om saken.

”Men de tyckte det var väldigt obehagligt. Så det var uppe till diskussion år efter år i olika sammanhang. Man talade om det som hade hänt, både med släkten och med andra”, säger Lennart Larsson.

”Alla var helt klara på att det var något nazistiskt, för läraren var lite känd åt det där hållet. Det var mycket så, vi hade en präst i Äppelbo som var nazist och skolläraren på andra håll. Och läkaren. Det var vanligt hos överheten.”

Jag tänker på bilderna nere i källaren på Carolina i Uppsala. Alla dessa mätta och kategoriserade människor. En del nordiska typer, men de flesta klassade som ”undermåliga” av olika skäl.

Nej, de tog inga kort här. De bara antecknade. Men inte bara mått, utan även namn och adress.

Lennart Larsson själv stod gömd bakom en vedtrave och blev inte mätt. Jag frågar om han också upplevde det som obehagligt?

"Tiden har väl sågat av det mesta, men strax efteråt och i många år – visst var det obehagligt. Det var ovissheten. Vad skulle det användas till? Man räknade väl med att det var en förberedelse för vilka de skulle skicka till Belsen om tyskarna hade kommit hit och ockuperat. Då hade det funnits en viss risk att det här var ett förarbete."

Misstänkte ni att läraren hade tipsat om att gå till er?

" Ja, det är klart, och eftersom inte alla tycktes bli utsatta så måste det ha varit något slags grovsortering."

Sedan han berättat om händelsen i Falu-Kuriren hörde flera av sig.

"Folk har ringt till mig från olika platser, från Älvdalen och ända uppifrån Norrland. De har varit utsatta för samma sak. De var så tacksamma över att jag tagit upp det. De har gått med samma frågeställningar inombords i hela sitt liv och känt obehag när de aldrig kunde få något svar. Det märkliga är att det var deras lärare eller lärarinna också, som kom släpande med de där. Så de använde sig tydligen av sådana som kände folk."

Var de också rädda att det var en utsortering inför lägren?

"Ja, nog hade de räknat med att det handlade om något sådant. Man visste ju hur nazisterna bokförde folk."

Männen sa aldrig någonting om sina mätresultat. Eller om syftet. De dök upp, mätte och försvann.

"En del påstår att det hörde ihop med någon forskning i Uppsala. Det vet jag inte", säger Lennart Larsson.

Jag undrar hur han reagerar när diskussionerna om tvångssteriliseringar eller nynazism kommer upp? Väcks det här till liv?

"Jo, det gör det på så vis att sådana där mätningar eller registreringar kan ju komma igen. Man utesluter inga möjligheter. Men lägren där nere är väl ett avslutat kapitel, så dem tänker man inte på mer."

Raskunskap

Lärarna spelade en viktig roll när det gällde att hitta intressanta "typer" att mäta och kategorisera. De var också nyckelpersoner i arbetet att få ut rasbiologin som lära.

Herman Lundborg gav ut sitt arbete *The Racial characters of the Swedish Nation* i en särskild folkupplaga kallad *Svensk Raskunskap* (Uppsala, 1927). Priset var 5 kr, men lärare och lärarinnor kunde mot rekvisition köpa den för 2,50.

Boken recenseras i Svensk Läraretidning 4.1.1928 av folkskollärare A Ljung, som skriver att: "Detta arbete, som är försett med talrika planscher och kartor, kan läsas och förstås av envar. Svensk Raskunskap fyller på ett förträffligt sätt ett länge känt behov."

Ljung konstaterar vidare att:

> På rasforskningens område intar Sverige sedan lång tid tillbaka en mycket framskjuten plats. /.../ Vårt lilla land håller sig i främsta ledet. Vi ha icke blott en vida känd forskningsanstalt för växtförädling i Skåne utan också ett av staten grundat rasbiologiskt institut med människan själv som studieobjekt, avsett att motarbeta urartning och höja folkmaterialets beskaffenhet. /.../ Det idéella syftet med boken framgår bäst av professor Lundborgs slutord: Må vi som nu leva i den nordiska rasens urhem, göra allt vad på oss ankommer för att hålla rasen uppe, så att den ej urartar eller dör ut.

I en låda med gamla skolböcker hittar jag *Jordens länder och folk* (Stockholm, 1931). Denna hade mamma som lärobok 1934, när hon gick tredje klass i folkskolan. Hon fick då lära sig att:

> Tyskarna äro ett högt begåvat folk. Från dem har reformationen kommit. Alla folk se i tysken Kant nyare tidens största tänkare och i Goethe dess största författare. Tysk vetenskap har varit den tongivande över hela världen. I musikens konst ha tyskarna varit överlägsna alla andra folk; i all slags musik ha tyskarna skrivit det bästa. Annars är uppfinningsrikedom ej tyskarnas starka sida. Men då det gäller att utnyttja och förbättra uppfinningar och upptäckter, som andra folk gjort, då äro tyskarna främst, genom sin uthållighet och trohet i allt arbete. Just vår tid behöver denna arbetets begåvning, och därför ha tyskarna blivit föregångslandet.

Jag slår på måfå och hamnar i Bulgarien:

> Bulgarerna äro Balkanhalvöns arbetsdugligaste folk och ha på ett halvsekel nått över de andra balkanfolken både i näringsliv och samhällsordning. De ha också sällsynt lyckliga sociala förhållanden: ingen adel, inga judar, ingen större industri, snart sagt alla äro jordbrukande bönder.

Man förstår att det måste vara något enastående att tillhöra den nordiska rasen. Enligt *Svensk Raskunskap* ”torde det ej kunna förnekas, att den nutida kulturen på gott och ont i stora delar av världen till väsentlig del uppbäres av den nordiska rasen – låt vara mer eller mindre uppblandad – detta sagt utan att på något sätt vilja förringa den andel, som andra raser i Europa, särskilt Medelhavsrasen, haft i fråga om kulturuppsving”.

Samma tankegångar återkommer i en debatt på studentkåren i Uppsala den 3 december 1935. Upsala Nya Tidning refererade debatten dagen därpå:

> Sedan en nazisttalare påstått att grekerna voro av nordisk ras korrigerades han av lic. Furumark, som framhöll att rasblandningen redan i förhistorisk tid var mycket stark i Grekland.

> I en replik stödde emellertid den nazistiske kandidaten sitt påstående med att framhålla den likhet, som man kan finna mellan 'Venus Milo och en svensk bonde'.

För säkerhets skull slår jag upp Venus Milo och tittar närmare på henne. En grekisk staty av gudinnan Afrodite. Och en bred bonde i blåställ och keps.

Det krävs nog en del fantasi för att se likheten.

Fotograferna

De fotografer som anlitades av rasbiologerna var inga amatörer. Karl Lärka som Bertil Lundman använde sig av i Dalarna, känner jag igen från flera fotoböcker. Min mamma nämner alltid hans namn med aktning. Men Lundman själv kategoriserade honom som"liten och dvärgartad".

Rasbiologiska institutets bildsamling, som efterträdarna hotade att slänga i Fyrisån, omfattar drygt 12 000 fotografier.

"En del av porträtten har tagits av Gunnar Sundgren, den store Uppsala-fotografen", berättar Margareta Lindgren, chef för Kart- och Bildavdelningen på Carolina.

Av naturliga skäl är många av de "undermåliga" bistra, det syns att de blivit tvingade att ställa upp för fotografering.

Men varför ställde fotograferna upp? På några bilder ser det ut som om de skulle få en spottloska mot linsen.

Och kanske märkvärdigast av allt: Nils Thomasson, samen i Jämtland var fotografen som rasmässigt dokumenterade sitt eget folk.

I en motion till Uppsala stadsfullmäktige 1901 föreslog kemiprofessorn Oscar Widman att staden skulle "genomfotograferas" och inledde med orden: "I vår tid har man börjat klart inse, hvilken betydelse ett folks kulturhistoria har för folket självt och för befästandet af dess nationalkaraktär."

Det vore oförlåtligt att inte använda sig av det utmärkta hjälpmedel som fotografiet innebar för att med absolut noggrannhet "åstadkomma afbildningar", ansåg han.

Stadsfullmäktige tillsatte en speciell kommitté, som sedan föreslog när det gällde den gamla staden "i allmänhet fyra fotografier tagna i hvarje gathörn och i fråga om de nyare stadsdelarna blott perspektivbilder af hvarje gata".

Jag tänker på bilderna från Lundmans undersökningar och bilderna i källaren på Carolina: Alla dessa människor en face, profil, halvbild, helbild.

Att med absolut noggrannhet avbilda olika typer och raser var kanske en del i arbetet med att "befästa vår nationalkaraktär"?

Klingande spel och flygande fanor

Vad formar en människas personlighet? Farfar har lämnat efter sig mängder av brev och dagböcker. Men vad är betydelsebärande? Jag får gå på min intuition.

Liksom historien med Ellen, tror jag att åren som student i Uppsala var präglande för hans syn på sig själv som någon som stod över oss andra.

Han tillhörde en manlig elit.

När jag läser breven han skrev till sina föräldrar under studietiden i Uppsala känns badortslivet i Båstad och naturforskarmötet i Köpenhamn som en logisk fortsättning. Redan som ung student vande han sig vid ett privilegierat liv och behövde aldrig städa, laga mat, bädda eller tvätta.

Inte heller behövde han tacka ja, när han erbjöds ett sommarjobb. Våren 1910 skriver han att botanikprofessorn Juel ”egendomligt nog fått för sig, att undertecknad är särskildt intresserad af systematik, något som ju är ett stort misstag. I dag frågade han mig, om jag var villig att på Riksmuseum i Stockholm i sommar ordna en samling brasilianska växter. Tjänstgöringstiden är 4 timmar om dagen.

Då jag inte alls är kompetent och det dessutom skulle förstöra sommaren för mig, anser jag mig ej kunna åtaga mig sysslan, fastän det ju vore en stor merit. /…/ Amanuens vid Riksmuseet låter ju inte heller så illa. Det vore ju lämpligt om doktor Friberg kunde säga, att det vore bäst för mig att 'hvila och sköta' mig under sommaren.”

Anatomicum, Chemicum, Zoologicum, Botanicum. Jag går runt med en Uppsalakarta och letar upp de miljöer farfar skriver om i sina brev från studenttiden. De ligger alla ganska nära Carolina.

Vid Svandammen ligger Anatomicum, "Asis" som det länge kallades, ett senapsgult hus som numera inrymmer Psykologiska institutionen. Det var här, tvärs över gatan på Trädgårdsgatan 17, som farmor och farfar bodde som nygifta i "stugan" de hyrde av von Hofsten. Av vaktmästaren på Asis fick farfar ett människohjärta.

Jag har inte sett hjärtat förrän jag nu besöker min yngre farbror. Det är konserverat och fyllt med paraffin. Det är också lättare och mindre än jag väntat mig att ett människohjärta ska vara. Det känns konstgjort, pedagogiskt målat som det är med artärer i rött och vener i blått.

"Vill du se skallen", frågar min farbror.

Jag studsar till. Skallen? Finns den kvar? Det var så länge sedan jag såg den att den nästan blivit overklig för mig. Blivit mytisk.

Han ställer sig på en pall och plockar ner den ur bokhyllan.

Min barndoms skalle – här är den alltså. Jag känner på den, det är första gången jag håller den i mina händer. Den är kall. Men lika grågul som jag minns den. Och sömmen finns kvar.

Den 14 september 1907 berättar farfar i brev till sina föräldrar om sitt första besök på Anatomicum. Han är då 19 år:

> Nyss har jag varit på anatomicum (Asis). Det överträffade ens obehagligaste föreställningar. Innan liken dissikeras sönder, ligga de ett år i formalinlösning. Följden häraf är, att de äro snusbruna eller lefverfärgade till utseendet. Efter dissektionstidens slut täckas de öfver med fuktiga trasor för att icke torka. På ett bord låg ett sönderplockadt hufvud, på ett annat ett lik hvarpå fotens och benets senor voro framdissikerade. Daniel Nordblad tog ogenerat i smörjan. "Ser du här, han har haft lungsot. Usch!" Det är nog mycket intressant, då man kommer in i det, men i början är det nog ganska obehagligt.

Daniel Nordblad? Hans namn förekommer i farfars dagbok för 1952. Den 23 september begravdes han. Ett inklistrat tidningsklipp berättar att han var överläkare vid Salberga sjukhus i Sala. Tydligen undervisade han också i anatomi i Uppsala.

I dagboken får jag också äntligen svar på var skallen kom ifrån: Det var Daniel Nordblad som gav honom den 1907. Men vems den var, det vet jag fortfarande inte.

Jag citerar några brev från studietiden. I hårt urval i notisform:

14.9.1907: På Ambrosia är mycket bra, åtmindstone på nr 1, där jag nu äter. Till middag fingo vi i går: fårstek och syltcrême och mjölk, i dag stekt kolja med kaprissås samt äpplekaka och vispad grädde.

Det är vådligt hvad det går åt pengar här i Upsala. Inskrifning vid universitetet och nationen, terminsafgifter, öfningskurser i jämförande anatomi, kollegium, allt går till stora summor. Gud ske lof att man har en Pappa som kan betala.

29.9.1907: Fyra studentskor gå på laboratoriet, af hvilka den vackraste är förlofvad.

Jag har gjort preparat af igelkottstunga, tandanlag hos kattfoster, marsvinstarm, apfingrar m.m.

21.3 1908: Dissikerade i går ett hajhufvud och hade ett fasligt göra att få fram alla nerver. Misslyckades till största delen efter fyra timmars arbete.

4.4. 1908: Hjärtligt tack för Pappas bref och pengarna. Det stoppar inte med småsummor i den här staden. Tur att verkstaden går bra.

På "zotis" håller jag för närvarande på med dissektion af en sköldpadda. "Var nu inte för ifriga att skaffa ev. cigarrkoppar. Utan titta litet på den inre organisationen", yttrade docenten, då vi fingo ut djuren.

5.2.1909: Har sett kungörelse om att medlemmar af V-D nation, som nu skola inskrifvas, skola infinna sig på handverksföreningens lokal här i staden i och för detta. Någon sade mig, att det är bättre att mönstra här än i hemtrakten, ty de befria i allmänhet lättare här. Säkrast är väl dock att fara hem, och jag hoppas ni meddela mig, när det skall börjas hemma. Är det inte Arpi, som funktionerar där?

15.3.1909: Skickade i morse iväg paketet med tvättkläderna. /…/ Domen öfver mig lydde: "Frikallad på grund af kroniskt njurlidande." Det är ju bra att bli saken kvitt, fast orsaken härtill nog inte är så glädjande. Det var en hel del, som klarade sig. Det förhöll sig alldeles, som jag sade, att det är lättare att bli "befriad" här i Upsala.

22.1.1910: För öfrigt tänker jag denna termin ägna mig åt botanik. Dumt kanske att använda så mycket tid på detta ämne, då det ju är ytterst osäkert, om jag kan få ett laudatur [*stort A*]. /…/

För närvarande äter jag på vegetariska pensionatet och finner mig hittills bra däraf. Emellertid har jag hört, att folk brukar magra genom att helt öfvergå till vegetarisk diet, och det vore ju inte så lämpligt för mig.

13.2.1910: Har nu tänkt att börja läsa systematik, hvilket minsann inte är någon nöjeslektyr. Frågan är om jag skall hinna tentera i vår. Det ser då ganska mörkt ut, ehuru jag har hållit på med botaniken i snart två år. Dock får jag bekänna, att jag tagit det oförsvarligt långsamt.

Häromdagen var jag på nationsfest efter landskapet, hvilken var ganska animerad. En drummel råkade slå sönder en af nationens unika punchkaraffer.

Nästa månad fyller professor Boëthius 60 år. Som han är nationens inspektor blir det antagligen stor middag. Man bör väl nästan gå, ehuru det ju kostar bra mycket mer än det smakar.

7.3.1910: Ehuru jag ännu är ganska trött efter gårdagens bankett, skall jag dock tala något om den. Salen var dekorerad med grönt och med nationens dyrbara sidenfanor. /…/ 88

"Ljusnedals Expeditionen 1925." Chefen för rasbiologiska institutet Herman Lundborg (med käpp), var särskilt intresserad av att mäta och fotografera samer eller "lappar" som han kallade dem. (Uppsala Universitetsbibliotek)

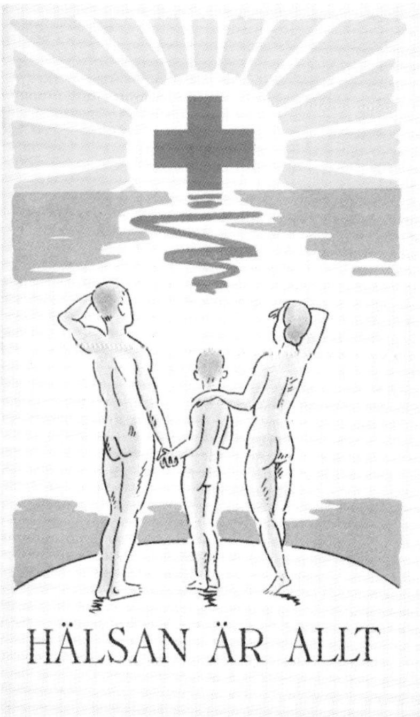

"Hälsan är allt" gavs ut av Röda Korset 1930. Idel blonda, friska människor. "Man skulle vara lång och ljus och sund, ett sunt släkte var väldigt viktigt", säger min faster. (Privat ägo)

Farmor och farfar på Naturvetenskapliga Studentsällskapet 1953. De sitter ungefär i mitten på tredje raden framifrån. I början av femtiotalet plågades farfar svårt av sitt dåliga hjärta, men intensifierade ändå sina föreläsningar runtom i Mellansverige om "Sexualiteten och dess betydelse för individ och samhälle". (Uppsala Universitetsbibliotek)

Farfar på de nordiska naturforskarnas studieresa i Danmark 1929. Aalborg Stiftstidende bevakade evenemanget och publicerade teckningar av deltagarna, bland annat denna av farfar – med framträdande doktorsring. (Privat ägo)

Farmor sa om sig själv att hon var "i västficksformat". Men hon var inte osynlig, tvärtom lyste det om henne. (Privat ägo)

Sommarkurs på Chemicum i Uppsala runt 1910. Farmor och farfar träffades på denna universitetsinstitution några år senare. Farfar uppvaktade farmor genom att lägga jodkväve på hennes laborationsbänk. Så fort hon rörde sig, så small det. (Uppsala Universitetsbibliotek)

Restaurang Flustret i Uppsala, cirka år 1910. Restaurangen är nedbrunnen men återuppbyggd i samma stil. Supéer på Flustret förekommer i farfars brev, ofta efter botaniska exkursioner. (Uppsala Universitetsbibliotek)

Farfars hem i Sala. Villa Dahlgren låg nere vid järnvägen och hade ritats av farfars far, Otto Dahlgren. (Privat ägo)

När farfar friade till farmor bodde hon i Hagen i Ruhr-området i Tyskland. Farmors mor syns i fönstret på andra våningen. Hagen blev sönderbombat under andra världskriget och jag vet inte om huset på Lessingstrasse finns kvar. (Privat ägo)

Bröllop i Villa Dahlgren i Sala den 10 september 1921. Bredvid farmor står hennes mor Karin Estelle och bredvid farfar hans mor Alma Dahlgren. (Privat ägo)

18.V.1922. Stavenow, I.Juel, Sernander, Almquis
Asplund, Lundblad, Du Rietz, Marklund, Samuelss
J.F.Öhrn med medalj, Rocén, Dahlgren, Svedelius
Svensson, Örtendahl.

Naturvetenskapliga Studentsällskapet, maj 1922. Farfar är nummer fyra från höger. (Uppsala Universitetsbibliotek)

Vid årsskiftet 1921–1922 öppnades Statens institut för rasbiologi i Uppsala. Herman Lundborg var professor i rasbiologi och chef för institutet. Han skrev ett sju kilo tungt verk om en Blekingesläkt som går från storhet till misär på grund av ärftliga defekter. En sedelärande historia om vad som händer när man gifter sig fel. (Uppsala Universitetsbibliotek)

personer deltogo. Egendomligt var att se en sådan massa gråhårsmän församlade, idel storgubbar, bl.a. två f.d. rectorus magnifici. /.../

Då Boëthius trädde in spelade orkestern upp Frühlingsmarsch. /.../ Det blef ett litet smörgåsbord för hvar och en med kaviar o.d., sedan lax med legymer, orre utan sådana och dessert. Tio personer skötte serveringen, så det gick raskt undan. Flera tal höllos och då och då stämdes unisont upp en sång. Vid bålarna och kaffet fortsatte talens mångfald.

Egendomligt var att se den 86-årige prof. Sahlin med ljudlig stämma tala om studentlifvet på Geijers och Atterboms tid. /.../ Till slut följdes Boëthius hem till Skytteanum under klingande spel och flygande fanor.

En hel massa telegram hade kommit, bl.a. från kronprinsessan, Carl Larsson, Zorn m.fl.

Här är ett ljufligt vårväder och mycket liten arbetslust.

Ellen har varit här några dagar.

12.3.1911: Såg härom dagen i Salatidningarna att ett missfoster af kalf hade födts i Möklinta. Jag telefonerade till dokt. Larsson, och han lofvade att be ägarna skicka kadavret till mig, fast det kommer att vara litet ruttet. Det får man väl dock finna sig i.

4.11.1911: På botanikum ha vi de senaste dagarna varit sysselsatta med att centrifugera bakterier i och för deras färgning och preparerande. Centrifugen går 100 hvarf i sekunden, och det sjunger i hela laboratoriet, då den är i gång.

Vid ett-tiden dricka vi te och äta wienerbröd. Servis och materieler ha inköpts härför. Tevatten måste vi dock koka i samma kastrull, i hvilken tillagas dekokt på hästgödsel, men sådant får man ju sätta sig öfver.

9.3.1912: Nu följer härefter en tråkig historia. I dag på förmiddagen gjorde jag något, som jag mycket ångrar, nämligen endosserade en växel på 400 kr. förfallen till betalning den 3 juli. Jag har lofvat mig själv, att detta blir den första och sista växel jag skrifver på. Jag hade mycket svårt att neka Smith denna tjänst, då han varit mycket hygglig mot mig, gett mig en massa sällsynta växter, och då de öfriga namnen voro säkra. Det kännes i alla fall ytterst obehagligt att hafva sitt namn ute. Det är en pinsam oroande känsla. Trassel kan man ju alltid råka ut för. Trassent är fil.kand. G.K.Almström, svåger till Lindman och hvilkens far är direktör för Rörstrand. Söderström är ju heller inte något fattighjon. I alla fall ångrar jag djupt, vad jag gjort. I alla fall kan jag, om det skulle gälla, med egna medel klara saken. Sablar!

Även statsministrar deltog i nationslivet. Farfar skriver om både högerpolitikern Arvid Lindman och liberalen Karl Staaff.

15.3.1912: Lindman har varit här och nu väntas Staaff. Den förstnämnde var efter banketten jämte prof. Åkerblom och en del studenter på ett postnachspiel hos amanuensen Engqvist. Det gick mycket lifligt till, och Lindman gick balansgång på alla stolarna i rummet!

30.3.1912: Festen för Robert Fries blef en stor blamage för mig. Jag hade aldrig tänkt hålla något tal, men placerades vid högsätet med Fries på den högra och prof. Juel och andra storgubbar på den venstra samt tvingades af Skottsberg att tala. Jag "sprack" skändligen och utgjorde föremålet för alla Upsalabotanisternas medlidsamma blickar. I förargelsen förklarade jag mig öfverlåta ordet åt doc. Skottsberg, som också tog anmaningen ad notam och höll ett spirituellt anförande med en "gliring" åt mig i början. Efteråt tyckte han, att jag "hämnats på ett trefligt sätt", något som han nog hade rätt i. Efteråt blef stämningen mycket hög; Sernander bjöd på champagneskål och jag, som var den ende absolutisten, kände mig rätt olycklig under all glädjen. Men hvad gör det om ett par år.

Nu måste jag sluta brefvet och göra mig i ordning till Boëthius stora examensfest på Gillet.

18.4.1912: De senaste dagarna har matlaget efter middagen

följt promenaden efter Fyris ned till Kap och där druckit kaffe i "det gröna", solat oss och hört på bofinkarna.

Jag har mått utmärkt. Min urin visar dock albuminatreaktion [*äggvita*]. I morgse vaknade jag mycket tidigt och kände mig illamående. Sedan jag fått kräkas, somnade jag dock igen och vaknade inte förrän kl 11! Jag har dock känt mig en smula "bakom" i dag, men får väl hoppas det går öfver.

5.5.1912: Valborgsmässoafton och första maj ha firats på sedvanligt sätt. En tysk, som stod bakom mig, begagnade mycket expressiva uttryck: "wunderschön, grossartig, stimmungsvoll" etc, då sången ljöd uppe på slottsbacken och eldarna lyste ute på slätten. Det är också något mycket vackert och enastående i denna gamla ceremoni.

5.9.1912: Min fullmakt (utnämnd blef jag redan den 25 maj) som amanuens har jag nu fått. Tjänstgöringen består däri, att jag går och ser viktig ut på öfningslaboratoriet; vidare skall jag för institutionens räkning tillverka preparat och taga mikrofotografier. Jag hoppas och antar, att prefekten ej lassar på mig för mycket arbete.

Mina Primulaundersökningar har jag nu återupptagit. Det är tröstlöst tråkigt. Materialets beskaffenhet försvårar undersökningen oerhördt, annars vore det nog så trefligt.

15.4.1913: I fredags var jag på en mycket fin soupé hos professor Sernander. Först serverades murklor, så languster i smördegsform, vidare filé och sist pistacia och schokladglace, rödvin och champagne i 80-åriga glas. Han har en mycket treflig villa, ehuru jag nog tycker vår är trefligare invändigt.

4.5.1913: Trots det är söndag känner jag mig föga uthvilad. Gårdagen var nämligen rädt ansträngande. Hela förmiddagen satt jag inlåst i en het och kvavf sal och åhörde Thore Fries disputation. På eftermiddagen var jag på disputationsfest, hvilken Sernander sin vana trogen förlängde med ett "postnachspiel" hemma hos den tjocke "Pajen". Jag härdade inte ut längre än till kaffet – det blef alldeles för rökigt – men Sernander och det öfriga laget skingrades ej förrän kl. 8 på morgonen. Professor Mörner var i solskenshumör, Sernander vinglig och vältalig och Pajen sjöng och var verkligt dekorativ.

Innan professor Juel gick, lofvade jag att hjälpa honom med några fysiologiska experiment på söndagen, så jag har nu varit på laboratoriet till klockan 4.

Även om farfar självklart tilhörde en elit som student, så tycks framtiden ändå ha varit osäker. Den 15 april 1913 skriver han till föräldrarna:

> Studentkårens direktion uppdrog för något år sedan åt ett par personer att verkställa en utredning om utsikterna på lärarbanan. Denna är nu färdig och är ”onekligen nedslående”. Hvad nu biologi beträffar så hör bara. 79! personer ha disputerat, tagit licentiaten eller ämna göra det (docenter oberäknade) i biologi. Till 1921 komma endast 2 (två) lektorat i ämnet att bli lediga. Under samma tid finnas endast 11 adjunkturer att räkna med. Långt flera personer studera endast på fil.mag. i biologi eller ha redan tagit denna examen. Dessa torde utgöra 250 stycken. Innan man har rättighet att söka plats fordras 1 profår och 2 extralärarår. Af det sagda följer med så godt som matematisk visshet, att jag aldrig kan ha förhoppning om att bli lektor, och äfven en adjunktur ligger synnerligen aflägset. /…/
>
> Frågan är nu om jag ej gjort mycket dumt i att ej genast efter examen ge mig ut. Nu är det dock gjort hvad som är. Tages sedan de lägsta klasserna bort och kvinnan får rättighet till anställning i läroverken – saker som ingå i Fridtjuvens program – försämras naturligtvis utsikterna ytterligare.

Fridtjuven hette Fridtjuv Berg och var ecklesiastikminister i Karl Staaffs regeringar. Den 30 november 1913 skriver farfar: ”I tisdags var det ett stort opinionsmöte mot den Fridtjufska regimen. En sund men vederhäftig ilska utvecklades.”

Jag kan se dessa unga herrar i vita studentmössor samlade till opinionsmöte. Till och med deras ilska var sund. Och naturligtvis vederhäftig.

Jag vet inte om farfar kände Ludvig Nordström. Men de måste ha studerat i Uppsala ungefär samtidigt. I Upsala Nya Tidning den 22 maj 1933 refereras Lubbe Nordströms högtidstal vid studenternas vårfest 20 maj. Han inledde:

> Studenter! Kamrater! Det är icke utan ett litet leende, jag i dag, här ifrån denna talarstol riktar mina ord till eder. Ty om det finns någon stad i Sverige och någon människogrupp inom det svenska samhället, som jag en gång av allt mitt hjärta avskytt, hatat och föraktat, så är det Upsala och Upsala studenter. Och jag skall säga er varför. Som ung pojke i mitt gamla Norrland bevittnade jag hur om somrarna fattiga studenter viaticerade, d.v.s. gingo från gård till gård och tiggde pengar för att kunna bedriva studier i Upsala. Detta gjorde på mig ett motbjudande intryck. När jag sedan själv kom till Upsala, såg jag dessa tiggare antingen smyga som grå skuggor upp till universitetet eller – och det inträffade icke mindre ofta – på Gästis, Rullan, Flustret, Gillet och Fenix i sus och dus och under övermodiga ord och åthävor förslösa de pengar, som de med ödmjuk uppsyn tiggt ihop i hembygden. Men jag minns också något annat. Jag minns lag av eleganta studenter från rika hem, som tillbragte sitt liv till större delen på Gästis, som behandlades av kyparna som furstar, som kallade dessa hederliga kypare "slavar" och som hade sitt nöje i att sitta och konstatera, huruvida de i lokalen inströmmande studenterna av olika kategorier voro "flott" klädda eller ej.

Tidningen konstaterar att: "Den malhonetta ingressen skulle väl vara originell, men utgjorde endast en otillbörlig generalisering av vissa erfarenheter hr Nordström förklarade sig ha gjort."

Publiken blev dock nöjd med senare delen av talet och "applåderade livligt, och sångarna föllo in med 'Stå stark'."

Artikeln är illustrerad med en bild av vårfesttalaren, sittande avslappnat med benen isär och stor mage, på Botanicums trappa. Längre bort på trappan sitter en man stelt bortvänd. Profilen påminner om farfars.

Jag tror inte att farfar kommenterade om andra studenter var flott klädda eller ej. Han var nästan överdrivet artig mot dem som hade det sämre ställt. Vilket också var ett sätt att markera distans.

Avståndet

En av svärdöttrarna går fram till farfar.
Hon klappar honom på kinden.

Alla stelnar till.
Håller andan.

Nej. Det händer ingenting.
Farfar ser bara förvånad ut.

Till England

Farfar pläderade för att man måste skaffa många barn. Men själv tålde han inte att få barn. Han kände sig utkonkurrerad, säger min faster.

I augusti 1930 åker han till England för att delta i Fifth International Botanical Congress i Cambridge. Farmor är hemma med de fyra barnen. Yngste sonen är tre månader gammal.

Farfar stannar till i London för att besöka John Innes Horticultural Institution och skriver till farmor den 12 augusti:

> Kära Greta!
> Nu är jag här. Tyvärr intet bref från dig, trots att jag från Hamburg sände dig denna adress. Jag gaf 50 Pf till en hotellmänniska och bad honom posta brefvet. Kanske han gaf tusan häri. Måtte allt stå väl till.
>
> Den 10:e på morgonen lämnade vi Haag för att resa till Antwerpen. /…/ Vi hade en orolig natt på hotellet tack var de talrika myggor, som njöto vårt röda blod. Jag hoppas de ej voro malarieförande, trots en hop sydamerikanare bodde på hotellet. Vårt tåg skulle gå kl 8 på morgonen, men man glömde att väcka oss. Jag vaknade 7.30, alarmerade Bruun, och så klädde vi oss med fart. Vi fingo i en hast räkningen, där rummet upptagits till 150 Fr och dessutom frukost debiterats. Bråk, skäll, ovett. Slutligen lyckades vi få beloppet nedprutat. "Wir sind ja in Belgien" tog skruf. Full fart i bil till stationen. En bärare fick springa med bagaget, medan vi köpte biljetter. Vi hunno stiga på tåget just som det afgick. Skönt. Vi frukosterade på några caces och en del katrin-

plommon. I Gent ombyte. Brügge passerades – tyvärr. I Ostende var båten redan fylld, men en ny skulle sättas in. Lång väntan. Ändtligen ombord. Hård blåst, sjösjuka kvinnor, lunch. Dovers kritklippor stiga branta ur hafvet. Landning. Väntan. Trängsel. Ohyggligt långsam passvisering. Ändtligen klart. Vi hunno verkligen med kontinentaltåget. /.../

Sedan underground till South Wimbledon – en lång resa – och promenad till John Innes institut. Sedan vi lämnat våra kort till Sir Daniel, Batesons obetydlige efterträdare, klefvo vi in i laboratorier och växthus och välkomnades af den vetenskapliga staben. Ett tydligen mycket trefligt ställe med utomordentliga arbetsmöjligheter. 20 000 pund att förbruka hvart år. Vi stannade där hela dagen. Man får ett starkt intryck af det i såväl rent vetenskapligt som praktiskt afseende betydelsefulla arbete, som där utföres.

Irma Andersson-Kottö var ju en gammal bekant, som utom ormbunkskorsningar nu också parar snäckor. Miss Pellew var en intressant bekantskap. En mycket lång mager engelska med grått kortklippt hår och kloka blå ögon. Jag kände henne förut endast genom tryck. Hon är en mycket framstående forskare och hade stora försök igång, särskildt med ärtor. Lady-botanist funnos flera: miss Gairdner (Campanula), de Wineton, miss Shafer (bibliotekarie, som visade en samling kort med mina skrifter förtecknade), den söta mrs Sansome, som ej var mycket större än du och gift med en framstående tomatforskare vid institutet. Hon var cytolog och miss Pellews assistent.

Två dagar senare fortsätter han:

/.../ Jag presenterade visst de flesta damerna, men det finnes också individer af the opposite sex. Vi har den treflige, ”söte” Darlington, en cytolog af rang. Här arbetas alltid cytologiskt i samband med de experimentella ärftlighetsförsöken. Det är ju kromosomerna det hela beror på, och många problem ha på så sätt fått en enkel förklaring. /.../

De visade en hel del fotografier, där kromosomerna fotograferats på ett löpande filmband under små förändringar af inställningen. En god idé. Sansome, skotten, liknar en trädgårdsdräng mest, men hade finfina tomatsaker och presenterade mig ett viktigt arbete öfver timotej. Förbluffande resultat. Craine har frukten om hand. En konstant bastard mellan hallon och björnbär hade han åstadkommit.

En afdelning af den hortikulturella kongressen kom ut hit, då vi voro här sist. (Jag har mottagit men ej antagit inbjudan till densamma.) Bland herrarna där träffade jag Tschermak från Wien, en af mendelismens återupptäckare (jemte de Vries och Correns). Hans fru var en helfet tyska, som stack af bland de magra misserna här. /.../

I går ströfvade vi hela dagen omkring i London, åkte på taket af omnibussar och tittade på sevärdheter. /.../ Som lekman i fråga om konst lämnade mig de gamla landskapsmålningarna mycket oberörd, men annorlunda var det med människoframställningar. /.../

På kvällen voro vi på Coliseum: små enaktare, jazzande negrer, sentimentala sånger och rätt obetydliga baletter. En tydligen tacksam publik. Sist som alltid på teatrar och dylika ställen kungens porträtt och God save The King unisont sjungen.

Mina 30 myggbett från Belgien kliar ännu. Giftiga moskiter tydligen. Jag är litet snufvig men mår annars bra. /.../

Nu hälsas alla av Ossian, som ofta tänker på de sina.

Farfar reser vidare till Cambridge och därifrån skriver han på brevpapper, tryckta med texten "Fifth International Botanical Congress, Cambridge 1930".

Cambridge 17 augusti 1930

/.../ Prof. Rosenberg sade nyss; "Man påstår, att vi i Sverige äta tung mat, men hvad skall man då säga om detta"? Frukost i dag: en hel stekt fisk per man utan potatis, två stekta ägg och bacon, några skifvor rostadt bröd och te; lunch: inkokt lax med sallad (utan potatis), kall skinka och korf (med potatis). Om en timme är jag bjuden på te hos prof. Haldane; och kl 7 middag med minst fyra rätter. Nästan bara proteinämnen och en glödhet dag! En äldre man skulle ju nästan få ett slaganfall. Fru Bruun blef förstörd efter två veckor och förlorade aptiten och måste ligga till sängs efter hemkomsten. Vi äta vid långa ekbord i matsalen, som nästan verkar kyrka. Bordsduk brukas inte och maten – utom desserten – serveras upplagd på tallrikarna af en massa svarta frackar. /…/

På kvällen hölls mottagning i Imperial Institut, ett palats med samlingar af Kolonialprodukter m.m. (magnifikt och spatiöst uppställda) och utgörande en centralpunkt för studium af koloniernas ekonomiska utveckling. Den förste jag mötte var Christensen från Köpenhamn med sin tjocka fru. De erinrade förstås om vår ”kulinariska” utflykt till Aalborg förra året. Han presenterade mig för en mycket lång plattnäst kines Ching, som ämnar komma till Uppsala. Jag stötte också snart på Chang från samma land. Alla ha vi fått en liten bricka med namn och hemland påtextade, så det är bara att afläsa etiketterna. Det var ett brokigt vimmel av växlande folk. Små japaner i massor, mörkhyade turbanbärande indier, en svart herre från Ceylon, långa engelsmän i akademisk purpurtoga o.s.v. /…/

Reception i St Johns college: En hel del nytt folk föreställde sig eller attackerades. Yamaka förvred gladt hela sitt gula ansikte, då han såg mitt namn och sade komplimanger. Tischler, en pigg och gemytlig herre, verkligt roligt att få träffa. Han undrade öfver allt hvad jag kunde ha i görningen. Då jag framhöll, att det inte kunde vara så mycket, då jag sedan sju år var lärare, blef han mäkta förvånad och ropade: ”Fabelhaft” [*fantastiskt*]! Han kunde ej begripa hur jag hunnit göra mina monografiska öfversikter under sådana förhållanden. /…/

Prof. Haldane bjöd mig hem till sig på te nästa dag. Det är rätt roligt att ej endast vara en blindpipa utan en smula känd i den botaniska världen. Det är tillfredsställande att veta sig ha funnit några korn af sanningen, att ha gifvit några bidrag till kännedomen af det underbara, som kallas lif, det lefvande; men å andra sidan är vetskapen om min begränsning, ungdomstidens slut och svårigheten för mig att verka som fors kare i fortsättningen onekligen en smula deprimerande. Jag kan ej framdeles uppbära det anseende eller infria de förhoppningar, man på sina håll synes ha beträffande mig.

Cambridge 18 augusti 1930

/.../ Efter lunchen slöade vi litet i easy chairs. Jag presenterades för Nawaschin junior, son till dubbelbefruktningens upptäckare och en framstående forskare själf. Jag antager, att han gör åtskilliga jämförelser mellan Ryssland och England.

Vid 4-tiden letade man sig per buss och fots fram till Roebock-House, där prof. Haldane bodde. Han tog emot i skjortärmarna och hans bararmade och barbenta piggelin till fru dansade fram och var naturligtvis "very glad". Det hela gick högst oceremoniellt till väga. Boende gäster i huset voro Darlington från John-Innes och en vacker mörklagd ung man – Vilmorin från Paris. Namnet Vilmorin kom mig naturligtvis att lystra. Han var great grand son till den store. Den berömda förädlingsanstalten utanför Paris skötes fortfarande af ättlingarna. Jag erinrade om att Frl. Schwarzenbeck från Zürich arbetat ett par år där, och han meddelade, att hon där framställt ett par fina Gladiolus för marknaden. Han berättade, att hon efter sitt giftermål nu var med Ernst på Java. Öfriga gäster voro prof. Rosenberg, miss Andersson-Kottö och mrs Newton. Den sistnämnda, Newtons änka, har nyligen blifvit utnämnd till professor (!) vid ett obetydligt universitet i Wales. En förtjusande professor, 30-årig antager jag, med färger och former. Hon har nog left mycket på sin geniale mans anteckningar. Då denne visste sig lifdömd arbetade han febrilt på att bringa sina anteckningar i ordning.

Utanför huset låg en gräsmatta (med tennismöjligheter), som sträckte sig ned till floden. /.../ Vi drucko te i matsalen kring ett ekbord. Duk brukas ej. Vår lifliga värdinna hoppade omkring på sina persikoben, skrattade och riste på sitt svarta hårburr. För starkt målade läppar, noga rakade armhålor. Hon har säkert åtskilligt "judain" i sig. Hon serverade China tea med den ena och India-tea med den andra handen. Något vidare persuaderande förekommer ej i England utan hvar och en tar hvad som passar honom, och när han själf har lust. En pojke, som tydligen var född af sin mor, kom direkt ur floden iklädd ett badlakan, hälsade inte på någon, försedde sig med en del ätbart och försvann sedan för att strax återkomma i europeisk dräkt. Hans mamma försvann ock ett tu tre för att återgå till sitt spel med en ung man på gräsmattan utanför. Denne hade vi ingen aning om hvad han hette, då han tydligen ansett, att vi ömsesidigt voro utan intresse för hvarandra.

Vi sutto kvar och språkade litet med Haldane, som är en stor och lugn germantyp. Så småningom gingo vi ut för att se mrs Haldane spela Badminton, hvarvid användes speciella racket och "shuttle-cocks" i stället för bollar. Vi sutto i tältstolar och beundrade fruns graciösa kattsprång och skicklighet. På ett lakan bredvid låg en luden Esau endast iförd pipa och ett par våta simbyxor af trängsta slaget. Ingen presentation. Om en stund stod karlen upp och försvann. Frun föreslog ett bad för oss. Jag visste att alla Cambridge kloaker tömmas i floden och tackade nej, men Bruun fick låna ett badlakan och tågade snart förbi som en romare i toga candida. Det går tydligen fasligt litet formellt till på en tebjudning i England. /.../ Rosenberg viskade i örat på mig då han gick: "Djäkligt underlig familj det här." Man är dock mycket litet formell här i landet. Att taga hatten af sig för en äldre man brukas ej. En slarfvig honnör är alldeles nog. En viss naturlighet, lugn och make yourself comfortable är utmärkande för umgängeslifvet. Vilmorin var förtjust öfver det otvungna lifvet i England. Efter några trefliga timmar skiljdes den ene då och den andre då från vårt vänliga värdfolk. Haldane reser efter kongressen till Tyrolen för att klättra i berg och hans fru till en fransk badort, hvilket nog passar henne bättre. /.../

I dag, måndag, skall ju det mera allvarliga börja. Programmet bara är en bok på mer än 300 sidor. Sektionen för cytologi och genetik intresserar mig naturligtvis mest. Märk väl – ett tidens tecken – dessa båda discipliner äro sammanförda i samma sektion. Könscellernas bildning och morfologi och den experimentella ärftlighetsforskningen. För tio eller 15 år sedan hade sammanslagningen nog synts rätt onaturlig i stort sett. /.../

Den gamle Goebel från München var ju en intressant bekantskap. Tyskarna Bleier och Kuhn, som posta skrifter till mig samt Noack, hvilken hos Pelargonium funnit liknande saker som jag hos Geranium bohemicum voro också där. Likaledes Winge från Köbenhamn och Ostenfeldt.

Rosenberg inledde sektionens sammanträde med "A survey of modern cytologie". Vi hade måst skaffa en annan lokal för att alla skulle få rum. /.../ Madame Skalinska från Polen var en treflig bekantskap. Vi ha förut endast haft litterära förbindelser. Det är en rätt stor och mörklagd kvinna med små mustascher, växtförädlare. Vi språkade länge, men som hon sade: Det blir ett "chimära-språk", då man ständigt skall byta tungomål.

Efter middagen i dag kom den lille Chang – ej den långe Ching, som bor på ett annat college – och presenterade sig. Sedan han lämnade Kina har han fått sin utbildning hos Chamberlain i Chicago. Chang tyckte det skulle vara trefligt "att få skaka hand med Plumbagella-typens upptäckare" och meddelade, att de preparat, som jag en gång sände Chamberlain, visas hvarje år för kursdeltagarna.

Nej nu måste jag sluta. I morgon är chimära-frågan på tapeten (potatis i tomatskinn t.ex.) och jag vill förbereda mig litet genom att titta på föredragshållarnas "abstracts".

När jag läser farfars beskrivningar av människor, minns jag hur han sa om en tant att "hon har lår som går rakt ner i skorna".

Cambridge 20 augusti 1930

/.../ Under middagen satt jag bredvid en rumänier, som klokt nog redan första dagen – fast en smula falskeligen – utgaf sig för vegetarian. Han får alla möjliga läckra och lätta rätter, under det vi andra äta både fisk och kött till alla mål d.v.s. tre gånger per dag. Alla beklaga sig öfver den substantiella födan. I går hoppade jag alldeles öfver frukosten och åt en ensam banan + ett glas vatten. /.../

Cambridge gamla ärevördiga lärosäte har i hög grad moderniserats efter kriget. En mängd ståtliga institutioner äro samlade i närheten af hvarandra. Förr studerades hufvudsakligen teologi och humaniora. Nu ha naturvetenskaperna kommit i högsätet. Öfver en million pund har på senare tid nedlagts på utrustning och laboratorier och nya institutionsbyggnader. Bara för parasitologin finnes en ståtlig byggnad i tre våningar. Rockefeller-stiftelsen har bidragit till universitetets modernisering med 700 000 pund. Det var en donation som heter duga.

Farmor skriver att hon gläds över att farfar har så trevligt. Hon skriver om barnen, att de äter och är duktiga och ökar i vikt. Hon har fullt upp med fyra barn, även om hon har hjälp.

Den 10 augusti skriver hon från Järlåsa, ett par mil utanför Uppsala:

/.../ För jag har som sagt ej mycket tid till övers. Det är något bättre sen Lizzie kom. Hon anlände i tisdags. Jag minns henne endast som en tunn och smal flicka, nu är hon synnerligen bastant! Vi ha så trevligt tillsammans, hon är allt utom en dussinmänniska, glad och rolig kan hon vara, men grundtonen är allvarlig, alltför allvarlig nästan. "Stora Stig", som pojkarna ha lekt lite med, avslöjade hon genast som ett hjälpklassbarn, och ingalunda en av de bästa. Han har typen inne precis, säger hon. Lizzie har en liten praktisk fluga och det är strykning, så i går strök hon in hela vår tvätt. Det var ett gott handtag, för Karin hinner verkligen otroligt lite.

Väggen

Jag tänker ofta på väggen. Varför lät farfar sätta upp en extra vägg mellan sig och farmor i sovrummet? Han som alltid hade en vägg runt sig. Genomskinlig som glas, men tjock som pansar.

Han knackar mig i huvudet och jag bankar på hans vägg. Men han släpper inte in mig.

Vad skulle hända om jag verkligen krossade glaset? Skulle det fylla hela våningen med små, små hårda glasbitar, sådana som blir kvar när en busskur vandaliserats?

Farfar och jag umgås på avstånd. Vi tycker om ord. Han sitter vid skrivbordet med sin skalle och en Jätteamaryllis i fönstret. Han skriver.

Han skriver om och skriver om.

Precis som jag gör nu. Inte för mycket, inte för lite – hur hittar man någonsin den exakta formuleringen?

Mamma vårdar mig ömt

Vilken relation hade farfar till sin mamma Alma? Hon är lik honom på bilderna i fotoalbumen. Samma stela hållning, samma ögon. Jag anar att hon också bar en skyddande vägg runt sig, ett skal som farfar förgäves försökte komma bakom.

I juni 1931 har farmor åkt i förväg till Kristineberg med de fyra barnen. Farfar är kvar i Uppsala och flyttar hem till sin mamma, som bor i Uppsala sedan hon blivit änka.

Han skriver till farmor den 10 juni:

/.../ Våningen verkade farligt ohemtreflig, sedan ni reste. Jag flyttade till Mamma, som kör i mig varm citronsaft och en medicin med anis och Jodkalium, som hon fått af Thorling. Ultuna lyckades jag klara trots väsljud och droppande näsa (till stor del en följd af J). Åt middag hos Karin. Jag har rätt mycket slem om morgnarna och är hes och skroflig men för öfrigt rätt bra. Mamma vårdar mig ömt. Knogiga dagar förestå

Upsala 14 juni 1931

/.../ Mamma månar om mig på bästa sätt. Det är onekligen skönt att slippa den dammiga och demolerade våningen på Eriksgatan 27. Jag får goda smörgåsar och små piffiga middagar i min smak. Häromdagen stort blomkålshufvud med smör och russinkola med knäcksås. I går fiskfärs med hummer och sedan frukt. (Mamma äter bara smör och bröd samt frukt till morgon- och aftonmål). I dag ha vi ätit på Solidor, slöat i planteringen utanför samt promenerat på kyrkogården. I mor-

> gon är sista tjänstgöringsdagen. Vi sluta väl någon gång på nattkröken. Du undrade visst om status presens beträffande min salus [*hälsa*]. Mamma har bjudit mig varma citrontoddar med god effekt. Min ”harsklystnad för slem vinnings skull” är nära nog slut, och jag har i dag tagit bort ditt bandage från halsen – samt rakat mig. Våra växter befinna sig nu i botaniska trädgården, dit jag i dag bar dem.

Farmor skriver samma dag från Kristineberg att det är härligt att komma dit så tidigt. Hon berättar om Lillebror som sover oroligt på grund av tänderna och lilla ”Tossan” som varit skraltig, haft feber och känningar i högra magen. ”Eljest må vi ju som prinsar, ha blivit ganska kulörta, särskilt undertecknad. Mjölken vi får, är ju mäkta fet.”

Äldste sonen får två muggar tjock grädde om dan och skickas sedan i säng igen på förmiddagen ”vilket han villigt fogar sig i, ’för att bli tjock’. Jag tycker faktiskt att han tagit sig”, skriver farmor.

Hon tillägger: ”I Lysekil känner de igen mig i alla butiker och ler och bockar och önskar välkommen. Om du får en kvart till övers så skicka några tidningar. Känner mig som på Blåhammarn. Hur mår du? Kom snart.”

Farfar skriver en vecka senare att nu har han efter 15 år definitivt slutat sin tjänstgöring på Ultuna. Han berättar också:

> Mammas födelsedag blef festlig. På f.m., då jag tjänstgjorde på Ultuna, kommo en massa uppvaktande, och hennes lilla våning liknade ett orangeri. Jag hade på morgonen dukat ett litet ”födelsedagsbord” med liljekonvaljer, konfektlåda, vinflaska, ”Catherine Lenz’ kärlek”, Herdins ”Uppsala på 1600-talet” i tre band, Dan Anderssons samlade skrifter i praktband samt mitt eget porträtt. /…/ Jag höll förstås en liten oration för mina dagars upphof. Ett trettiotal telegram upplästes. Ditt var piggt och trefligt hopkommet. Mamma bar samma klädning som hon hade på vårt bröllop och sin mors åttioårsdag.

> /…/ Jag tycker att Mamma verkar ganska kry. Hon har bjudit mig på små trefliga middagar (utan kött). I dag få vi gratinerad blomkål med parmesan-ost och smörsås. Till frukost och kväll äter Mamma konstant frukt och smörgås på franskt bröd, men jag har ju fått substantiellare föda.

Han skriver också att han fått inbjudan att åka till Frösåker och Lindö, där Ellens systrar bor och har ”beslutat att nu resa dit, då jag ju ej varit där på tio år, trots att vägen inte är så lång dit”.

Farfar avslutar brevet med att det ska ”verkligen bli bra skönt att få komma till kusten (och hustrun) och där vara lat. Jag behöfver nu en tids ro, ty våren har varit rätt ansträngande”.

Att farfar placerar sitt eget porträtt på födelsedagsbordet känns inte förvånande. Han längtade nog hela livet efter att bli sedd av sin mamma. Men umgicks de bara när han, eller båda två, var sjuka?

Hjärtat är oförnuftigt

Farfar såg på döden som en biologisk process som alla andra. I alla fall när han betraktade den strikt rationellt och vetenskapligt och inte lät känslorna styra.

I juni 1932 är farfar återigen ensam kvar i Uppsala medan resten av familjen åkt i förväg till Kristineberg. Hans mamma är sjuk.

Upsala 9 juni 1932

Kära lilla Greta och mina små barn!
/.../ I förrgår sade mamma till mig: "Ja du lille Ossian du hittar alltid till mor. Det är snällt af dig. Det är inte så roligt, må du tro, att ligga så här och inte få dö." /.../ Själf bor jag i den skräpiga våningen, som verkar föga hemtreflig i sitt neddragna tillstånd och med regnet skvalande utanför. Liksom Örtendahl i Kalahari har jag gjort en hufva för flinten af ett par kalsonger, då jag ligger på natten. Uppriktigt sagt känner jag mig ganska trött, ligger förfärande länge om morgnarna och levererar nog en del gröna saker i p8n, men det skall väl ge sig så småningom. Hushållet har jag hittills klarat själf. Det är då ganska bekvämt, då man har gas. Någon vidare kultur blir det dock ej på ens måltider så här i ensamheten. En tidning får vara duk. Jag har ätit upp sparrisförrådet i skafferiet samt förnyat detsamma. Jag känner mig nu som virtuos i sparrisrensning. Att taga hela äggen med i sparrissoppa visade sig inte vara någon nackdel.

Upsala 14 juni 1932

/…/ Mammas tillstånd är ungefär detsamma. Hon ligger mest i halfdvala hela dagarna och förtär intet med undantag af några munnar ovomaltin. Det är svårt att se henne tyna bort, men det är ju naturens gång, och man kan bara önska att det inte skall draga ut alltför länge. Hon har naturligtvis magrat mycket, men är riktigt vacker trots allt med sitt hvita hår och lugna regelbundna drag.

Farfar äter spartanskt hemma, men tas också om hand av bekanta. "Gislén stötte på mig på gatan och telefonerade omedelbart till sin fru, att hon skulle bättra på middagen, ty det kom främmande. /…/ Vi hade det ganska koseligt och gjorde fotografiledes en resa i Japan under intagande af kaffe och avec. Deras lilla tös är näpen och behändig, och hennes mamma kvinnlig och mjuk i både former och väsen. Hon var en glad, hurtig och aldrig bortkommen reskamrat enligt Torsten. Deras sköldpaddor hade vuxit, och ödlorna solade sig i fönsteröppningen."

En vecka senare skriver han att:

Svensson med fru inbjudit några botanister till Flustret, där vi åto en liten god supé med "goda drycker", som ärkebiskopen sade sig ha hört skola utmärka Uddevalla. Harry tackade mig såsom sin f.d. lärare och gode vän. (Det återstår nu endast 2000 på det lån för hvilket jag gått i borgen.) Det kännes naturligtvis en smula underligt för Svensson att nu efter 19 år få lämna Uppsala, men å andra sidan är han ju rätt nöjd med sin tryggare ställning. Svedelius var ock närvarande och meddelade mig, att han också låtit lura sig af judarna, så jag står ju inte ensam. Melin satt glad och belåten till bords och meddelade, att han funderade på att efter danskt mönster bilda en förening: "Min Kone er paa landet."

Han påpekar att det är "föga trefligt att stöfla omkring i den dammiga och neddragna våningen, men allt går ju. Här är så förunderligt tyst och stilla jämfördt med ordinarie förhållanden".

Han har monterat upp radion på farmors säng och hör ibland på kvällarna att det är blåsigt och blött i Västkust- och Vänerlandskapen. ”Men det är så här också, och ni har det säkert bättre på Kristineberg.”

Det framgår inte av brevet på vad sätt farfar ”låtit lura sig af judarna”, men tydligen var det ett samtalsämne. Jag förmodar att det syftade på den då aktuella Kreugerkraschen och bankkapitalet som sågs som judiskt.

Farmor skriver från Kristineberg 22 juni:

> /…/ Det här lilla brevet skulle egentligen skrivits på f.m. och avsänts i dag som en midsommarhälsning till far. Men som solen strålade, och vi hade en hel balja med regnvatten, så blev det i stället allmän schamponering. Alla tre pojkarna dessutom klippta. Lillan vågade jag ej göra något åt för öronens skull. Det var något till fint att få regnvatten till sitt långa hår, och sol och vind efteråt, det blev så blankt och stiligt och – vitt! /…/ Att du hushållar hemma för dig själv, tycker jag förstås du gör rätt i, så som jag känner dig. Det är ingenting att slåss med segt oxkött den här årsens tid och bli av med både pengar och humör på kuppen. Men kunde du inte i köksskåpet leta reda på en dammhandduk och fara över de värsta ytorna, så bleve det genast lite mindre ruskigt. /…/ Midsommarafton. Jag blev – för att tala med barnen – ”nobbad” på den där förbättrade sömnen. Jag lyckades nämligen aldrig somna. Jag är inte trött i armar och ben på så sätt, utan trött på annat sätt, så jag ibland tycker ditt ensamma liv i Uppsala verkar ganska tilltalande rofyllt. Bortsett naturligtvis från den tragiska anledningen. Hoppas du inte missförstår mig.

Farfar besöker sin bror Richard och där får de ”genom telefonmeddelande till en granngård” veta att deras mamma dött på midsommardagen. Han skriver till farmor:

> Ja, det var ju väntadt och väl att det skedde, men hjärtat är oförnuftigt.

Richard och jag bilade temligen omedelbart till Upsala och ut till Ultuna. Mamma låg så fridfullt i sin säng. Jag smekte henne och klippte en liten lock af det hvita håret. Tillsammans med systrarna foro vi in till staden och skaffade kista samt ordnade med transporten till Sala. Därefter samlades vi i Mammas våning. En massa malar funnos i tyg och annat, så flickorna lofvade, att nästa dag se öfver hvad som behöfdes. Malfjärilen är tydligen inte att leka med.

Söndags morgon bilade Richard och jag till Sala. Jag har inte färdats vägen i den riktningen, sedan Pappa dog. Efter oss kom Mamma i sin kista. Vi barn hade själfva lagt ned hennes kropp i den, prydt den och skrufvat fast locket.

Farfar avslutar brevet: ”Nu ha de ringt från 'Radiotjänst' och vill ha ett föredrag af mig i höst på en halftimme. Hvad skall jag svara? Jag bad om betänketid.”

Det var troligen inte med någon större sorg farmor tog emot meddelandet att hennes svärmor dött. Hon skriver till farfar:

Det var ju gott, att farmor fått lämna detta jordiska nu och, som det synes, utan dödskamp. Gott för eder alla, att prövotiden är tillända. Det blir ju en hel del för er att ordna med rent praktiskt, innan allt blir klart nu, sen får du komma hit ner och vila ut och hämta kraft. Mina tankar äro ständigt hos dig i dessa dagar. Hälsa syskonen. /.../

Emellertid känner jag det obehagligt att gå och sprätta i mina granna klänningar, fru Lönnberg är ju nu här t.ex. och alla vet ju om hur vi har det, så jag skaffar mig först som sist någon svart och vit klänning. Måste ändå ha en till hösten, och reder mig för övrigt dåligt med endast en vardagsdito. Så kan du skicka mig ett par tior vore det bra, annars står jag alldeles utan.

Den 30 juni skriver farfar om begravningen och berättar:

/.../ I Mammas graf kastade jag ned en knippa blommor från hennes egen trädgård, som någon snäll människa gifvit oss. Ja, så var det slut. Hennes kropp skall ruttna bort. I den har jag blifvit till och närts af dess safter. En gång var hon en ung och stark och vacker brud. Nu hade hon hunnit att bli en gammal gumma, som bidade döden, men som höll sig rak och behärskad och modig bar sitt öde. /…/

Jag är så trött och har så mycket att ännu ordna. I Upsala sökte jag visserligen att bli nödtorftigt i ordning, men fann att det inte gick. Mitt hjärta är litet oroligt, sömnen ej förstklassig, och jag känner mig trött och betryckt. /…/

Nu vill jag bort ifrån detta trista hus! Så fort jag kan reser jag till er. Skall jag fara kanalvägen? Tänk att få sitta tre dagar på en båt med alla teleoreceptorer på helspänn, då man far genom Götalands vackraste trakter!

Samma dag skriver farmor från Kristineberg:

/…/ Nå, när kommer du? Därom inte ett ord i brevet! /…/ Var i går f.m. bjuden på kaffe ner till fr P-son, men tackade nej, då jag ej var i lämplig sinnesstämning. Läste högt för barnen i stället.

Skynda dig nu och kom, dröj ej en enda timme i onödan, du behöver väl varenda smula sommar du kan få. Vi längta samtliga efter Måns. Visst ska du radiotala!!

Farfar svarar:

Jag håller nu på att göra mig i ordning och beslöt mig just för att resa kanalvägen till Göteborg. Jag har nyss beställt biljett per telefon. Pris 50 kr, hvilket ej är så dyrt för tre dagar (salongsplats). Båten går kl 10 i morgon och heter W. Tham. Jag längtar att få återse er, men tyckte också att jag borde passa på tillfället att färdas kanalvägen. /…/ Jag har letat fruktansvärt efter ett par små svarta anteckningsböcker, som jag lagt på kakelugnsfrisen, men hvilka jag nu ej kan hitta. De innehöllo protokoll öfver mina genomgångna preparat.

Jag kan tyvärr ej finna ”Hälsan är allt”.

Fanbärare i Olympiatruppen

”En professorsfamilj i Uppsala hade sex barn. Alla var ståtliga A-barn. Jag orkade inte se dem. Det fanns en annan familj också med sex barn. Alla var dvärgar. Det var lika hemskt det”, säger min faster.

Hon berättar att hon var djupt förälskad i sin pianolärare.

”Han var lång och ljus och ståtlig, han kunde ha varit fanbärare i Olympiatruppen. Men han hade en benhälta, en defekt som gjorde att han trots allt kunde vara möjlig för mig.”

”Jag hade pojkvänner. De tyckte jag var söt, men jag tänkte hela tiden: De fattar inte. De fattar inte hur undermålig jag är, att det är fel på själva grunden – på arvsanlagen.”

Hon talade aldrig med farmor om detta. Det skulle ha varit alltför sårande. ”Men far svek sina egna ideal, han borde inte satt barn till världen.”

Hon bestämde sig för att aldrig börja röka eller dricka, hennes odds var så dåliga från början att hon inte ville försämra dem ytterligare. Eller orsaka att hon hamnade på sjukhus.

”Jag minns en tjej på en dans. Hon var lite halvfull och kom fram till mig: ’Dig ska det bli något riktigt av’, sa hon. Det gjorde ett djupt intryck på mig.”

En fanbärare i Olympiatruppen. Man förstår att Leni Riefenstahls dokumentärfilm i två delar om OS i Berlin 1936, Hitlerrikets styrkedemonstration, gjorde intryck. Filmen hette *Den stora olympiaden* och kom 1938. Farfar skriver till farmor 1938 att: ”Barnen ha fått se Olympiaden på bio. Nu ges den dock som skolfilm.”

En vedervärdig värmeledningshetta

1935 flyttade familjen till den nybyggda våningen på Geijersgatan, den våning jag minns från min barndom.

Farfar var en av byggherrarna, tillsammans med några andra herrar på V-Dala nation, hade han gett byggmästaren Diös i uppdrag att bygga huset. Farfar ritade dit den extra väggen i hans och farmors sovrum.

I dagboken för 1936 har farfar klistrat in en annons: ”15 januari finnes plats i fam. i hypermod. vån. för en rask, ordentl o. barnkär flicka, något kunn. i matlagning o. m. eg. bost. Ref. önskas. Svar t. fru doc. Dahlgren, Geijersg. 18.”

Hypermodern våning. Ja, det var den nog med sitt badrum och värmeledning. Men för mig var den också gammaldags med serveringsgång, jungfrukammare och särskild köksingång för bud.

Av breven mellan farmor och farfar förstår jag att detta med värmeledning var kontroversiellt. Jag tänker på Are Waerland, hälsopedagogen, som lär ha sovit i ett rum med tre väggar för att härda sig.

Det var aldrig särskilt varmt hos farmor och farfar, jag förknippar våningen med stora fönster, ständigt öppna för vädring.

I november 1931, drygt ett år innan Hitler kom till makten, gick farmors far Axel Estelle i pension från ackumulatorfabriken i Hagen i Tyskland. Han och hustrun Karin flyttade hem till Stockholm, där de bosatte sig i Råsunda.

”Säga vad man vill om tyskarna, men de är i alla fall ordentliga. I alla år fick morfar sin pension från Tyskland, utbetald exakt på dagen. Till och med när Dresden bombades", säger min äldre farbror.

Det är november 1932. Farmor är hos sina föräldrar i Råsunda. De två yngsta barnen är med henne och farfar är kvar i Uppsala med min pappa och min äldre farbror.

Farfar skriver till farmor 10 november:

> /…/ Nu hemkommen efter herbarierättningar i en vedervärdig värmeledningshetta. Jag hade en glimrande hufvudvärk. /…/
>
> Agnes bjöd på risotto och vattenlingon, det förstnämnda en ganska förnämlig anrättning. Jag intog dessutom ett glas "tuppstjärt" och känner mig piggare; har t.o.m. varit i källaren och burit upp diverse Brennstoffe. /…/
>
> Skottsberg har skrifvit och anhåller efter uppdrag af Familjebokens förlag, att jag måtte åtaga mig den genetiska delen i sammelverket. Man utlofvar mig hela året 1933 att arbeta på manuskript. Ja, hvad skall man svara? Mina balsaminacéer äro ännu ofärdiga, och äfven annat kräfver ju min tid och tanke. /…/
>
> Ellen har skrifvit. Hon har som vanligt mycket att stå i. Hon skall med sina scouter gifva en aftonunderhållning med förplägnad på Sundbo skyddshem och ordna med en koncert för de arbetslösa. Hon känner sig mycket beklämd på grund af det halfva tusentalet sådana, som finnas i socknen.

Dagen efter rapporterar farfar:

> Jag har arbetat duktigt de sista dagarna och afverkat metervis med herbarier. Ett dammigt och tråkigt göra, som dock måste utföras. Fröken Leffler var uppbragt i dag öfver min ringa tjänstgöringstid under detta läsår, och jag njöt verkligen litet smått af hennes beskärmelser öfver statens slöseri med de skattdragandes medel. Min kuggade student redde sig i dag betydligt bättre än jag väntat. Han är litet orolig för att han

endast får en lektion i veckan, men jag tröstar honom med att det räcker.

Farmor svarar 13 november från Stockholm där hon alltså är hos sina föräldrar:

> /.../ För övrigt har jag haft en ljuvlig vecka här. Värmeledning är i alla fall underbart, och inte någon som helst överdriven hetta. Men allra helst håller jag till vid varmvattenskranen. Det är verkligen lättsamt med såna här moderna bekvämligheter, inte minst den omständigheten att man slipper palta med vatten och hinkar och moj inne i rummen.
>
> Jag är dagligen tillsammans med Gunhild, vi ha gjort långa promenader tillsammans; och härom kvällen bjöd hon mig på Gösta Ekman på "Kanske en diktare". Underbar. Men pjäsen är tunn, när man läser den. Det är först på teatern, man får något ur den. Och naturligtvis är Gösta Ekman "som en dröm". /.../
>
> Jag är rätt nyfiken vad du svarar förlaget. Tror du inte du ångrar dig om du tackar nej? – Tänker Diös bygga snart? Jag längtar så efter en bättre bostad.

Farfar skriver också den 13 november:

> I natt ha vi luftat ordentligt på grund af golfboning, och jag har därför tändt en brasa i mitt rum. Under det att denna oxideras till slut, passar jag på att knacka ned några rader. Båda pojkarna syssla också med författarskap, och de önska ha mig till hands i och för rådfrågning. /.../
>
> Öfningsskollärare Ström hade i går 39,5° och har förts till epidemisjukhuset, men diagnosen är ännu ej fullt klar. Det var fru Nygård, som meddelade detta. Hon klagar öfver, att barnen blifvit så ömtåliga för förkylningar, sedan de kommo i en värmeledningsvåning.

Sin vana trogen rapporterar också farfar om fester. Den här gången har han bjudit med farmors halvsyster på seminariets höstfest.

Gertrud ganska skön att skåda, och undertecknad celebrerade höstfesten. Den var verkligen ovanligt fin och lyckad. Förnämligt koncertprogram som vanligt. Rimner förelästes i urval, bland annat ett kväde om undertecknad, hvilket verkligen var i hög grad smickrande för vederbörande, d.v.s. ego ipse Carolus Wilhelmus o.s.v. Gymnastiksalen hade alldeles förändrats genom helt nya och originella dekorationer. Berg skrockade af belåtenhet. Te och taffelmusik m.m. Efteråt en rolig revy i stället för spex. Hedström, Lemoine och Matts Essén uppträdde otroligt väl karikerade. Kvickt men elakt. Danell njöt syn- och hörbart, och Santesson skrattade diaboliskt.

Sluteffekten blef en verklig klimax. I danssalen träffade jag fyra af mina gamla elever från den trefliga klassen; sångaren från Myssjö, som rest ända hit, Anjou med förtjusande fästekvinna samt Hedberg utan sådan trots hans utseende väl kommit det att klia i många flickor, och så var det en till. I samkvämsrummet hade några af våra mest konstnärligt lagda elever fått utföra al secco målningar, som voro mycket dekorativa: St Göran och draken, Staffan stalledräng, ett lappländskt landskap samt en ung man på skördearbete. Tänk hvad de kunna! Gerty och jag roterade till kl 1. Jag berusade henne med en hambo. Hon hade ju morgonarbete, och jag förordade därför hemgång. Ett förslag om att hon skulle få ligga i din säng med en skärm emellan, och att hvar och en skulle plikta 25 öre, som tittade öfver, afslog hon dock.

Fyrhändigt

Geijersgatan 18 i Uppsala. Jag går dit och tittar på huset där farmor och farfar bodde.

Det är lägre än jag minns – bara fyra våningar. Men jag känner igen den veckade balkongplåten och när jag står där på trottoaren känns det som om farmor och farfar skulle komma ut genom porten när som helst. Stödda på sina käppar och med svarta persianpälsmössor.

Jag går över till andra sidan gatan för att kunna se bättre. Fasaden är numera aprikosfärgad, jag minns den som gul.

Jag räknar fönstren på näst översta våningen: Hörnrummet, herrummet, där – där måste matsalen ha varit.

Fönstret slås upp och jag förflyttas till fyrtiotalet. Det är vår och jag hör Mozarts g-mollsymfoni strömma ut från våningen. Den hörs över hela gatan.

Inne i matsalen sitter farmor och min yngre farbror och spelar fyrhändigt på det svarta Bechstein-pianot som farmor fraktade hem från Tyskland när hon skulle gifta sig.

Farmor kan fortfarande spela.

”Tillsammans trängde vi in i musikens detaljer och uppbyggnad: Här, just här, lyssna här”, berättar min farbror. ”Vi spelade mycket Mozart- och Beethovensymfonier. Vi kunde sitta åtta timmar en söndag och glömde tid och rum. Ska vi inte ha middag”, undrade farsan.

”Man fick spela hur mycket man ville, han sa aldrig att det störde – trots att han satt vid sitt skrivbord i rummet intill.”

Farmor sjöng i kör när hon bodde i Tyskland. Särskilt ”An die Freude”, körfinalen i Beethovens 9:e symfoni, gjorde ett djupt intryck.

Den 11 november 1920, innan de var förlovade, skrev hon till farfar:

> Vår Beethoven-konsert är nu lyckligt överstånden, med mycket beröm för kören! Men du kan tänka dej, att få sitta och höra på 9:e symfonien och eldas upp sats för sats, man var till sist så ”överladdad” med Begeistrung att det var ett verkligt behov att få sjunga ut ett ”Freude, schöner Götterfunken”. Vi lär ha sjungit con amore också! Das war ein Erlebnis. Nu har vi börjat öva in ett verk av vår egen dirigent, Weissbach, raka motsatsen till det förra. Här lyder texten: ”Ach wir Menschen, ach wir armen” etc. till lidande och klagande melodier. Så vitt jag kan bedöma är det emellertid ett flott verk och hemskt modernt. Uh, vad jag kommer att sakna sången här nere, när jag en gång reser härifrån!

När farmor fyllde 50 år, 1945, fick hon en elektrisk grammofon av barnen. Min äldre farbror köpte grammofonskivor och det blev musikalisk salong efter söndagmiddagarna. Man satt i herrrummet och lyssnade till 78-varvare, en Mozartsymfoni var sex skivor på den tiden. Ibland läste farfar högt, han tyckte om Sten Selanders dikter.

Men annars var köket samlingspunkten.

Farmor var varmen och ljuset, kring vilket barnen – och senare barnbarnen – flockades som insekter. Farfar låg på dyschan, var ute och föreläste, på labbet eller satt vid skrivbordet. Som om inte avståndet var tillräckligt, vidtog han åtgärder för att distansera sig. Bland annat genom dukningen. Det skulle vara vaxduk, men på farfars plats skulle det alltid dukas med en liten vit duk.

Min yngre farbror berättar att han körde i 4-5:an, i första ring, i andra ring, i tredje ring.

”Varför? Jag vet inte. Men nu i efterhand har jag tänkt att det var för att få kontakt med farsan. När jag körde måste han undervisa mig på sommaren."

Då låg farfar på sin schäslong och min farbror satt på en stol bredvid. Farfar förklarade och förhörde.

"Ibland kom han in på geologiska tidrymder eller astronomi. Det kunde mörkna ute, men jag ville inte tända lampan för att inte förstöra stämningen."

Han var mycket hos sin morfar och mormor Estelle i Råsunda.

"Jag beundrade morfar mycket mer än farsan. Han var uppfinnare och hade flera patent. Den finaste boken han hade hette *Der Weltverkehr und seine Mittel*. Den var från 1901 och handlade om världssamfärdseln – fartyg, tåg, broar och bergbanor. Den tittade jag i fyra gånger om dagen och den fick jag sedan av honom. Han hjälpte mig bygga linbanor, men för farsan var det bara linor som man snavade över. "

Axel Estelle miste ena ögat i ett experiment på labbet nere i Tyskland. Hela sin pensionärstid ägnade han åt försök att framställa mjukt järn. Det skulle användas i krigsindustrin, för att ersätta koppar i granaterna. Han uppfann nickel-kadmiumackumulatorn, som går under benämningen den Jungner-Estellska ackumulatorn.

"Jag tänkte på morfar varje gång jag åkte tåg. Utan honom hade inte stinsen kunnat stå där och svänga med sin stora lykta, som lyste rött och grönt", säger min farbror.

Men han kunde aldrig visa sin beundran för honom där hemma.

Då tog farfar upp en tidning eller gick ut ur rummet.

Rasbiologin och judarna

Var stod farfar när det gällde judarna? Kanske var han lika kluven i sin inställning till dem, som han var tudelad i allt annat, kluven i hela sin personlighet?

Min yngre farbror säger att farfar var antisemit, men beundrade deras affärsförmåga. Farfars bror Richard hjälpte en judisk familj att fly och farfar var full av beundran över att mannen efter ett år hade en stor mattaffär i centrala Stockholm.

I Lena Berggrens bok *Nationell upplysning. Drag i den svenska antisemitismens idéhistoria* (Stockholm, 1999) hittar jag farfars namn bland föreläsarna i Samfundet Manhem. Berggren skriver att "... antisemitismen tidigt kom att utgöra ett framträdande och knappast alls ifrågasatt inslag i Samfundet Manhems tankevärld." Verksamhetsåret 1934/35 höll farfar fyra föreläsningar där på temat "Rashygieniska spörsmål".

"Tysklands behandling af judarna uppröra oss", skriver farfar i sin dagbok i november 1938, efter Kristallnatten i Tyskland då judiska affärer och synagogor förstördes och 20 000 judar greps och skickades till koncentrationsläger.

Annars nämner han inte judarna med många ord i krigsårens dagböcker. Den 1 oktober 1943 skriver han: "8 tusen danskar, mest judar, fly under en vecka till Sverige." Och den 30 november samma år: "1 500 norska studenter jemte professorerna anhållna i Oslo. De hotas med att bli sända till Tyskland i ett bättre förvaringsläger."

I december samma år inleds dagboken: "Nationerna flagga på

half stång med anledning af händelserna i Oslo" och den 4 december deltog han i studenternas demonstrationståg "med anledning af öfvergreppen i Oslo". Den 9 december konstaterar han: "Endast 300 Oslo-studenter har deporterats."

Farmor skriver till sina föräldrar om deporteringen: "Dessa norska judar ligger som en snara över ens tillvaro. Jag låg vaken en hel natt, och hur många har inte gjort det! Helt vanliga människor har gått omkring rent rolösa."

En gång nämner farfar ordet koncentrationsläger i dagboken och det är den 11 september 1944: "Afslag från Statens handelskommission att få sända några småsaker till fam. Seelieb i tyskt koncentrationsläger."

Vem var Seelieb? I dagboken för april 1959 hittar jag svaret: "Dr. Phil. Wilhelm Seelieb, Poznan i Polen avliden. Jag lärde känna honom i Zürich 1920 och har sedan hjälpt honom under årens lopp."

Fick man inte skicka något till dem som satt i koncentrationslägren? Var det också för att inte stöta sig med tyskarna?

Jag vet inte om Seelieb var jude. Men det skulle inte förvåna mig om farfar både var antisemit och samtidigt försökte hjälpa en judisk familj.

Men hur ställde sig Rasbiologiska institutet till judarna? Eftersom det var en förebild för motsvarigheten i Tyskland, kan man undra i vad mån det svenska institutet också hade kopplingar till nazismen i Sverige?

Grundarna av "Svenska Nationalsocialistiska Frihetsförbundet" tyckte i alla fall att det var naturligt att skicka provnumret av sin tidning Nationalsocialisten till professorn i rasbiologi, Herman Lundborg.

Partiet säger i sitt upprop 12 augusti 1924:

> Svenska män och kvinnor!
> De stormar, som under de sista årtiondena gått fram över världen, hava skapat ett tillstånd, som måste fylla varje tänkan-

de svensk med oro. Den byggnad av kultur och civilisation, som Ariskt arbete och förmåga åstadkommit, har skakats i sina grundvalar och utvecklingen hotar att göra talet om Västerlandets undergång till verklighet.

Vårt fädernesland, vår folkstam och vår odling äro härvidlag lika starkt hotade som någon annan stats folk och kultur. Faran är överhängande och det gäller att avvärja den. Som ett av de rasrenaste ariska folken är det också vår plikt att i främsta ledet kämpa mot förintelsens makter och söka finna en väg ut ur fördärvet.

I denna kamp är judefrågan en kärnpunkt, påpekar de och kräver:

1. Utvisning av judar, som invandrat efter 1914.
2. Övriga judars ställande under kontroll och främlingsrätt.
3. Brytandet av judarnes makt över penningväsendet o. krediten.
4. Pressen får ägas och ledas endast av svenska element.
5. Judar få icke tillhöra eller medarbeta vid redaktioner eller bokförlag.
6. Svenska böcker och särskilt skolböckerna få icke tryckas eller säljas av judar eller företag med judiskt kapital.
7. Judar skola för framtiden avstängas från tillträde till statens och det allmännas tjänst.
8. Judar få icke tillträde till statens skolor.

Hur reagerade Herman Lundborg? Bland Rasbiologiska institutets handlingar på Carolina ligger kopian på ett brev han skrev den 30 september 1924 till redaktör Sigurd Furugård i Molkom, en av grundarna av partiet.

Visserligen har Lundborg skrivit ”konfidentiellt”, understruket med dubbla streck, på brevet. Men han var chef för ett statligt institut och då betraktas brevet som en allmän handling eftersom det var skrivet i tjänsten.

Han skriver till Sigurd Furugård:

Edert provnummer av NATIONAL-SOCIALISTEN har jag mottagit och läst med intresse. Edra strävanden gillar jag visst, men taktiken är olämplig, ja farlig.

Låt mig utveckla mina synpunkter. Ni vet kanske, att det rasbiologiska institutet i Sverige måste kämpa en svår kamp för att få nödiga anslag. Det är en ny vetenskap, som mången ej förstår. Dessutom kräves årligen riksdagsmajoritet för att få nödiga anslag, då hela institutet utom chefen är ställt på extra stat.

Börja judarna märka, att institutet eller mina idéer börja avsätta sådana frukter, som komma till synes i NATIONAL-SOCIALISTEN – i stort sett riktiga för övrigt – d.v.s. den ena polen är rasbiologisk politik och den andra judarnas uttrångande m.m., så vända de sina angrepp mot mig och institutet. De börja ett mullvadsarbete, en odiös presskampanj i sina egna organ. På alla sätt komma de att misstänkliggöra rasbiologien och de rashygieniska strävandena, sannolikt med den påföljd, att institutet ej får sina anslag. Då lämnar jag det och går till utlandet. Med glädje ses detta på judiskt håll. Hjälpa ej dessa attacker, gripa de till den utvägen, att de sända ut någon judisk läkare, som studerar rashygienen och med stora penningresurser kommer fort fram. Sedan upprätta de en enskild professur vid Stockholms Högskola. Denne har då en viss auktoritet. Han börjar undervisa och skriver artiklar etc. Han underkänner rasens och arvets betydelse – (det bruka judiska skriftställare göra). /…/ En stor mängd liberala tidningar taga in hans ord som högsta visdom. Allt kvasivetenskapligt. Den stora allmänheten tror blint på dylika franka påståenden. Det blir misstro och oro i lägret. Judarna äro tusen gånger mera målmedvetna och långt bättre organiserade än svenskarna. Slutet på visan blir, att rasbiologien i Sverige förkväves för lång tid. I längden kan naturligtvis ej sanningen hejdas, men det är vackert så, om judarna få andrum att operera på egen hand i 20–30 år. Judarna gå aldrig så ovist tillväga, att de öppet inbjuda till strid. De använda bulvaner och förgifta den allmänna meningen, sedan få de ett lätt åtkomligt byte. Eder taktik att med öppet visir utmana de svenska judarna till strid är mycket farlig. Det blir en motorganisation från deras håll. Först vilja de då komma åt huvudet, i detta fallet den rasbiologiska forskningen. Den kunna de lätt störta. Ni förstår säkert, vad det kommer att betyda. Ni gör troligen landet en björntjänst, oaktat Ni menar väl med vårt land och folk. Enligt min mening skulle Ni till en början ej ha rört vid judefrågan, utan talat om främlingar i allmänhet. Saken är nu gjord, och den kan ej göras ogjord. Vi frukta det värsta vid institutet de närmaste åren. Utan bättre ekonomiskt stöd än hittills klara vi oss ej. Jag blir kanske tvungen att överge Sverige och bilda ett nytt institut i främmande land. Jag tänker också göra det, om medlen tryta. Det behövs endast några få angrepp i judetidningarna under vinterns lopp, så beviljar riksdagen ej minimianslagen. Då avgår jag och lämnar Sverige. En sådan sakernas vändning kan ske redan i maj nästa år. Judarna jubla, och de ha då hemburit en seger på ett par årtionden. (Det finnes förvisso även judar, som äro intresserade av rasforskningen, men dessa judar utgöra undantag.) Judarna i Sverige ha hittills förhållit sig relativt neutrala, därför att jag så sorgfälligt undvikit – av taktiska skäl – att beröra judefrågan. Nu blir gärdet upprivet förr eller senare.

Lova mig, om Ni ej vill lägga ytterligare sten på börda för institutet och forskningen, att ej citera eller nämna mitt namn eller institutets i tidningen, ty då blir det ännu värre. Ni har säkerligen handlat i den allra bästa avsikt, men tidpunkten är så olyckligt vald som möjligt. Vårt svenska rasbiologiska institut kämpar för livet detta år. Det behövs ej mycket för att det skall störta tillsammans.

Låt intet av det jag nu skrivit sippra ut.

Med största högaktning
Herman Lundborg

Ber, att Ni mot postförskott ville sända mig 10 ex. av första numret.

Trots att Lundborg instämmer i nazisternas program, bland annat att judar ska avstängas från statlig tjänst, så hade han två judar i sin personal på det statliga rasbiologiska institutet: Werner Krauss och Ella Heckscher.

Men var farfar nazist? Jag letar i de olika medlemsförteckningarna på Riksarkivet i Stockholm. Men ingenstans hittar jag hans namn.

Jag är inte särskilt förvånad. Som många vetenskapsmän ansåg nog farfar att han stod över politiken – i alla fall i dess organiserade form.

Han ombeds i alla fall av nazisterna att komma och hålla föredrag i Stockholm, förmodligen i egenskap av rasbiolog. Den 1 januari 1934 skriver farmor till honom:

> Och min oförgripliga mening är att du bör strunta i nazistföredraget, så pressad som du är nu. Det kan omöjligt ditt samvete döma dig skyldig att ta på dig. I så fall är det felkonstruerat. Det finns gränser för den mänskliga förmågan, t.o.m. för din. Kom ihåg att den ryttare är ej prisvärd, som spränger hästen för att komma först i mål.

Hur gjorde han? Jag vet inte, men den 4 januari 1934 skriver han till farmor: ”Från Hofors har man i dag ringt och beställt en föreläsning den 30 januari, en tisdag. Nazisterna har jag hittills gett tusan i.”

Kultur-Europa

Farmor är över nyåret 1934 med de tre sönerna på pensionat i Ängelsberg i Bergslagen. Min faster är hemma med farfar i Uppsala, där hon går på täta läkarbesök.

”Varje morgon låg det en konfektbit och ett färggrant vykort på min stol. Han missade inte en enda dag”, berättar hon.

Jag tänker på utfordringen med tjock grädde, när jag läser ett av breven från de här två veckorna. Det är skrivet av min faster, då hon var sju år gammal. Hon skriver med hjälp av farfar till sina bröder och påpekar att den äldste ”blir väl snart tjock som en rund bulle”, när farfar bjudit honom på ”en så lång och dyr resa” för att få honom tjock.

Farmor njuter av semester och skriver 29 december 1933:

> /…/ det här var verkligen ett utmärkt ställe. Det ligger högt med utsikt över Åmänningen, som just nu är insvept i snö både ovan och nedan. /…/ Här är f.n. utom oss en major Gernandt (tror jag han hette) samt tre äldre fröknar. /…/ Utmärkt god och vällagad mat. Här är enkelt och hemtrevligt och en sådan där ”hjärtligt-välkommen-atmosfär”, som gör att man genast känner sig hemma. Inga krusiduller. Vi kunde inte hittat något lämpligare. /…/ Jag vilar mig och läser och mår. Det är skönt med semester och att slippa ha tankarna tjudrade på denna världens omsorger.

Jag förstår att min faster var rädd för alla läkarbesök. Hon skriver till sina bröder:

Jag har varit på sjukhuset med far. De har röntgenfotograferat mig genom hufvudet. Nu hade jag varbildning i käken, och i dag stack professorn först in ett par pinnar i näsan med bedöfningsmedel, och så fick jag gå ut i korridoren och sitta och vänta en lång stund. Sedan fick jag gå in till doktorn, och då tog han bort pinnarna och tog en ihålig syl och stack genom näsborrarna. Det gjorde så väldigt ondt. Man han gjorde ingenting åt örat. /.../ I morgon kl 12 får jag bågljus för fjerde gången. Då jag får ljusbehandling, brukar en liten katt komma och lägga sig midt på min mage. Han spinner, om ni vet hvad det är för något.

Farfar arbetar med sina manuskript, men läkarbesöken tar tid, tycker han. Den 31 december skriver han: "I dag har jag åter varit hos Barany med Tossan. Hon grät litet, men allt gick ju väl. Hon fick en stor marzipangris af far i belöning. I morgon skola vi åter förnya besöket. Mina förmiddagar stryka nästan helt och hållet med på dessa långa sjukhusbesök. Jag har dock skickat in manuskript till 'Röster i radio' men ej gjort ett dugg åt föredraget i öfrigt."

Farmor svarar från Ängelsberg den 1 januari 1934: "Det var ju en väldig jobspost, som kom i dag. Jag var ju så glad för att Tossans öra var nästan bra, och inte kunde jag väl drömma om, att det var mer krångel på annat håll. Och du själv, stackare, som så väl behövt ifrån några dagar åtminstone! Jag känner mig nästan som en brottsling, som befinner mig här och bara har det vilsamt och skönt. Men nu måste vi försöka styra till så, att du får semester senast i påsk. Och komma från ordentligt."

Den 4 januari rapporterar farfar att övning ger färdighet:

I dag följde jag bara med henne till sjukhuset, och sedan klarade hon sig själf, hvilket ju för mig var en stor tidsbesparing. För öfrigt går det ingen nöd på oss, och Tossan trifs bra med att vara hos far. Hvarje dag läser jag med henne någon timme, då hon ju kommit att blifva efter kamraterna.

Det gläder mig att ni trifvas så bra och tyckas må utmärkt.

Det är nog mycket förståndigt af dig att profva på litet skidåkning. Lämpligare motion kan man ju inte få enligt sakkunnigas utlåtanden. /.../ Mitt radioföredrag är väl nu till 3/4 klart, men något annat har jag ej åstadkommit. Skottsberg skref i går, att han strukit en del i min Mendel-biografi för att hålla samma "ton" som förut i verket. Dessutom har han förkortat den. Tja. Han finner mina insända kapitel "utmärkta". Han har åtagit sig att vara språkgranskare, men skrifver han: "Detta ger mig sannerligen inte mycket arbete, när det gäller dig". Han vill ha en plan öfver de skilda kapitlen samt uppgifter om deras ungefärliga omfång, hvilket allt jag kommer att vägra att lämna.

Den 7 januari konstaterar farfar:

Så värst mycket har jag trots goda föresatser ej hunnit med under jullofvet. /.../ Mitt radioföredrag afslutade jag kl 12 i natt. Jag fick sitta och förtydliga bokstäfverna, om det nu skall skrifvas rent. Om mitt opus är tillräckligt långt vet jag ännu ej. Jag har inte ids att profläsa smörjan. På "Växternas liv" har jag ej skrifvit en rad.

Magda skickade jag hem öfver trettondagen. Tanklöst nog lät jag henne inte vara hemma i dag också, utan hon kom åter vid tiotaget. Litet mat hade jag ju alltid kunnat ordna med själf. Hon har tvättat men har nog för öfrigt ganska sköna dagar. /.../

I går voro Tossan och jag inviterade till Klings. Snälla och trefliga människor och god mat: tigeröga, sparrisomelett och svamp, vidare renstek med legymer samt frukt. Ingeborg är en ovanligt behaglig förening af läkare och kvinna.

Hos H.S. Nyberg var stort kalas, 30 personer tänker jag. Smörgåsbordssköfling i ett rum och sittande bord i ett annat. Renstek och fruktsallat, borgskum. Vi sutto kvar under kaffet och det sjöngs en massa visor unisont. Jag bredvid fru Fägersten.

Doktor Valberg, Landberg, Boëthius, Granath och flera andra voro där med fruarna. Hett var det som i helvetet och

> rökigt som fy fan. Efteråt åts nötter, dracks glögg, pratades och Valberg och Fägersten slogo drillar. Först klockan två kom man hem. Fru professorskan såg rundare ut i kinderna och hade mycket bestyr i sitt kök, innan vi fingo hälsa på henne. /…/
>
> Nyårsaftonen ordnade jag årets brefskörd. Dessutom har jag inordnat alla mina forskarbref, som väl så småningom skola hamna på Carolina.

H.S. Nyberg, professor i semitiska språk, förekommer några gånger i farfars dagböcker. Bland annat 31 maj 1947, då de firade 40-årsjubileum som studenter. ”Tolf närvarande och af latinarna bl.a. af ego och H.S. Nyberg”, skriver han. De var klasskamrater från Västerås och han och farmor var bjudna på middag hos Nybergs även 1937 och 1939. Därefter tycks umgänget ha upphört. Åtminstone att döma av dagböckerna. Kanske berodde det på deras skilda syn på begreppet Kultur-Europa?

När H.S. Nyberg talade på en debatt på studentkåren i Uppsala 3 december 1935, sade han enligt referat i Upsala Nya Tidning:

> Den europeiska kulturen har, sade talaren, blivit en universalkultur därför att den i varje fall till en viss grad lyckats höja sig över den begränsning, som kom grekerna att såsom barbarer stämpla alla andra folk. Det är denna frihet och denna universalitet, som står på spel genom den ras- och blodsteologi, som lägges till grund för judeförföljelserna. Jag avböjer helt och hållet denna teologi. Judefrågan i Tyskland har säkerligen varit svårare än i andra länder, men den nuvarande regimens judepolitik står efter min mening som ett himmelsskriande exempel på huru man icke kan och icke får behandla dessa frågor, om man ej vill skada den europeiska kulturen i dess innersta nerv.

Farfar hänvisar ofta till begreppet Kultur-Europa i sina brev och dagböcker, till exempel 24 december 1942: ”Traditionellt julfirande med ångest i hjärtat för Kultur-Europas framtid.”

Om jag förstår farfar rätt, så är Kultur-Europa framförallt Tyskland, särskilt tysk vetenskap. För honom tycks inte Hitler och hans regim ha varit ett problem – snarare tvärtom. I artikeln om kvalitativ befolkningspolitik i Svensk Tidskrift 1942 skriver farfar:

> Alla yttre åtgärder, huru nödvändiga de än må vara, bli dock till slut utan större betydelse, om en extrem individualism bringar det därhän, att vi väl önska leva men icke orka fortleva. Det är trösterikt att se hur ett annat europeiskt folk, det tyska, för några år sedan lyckades höja sin nativitet till den nivå, som erfordras för att hålla numerären konstant; och detta skedde trots en mycket betungande upprustning. ”Ja, sådant kan ske i en diktaturstat”, menar någon, ”i ett folkstyrt land som vårt går det icke.” Men vi kunna vara övertygade om, att hurudana de politiska förhållandena än må vara, så födas minsann inga barn på befallning. Vore det icke för övrigt rent av groteskt, om vi, som hålla på friheten, skulle tro, att det vore demokratien, som hotar att driva oss i döden? Vad nu Tyskland beträffar kan man icke förneka, att förändringen berodde på moraliska omvärderingar, på viljan till pliktuppfyllelse och en nyvaknad tro på framtiden. Hos oss behövs upplysning om läget. Trots allt, som skrivits och talats, äro många fortfarande fantastiskt okunniga om vad som står på spel. Av oss krävs en ny inställning till livets bärande makter och lyckomöjligheter. Annars komma vi obevekligt att fortsätta vår hadesvandring mot förintelsen, ett hårt men välförtjänt öde.

Hårda, ödesmättade ord. Vilket inte hindrade att farfar höll föredrag på seminariet ”öfver samma ämne i samband med en soaré, varefter följde folklekar och dans”, enligt dagboken 1942.

Farfar kände stor aktning för H.S. Nyberg. H.S. var engagerad i Tisdagsklubben, en anti-nazistisk sammanslutning av intellektuella, ett slags förberedelse till svensk motståndsrörelse under kriget. Kanske tog inte han heller avstånd från farfar. Bland dem som skickat telegram till farfar 1947, då han tilldelats professors namn, finns H.S. Nyberg.

Aktas väl

I högen av brev ligger ett i kuvert. Det är ett sorgekuvert, med svart bård, ett sådant som man använder vid dödsfall. På framsidan av kuvertet har farmor skrivit: ”Det svåra krisartade brevet till Ossian 10.5.1937. Tyvärr stympat.” På baksidan står det: ”Aktas väl.”

Det känns nästan förbjudet att öppna och läsa det. Men å andra sidan förstår jag av farmors påskrift att detta är inget hon velat slänga eller hålla undan. Tvärtom ska det ”Aktas väl”.

Måndag d. 10/5 -37

Kära älskade vän!
Vi ha plötsligen kommit till en punkt i vårt liv, som med alla medel måste klaras, för att vi ska komma vidare. Jag *skriver* därför att reaktionen fortfarande är så stark, att stämman skulle kvävas av gråt, om jag försökte tala; och jag skriver nu genast, innan eftertankens kranka blekhet förlamat all handlingskraft. Och slentrianen tar vid. Men ett ihjältiget ont äter sig inåt.

Det hände någonting i går, något osynligt. Men någonting, som med ett tag kom all glädje vid sommarplanerna att frysa bort för mig. Och det var fortsättningen på sommaren. När du väl avverkat gummans resa, så hon blir nöjd och i all rimlighets namn inte kan klaga, sen ska det bli – ”lustresa” med Ellen! För Ellen har det svårt, hon är av med sitt hem och har en fruktansvärd arbetsbörda och är verkligen i behov av en uppmuntran. Och vem är väl närmre till det än du? Med dina hopslitna pengar, som du kan göra med absolut vad du vill. Men just nu är det inte synd om Ellen, hon börjar nu resa sig ur en årslång depression, känner sitt egenvärde, uppskattning strömma emot henne från alla håll, den uppskattning, som – om jag fattat rätt – förut inte kommit henne till del från det håll där hon hade behov av att få det, från hennes man – hennes senaste brev andas ett mod och en tillförsikt som aldrig förr. Men så berättade du något om Ellen, som ställde henne i strålkastarljus på ett föga trevligt sätt. Och det var det, att hon så gärna velat följa med oss till fjällen 1928. "Det hade jag nog fått för Sven." Och Ossian hade stått med hatten i hand och glädjestrålande ögon. Vad lilla Greta tyckte, var det ingen som frågade efter. Formellt hade lilla Greta naturligtvis blivit tillfrågad – i en ton, som förbjudit all opposition; för övrigt

Här är ett blad bortrivet och eftersom farmor skriver "Tyvärr stympat", så utgår jag ifrån att det är farfar som rivit bort och slängt det. Det måste ha gjort honom verkligt upprörd, för annars har han bevarat och ordnat alla deras brev för eftervärlden.

Brevet fortsätter:

från min sida gift dig med mig. (Jag hoppas, det inte var bara en medicinsk angelägenhet, förordad av doktor Bratt.)

Jag vill inte alls, att Ellen ska märka någon förändring. Det behövs inte. Jag vill bara påpeka, att det finns saker, som en hustru inte kan finna sig i. Om du företar en kryssning med Ellen och med Karin som förkläde, så kan du inte utan vidare förutsätta, att vårt hemliv ska blomma lugnt, lyckligt och vackert till båtnad för våra barn. I och med detsamma upphör mitt "raison d'ètre" som annat än hushållerska, korrekturläserska och läxhjälp åt barnen. När du nu ser, hur mycket det har rivit sönder för mig, får du inte gå förbi med en otålig axelryckning. Man trampar inte omkring med "Nagelschuhe"[*spikskor*] på blommande ängsmarker. Jag blev redan som fästmö konsternerad och frusen över denna halvmesyr: Ellen – mig. Det står nu i din hand att låta mitt liv bli mer än skratt på ytan. Om min vackra äng fortfarande får blomma.

Din Greta.

Det finns inget svarsbrev från farfar, vilket är naturligt eftersom hon skrev till honom hemifrån våningen i Uppsala. Men han reste aldrig med Ellen.

Min äldre farbror, som skrivit rent alla farfars ungdomsbrev, levererar fortlöpande utskrifter av farfars dagböcker. Ett tålmodigt arbete, eftersom handstilen här är ännu mera svårtydd än i breven.

Ellen förekommer ganska ofta 1937. Bland annat 30 mars:" En underbar soldag. Promenerade med Ellen, som är trött och utarbetad." 20 april: "På kvällen med Ellen på Dramaten." 8 maj: "På kvällen i Viggbyholm, som förevisades av Ellen."

Den 17:e juni reser farfar och farmor tillsammans till Frösåker, där Ellen upplåtit sin stuga för dem. "Vi ha det ljufligt. Studerar ändmoräner", skriver farfar i dagboken. Den 25:e är de fortfarande i Ellens stuga och farfar noterar: "Greta knip i tarmarna."

Farfar åker inte på kryssning med Ellen, däremot går han ofta på Dramaten eller Operan med henne. Att farmor blir ledsen tycks han inte koppla samman med det. 8 februari 1939 skriver han i dagboken: "Aida på Operan tillsammans med Ellen." 10 februari: "Greta ur gängorna, stackars lilla tös."

Till Amerika

Farfar firade sin femtioårsdag ensam med en kryssning till Amerika. När han rest sa farmor: ”Nu barn äter vi inte ost på hela sommaren!”

Min faster berättar att de skulle äta ost jämt. Det gjorde att det blev en tryckt stämning vid måltiderna.

Vid en tidigare kryssning 1936 till bland annat Spanien, Tunisien och Marocko, var farmor och min pappa och äldre farbror med.

Den här gången reser alltså farfar ensam, kanske för att han inte fick resa med Ellen. Vilket inte hindrar att han stämmer möte med henne och hennes dotter Inger i Stockholm, på väg till Göteborg.

Han rapporterar om detta till farmor i brev från Göteborg 17 juni 1938. Brevpapperet är stämplat M.S. Kungsholm Swedish American Line:

> Kära Greta!
> Ja, nu är jag här på den stora båten. Jag har gått och tänkt på den tid, då du och jag gjorde vår första fina kryssning tillsammans. /.../
>
> Med ett tåg som gick vid 10-tiden for jag till Stockholm. På Amerika-linjens kontor köpte jag Travellers checks, hvilket tog en rundlig tid. Jag telefonerade till Ellen för att höra om programmet och beordrades att möta henne kl 3 för aftåg till ett af Handelsbankens kontor, där Inger är anställd. /.../
>
> Gatorna, där kortegen skulle draga fram voro packade med folk längs trottoirerna. Sedan jag afhämtat Ellen vid Djursholmsbrunns station gingo vi till Ingers bank och fingo stå

> bakom en af de stora glasrutorna och se på ståten som om vi varit på en bio. Det tog en rundlig tid, innan spektaklet började, men kavalkaden var onekligen ståtlig. De trogna undersåtarna hurrade och viftade med flaggor. Majestätet såg krytt ut och hälsade huldrikt den församlade menigheten.
>
> Efter kungligheterna i öppna vagnar och med militär i operettuniformer före och efter följde en del bilar. I den sista satt vår Eidem* och såg dyster ut. – Sedan foro vi till Skansen, där jag bjöds på middag uppå Solliden: Smörgåsar, kyckling och glace med jordgubbar samt madeira. Det rojalistiska folket festade också, ty i Stockholm hade man slagit igen butikerna öfverallt och dagen skulle tydligen gå i gala. Skansen var mycket förändrad, sedan jag sist var där. /…/
>
> Då det regnat titt och tätt hela dagen, hade Ellen ej skaffat biljetter till friluftsteatern, utan vi gingo i stället alla tre på ”Riviera”, en bio och sågo en bra spelad men otrolig tysk film. Hon är verkligen söt, lilla Inger, välskapad och duktig. Ellen har i dag rest med sin kusin Harald till Tyskland, Schweiz och eventuellt Italien.

Kortegen farfar skriver om måste ha varit i samband med Gustav V:s 80-årsdag. Farfar tyckte nog att det var skönt att stå bakom glas. Han var ingen ”undersåte” som hurrade och viftade med flaggor.

Han fortsätter i samma brev:

> /…/ På nattåget hade jag en snarkande medpassagerare, som omöjliggjorde hvarje spår till sömn. /…/ Jag kände mig alltså en smula härken i dag, då jag klef af tåget. Smörgåsar och te piggade något upp mig. På Amerika-linjen debiterade man mig 3 dollar extra, som man hade räknat för litet. Dessutom var min biljett utskrifven på hytt no 239 B. Jag grymtade en smula, men det hjälpte ej. Jag kommer att bo ihop med tre andra. Hytten är stor med tre garderober, två tvättställ och ventil

* Ärkebiskop Erling Eidem.

På f.m. har jag anskaffat baddräkt samt gått mig trött på konstmuseum. Framåt 3-taget aftågade jag till det s.k. betongskjulet och embarkerade för att få litet ro. Jag orkade inte med sjöfartsmuseet. /…/ Jag hoppas, att ni mår bra och trifvas. Jag är trött men nu blir ju en tids skön hvila. Jag har abonnerat på en 14 dagars bussresa. Det blef tydligen bekvämast.

Tusen hälsningar
Din Ossian

I New York bor farfar på Hotel Victoria, 7th Avenue at 51st Street. Brevpapperets baksida upptas helt av en flygbild över skyskrapor med hotellet inringat.

New York 17 juli 1938

Kära min Greta!
Ni torde väl ha fått höra af mig litet då och då, men något bref har jag ej haft ro att skrifva, sedan jag lämnade båten. Då jag nu fått ett sådant fint brefpapper, måste jag dock skicka några rader. Ni måtte väl må bra och ha det skönt under vår sköna svenska sommar? Jag tänker så ofta på er och tittar på edra porträtt. Hur det nu är, börjar jag bli trött på skyskrapor – vi ha här mer än 2 000, som ha öfver 20 våningar –, resor i subways – jag har åkt flera svenska mil i stadens stora mullvadsgångar –, trött på att ständigt svettas och att se så mycket negrer och judar. De sista dagarna har jag ägnat åt museer – ni skulle ha sett dinosaurierna! – och botaniska institutioner. Någon beskrifning vill jag ej söka lämna nu, får berätta då vi träffas i stället. /…/

Går allt efter beräkning, reser jag på min 50-årsdag ut till Oyster Bay – trefligt namn – på Long Island för att bada i Atlanten och ha ferier. Jag kommer under tiden att hälsa på i ”Station for experimental Evolution” i Cold Spring Harbour. Boston struntar jag i, äfven om det hade varit roligt att få se det berömda universitetet. Jag är redan proppad med intryck af allt jag varit med om. Den 23 går båten – kl 01 (!). Ett par dagar komma vi att vara i Hardangerfjorden – det är ju en kryssning, fast 3:e-klasspassagerare äro inburade för sig –, och den 3 augusti är jag väl åter i Uppsala på kvällen. Min mage har varit bra, trots allt isvatten och oregelbundet lefnadssätt, och jag hoppas, att den fortsätter att så vara. Här börjar man alltid en måltid med frukt eller fruktsaft. Treflig vana. Maten är ej så dyr, men att bo kostar pengar. Jag betalar här 3 dollar per dygn, men så har man ju badrum. Hotellet håller sig med 5 detektiver, och de lär behöfvas.

Adieu allesammans! Jag hoppas att snart få återse er, mina kära, pigga och bruna.

Hälsningar från din
Ossian.

Några ytterligare Amerika-brev hittar jag inte. Jag frågar min faster om farfars formulering: ”Trött på att ständigt svettas och att se så mycket negrer och judar.”

”Han satt fast i sina värderingar. Negrer var icke-kulturbärande folk och judar knackade dörr och sålde dåliga kalsonger”, säger hon.

Hon berättar om när hon var med på ett gille på V-Dala nation. Hon kände igen andan hemifrån. Här var alla ”dugliga kulturbärare”.

Ist die Aggressivität ein Übel?

Farmor och farfar hade hembiträden i alla år. Men inte för att farmor ogillade hushållsarbete. Hon och hembiträdet hjälptes åt och de verkade trivas ihop. Hjälpen i hushållet gjorde också att farmor kunde översätta och skriva rent farfars arbeten på maskin.

Till slut lydde inte armen.

"Mor var på det klara med att det var en reaktion på den situation hon befann sig i", säger min yngre farbror.

Men till farfar skriver hon den 11 januari 1947 när hon ska börja gå i psykoterapi hos doktor Nordkvist i Stockholm:

> /.../ dit ska jag alltså lördagen den 18/1 kl. 3. Är mycket spänd på om han kan vrida mig på rätt köl, så att inte min relativt helbrägda arm dyker upp i ny förklädnad som exempelvis tarmkatarr eller ett lamt ben, eller vad nu sattyget kan ställa till med! Det tycks finnas snart sagt obegränsade möjligheter. Det är ohyggligt olustigt att klä av sin arma själ så naken, men det tycks vara det pris, man får betala för att bli frisk. Skrivkramp och sömnlöshet hade jag ju redan som flicka, så jag torde nog bli uppläxad. Hoppas kunna skona dig så mycket som möjligt. Att konflikterna fått den här förvridna fasonen och inte löst ut normala reaktioner, beror dock på mig och inte på dig. Sanningen framför allt! För övrigt är jag rätt och slätt – nyfiken!

Armen började säga ifrån redan 1938. Den 3 augusti kommer farfar hem efter sin Amerika-kryssning. Den 20:e skriver han i sin dagbok: "Greta for till Stockholm för att konsultera prof. Antoni om sin skrifkramp." Och 22 augusti: "Hemkom Greta med meddelande att hon rekommenderats 6 veckors bortovaro, får inte hålla en tidning med händerna."

Hon åker då till sina föräldrar i Råsunda, där hon stannar cirka en månad och farfar skriver till henne:

> Kära min Greta!
> Tack för ditt bref skrifvet af sekreteraren. Jag hoppas, att du känner dig bättre och bättre, då du nu kan ta itu med det onda på skarpen.
>
> Här går allt sin gilla gång. Den första skolveckan har dock synts mig vara ganska ansträngande, och hvar tredje natt sofver jag uselt. Flickan är fortfärdig och snäll, men måste ju informeras och dirigeras. Jag gör alla uppköp, som ej försiggå i mjölkmagasinet och hos Joel Åhlin. Då jag är ledig på lördagarna klarar jag också torget, och från seminariet bär jag hem potatis och grönsaker. Vår matsedel har hittills varit rätt omväxlande med däggdjursmuskulatur två gånger i veckan. /.../
>
> I går gick den sedvanliga kräftfesten af stapeln. Mycket lyckad. /.../ Jag bjöd dr Londin armen. I kollegierummet serverades sedan kaffe, tårta och frukt. Jag kåserade under 1,5 timme öfver Amerika-resan, och förefölIo de att vara mycket nöjda. Rektor tog sedan till ordet och talade länge för undertecknad, hvarvid han bredde på ganska tjockt. Jag fick sedan mottaga en kruka med en stor lilja med sex utslagna jätteblommor och sex knoppar. Alla hälsade de till dig. /.../
>
> Här stundar till val. Jag får väl sända dig ett äkta-maka-kuvert så småningom. Hvar tredje dag får jag trycksaker från sossarna, och de genera sig sannerligen inte för att framhålla sina förtjänster (och andras som sina egna).

Den 9 september 1938 skriver farfar till deras bröllopsdag. I övre vänstra hörnet har han klistrat en fyrklöver. Den är förvånansvärt välbevarad efter alla år.

Kära min Greta!
I morgon ha vi ju årsdagen för en för oss båda mycket betydelsefull händelse, och jag vill därför sända dig en hjärtlig hälsning liksom en liten ”blomma”, som sitter härofvan. Måtte du nu genom arbetslöshet få dina främre extremiteter i ordning och fullt återställd komma hem från din extrasemester. /…/

Rektorns [*Gideon Danell*] fest var ganska magnifik. Ett stort hästskobord dukadt i kollegierummet. Ärkebiskopen förde fru Danell till bordet och Viotti och jag flankerade dem med våra damer. Undertecknad hade fru Granér. Sexio personer voro inbjudna. Program: Märkvärdiga smörgåsar + fisk i gelé, tjäder med sallad och sallat, haricots verts med svamp (hufvudsakligen en Calvatia gigantica (+) på 5 kg och öfver en meters omkrets, donerad af Santesson) och mandeltårta med frukt. Bourgogne och Capvin. Kaffet serverades i bostaden. Docenten Linton sjöng, fil.lic. Forsberg spelade, hans fru drillade och den nye öfningsskolläraren Stjerne deklamerade en dikt af Asplund. (Han är ungkarl, student här i Uppsala, åker bil och äter på Gillet och förefaller att vara en treflig karl.) /…/ Mörkläggningen förlöpte normalt. Alla fönster voro svarta, gatlyktorna släckta, och bilarna förde starkt afbländade lanternor. /…/ Familjen i öfrigt höll till i hallen och sängkammaren, som vi gjort ljustäta med sängöfverkast och tidningar. I dag under morgonlektionerna försiggick ett ganska illusoriskt anfall af tre plan med bombkrevader alldeles i närheten af seminariet. /…/

Din ”17-årige”
Ossian.

Den 15:e skriver farfar att han väntar på att sekreteraren ska skriva ner några rader, så han får reda på farmors ”status presens”.

Han berättar också att han varit på bio och sett Max Halbes film ”Jugend”.

Jag såg den en gång på teatern i Zürich, och den gjorde ett oerhördt starkt intryck på mig då. Den är inte försämrad på filmen heller, äfven om handlingen på slutet blifvit en smula förändrad. En sällsynt sevärd film, och jag skall gärna se den tillsammans med dig, då man ger en repris någon gång. Fröken Söderbaum, en svenska, spelar en intagande ung flicka, hufvudrollen.

Den intagande fröken Söderbaum hette Kristina i förnamn och var under Tredje riket en av filmbolaget Ufas starkast lysande stjärnor.

Farfar skriver sedan ytterligare ett brev samma dag:

Kära Greta!
Detta blir mitt andra bref till dig i dag med anledning af din telefonpåringning. Högst underligt, lilla Greta. För någon tid sedan fick jag också en telefonpåringning från Gerty, där hon en smula dunkelt talade om, att jag borde vara snällare mot dig eller hur orden nu föllo det kan jag inte så noga nu erinra mig. Hvad mena ni egentligen, och hvad är det nu för en diskussion, som behandlar mig i ditt föräldrahem och nu, som du antydde, hos Gunhild?

Jag är förvånad, ledsen och upprörd, och någon sömn blir det väl knappast för mig i natt.

Jag såg, att du var ledsen, då jag tackade ja till Ingegerds inbjudan att komma till kräftkalaset på Frösåker och få träffa Ebba och Ellen, innan de reste. Jag sade ju också återbud och erkände, att jag handlat dumt, som lät öfverrumpla mig. Du skulle ju resa om ett par dagar, och det hade ju inte varit snällt af mig att då fara ifrån dig. Men att du kan låta denna historia få sådana proportioner är ju ändå en smula orimligt. Jag tycker verkligen, att du bör söka förstå det.

Visserligen är du deprimerad af din envisa åkomma och alltså onormalt känslig, men ändå –. Hvarför göra ett berg af en sten? Jag tycker, att du är orättvis, ja förlåt ordet lilla Greta.

Vi ha i eftermiddag alla varit hos Agduhrs, där vi ätit en god middag, pratat vid kaffet och sett på projektion af färgfotografier, som Alf tog på Lindö i somras (mest söta flickor). En synnerligen treflig samvaro, fast jag hela tiden kände mig plågad af ditt telefonmeddelande. /.../

Var inte alltför ledsen min lilla tös!

Jag kysser dig i tankarna.
Din Ossian.

En och en halv månad senare, november 1938, inleder han sin dagbok: ”Resa till Stockholm och träffade Ellen.”

Hur ska man kunna förstå? Det frågade sig farmor ofta när det gällde farfar.

När min faster kom hem från skolan gick hon alltid direkt ut i köket till farmor. Hon slängde skolväskan på golvet och de började prata.

”Som vi grubblade över far. Vi pratade och pratade, i köket, på vinden, i källaren.”

Farmor fördömde aldrig farfar. Hon försökte förstå honom på ett vetenskapligt sätt.

Men det lyckas inget vidare. Armen fortsätter strejka och den 6 juli 1940 är hon återigen hos sina föräldrar i Råsunda och skriver till farfar att hon bara kan besvara hans brev med ett kort, för hon har redan skrivit ett brev i dag och armen tillåter inte mer.

Hon har också ”... telefonerat med Tora Sandström, som jag får träffa om måndag. Hon lovade mig sin bok *Ist die Agressivität ein Übel?* Ska bli riktigt intressant.”

Tora Sandström var väninna till farmor och ett stort namn inom psykoanalysen. Hennes bok, som alltså ställer frågan: Är aggressiviteten något ont?, kom 1939.

Jag vet inte hur farmor skulle besvarat frågan. Men jag tror aldrig att hon levde ut sina aggressioner. När hon skulle komma med te på sängen till farfar, sa hon att hon alltid måste tänka ut i förväg vad hon skulle säga för att han inte skulle bli arg. Hon parerade.

Min pappa fick samma symtom som farmor. Även hans arm låste sig i kramp.

Befolkningsfrågan

Farfar skriver i september 1938 att han "börjat studera Befolkningskommissionens många och tjocka betänkanden, men hinner tyvärr inte så värst mycket, särskildt som sömnen inte alltid är så prima."

Jag förstår att han tyckte att kommissionen hade många betänkanden. Den tillsattes 1935, sedan det visat sig att Sveriges födelsetal 1933 och 1934 var de lägsta i världen, och presterade sexton betänkanden fram till 1938.

Det gällde inte bara kvantitet utan även kvalitet. I sitt slutbetänkande skrev kommissionen: "Inför perspektivet av en stagnerande och sammankrympande svensk befolkning framträder det som om möjligt ännu viktigare än tidigare, att de i numeriskt avseende reducerade generationerna utvecklas till största möjliga fysiska och psykiska hälsa med åtföljande möjligheter att uppbära landets framtida produktiva liv."

Man ville främja den äktenskapliga fruktsamheten "inom alla i arvsbiologiskt avseende värdefulla delar av befolkningen". Förebyggande födelsekontroll skulle tillgripas bland grupper som "i arvshygieniskt avseende kunna betecknas som undermåliga, samt att man ifråga om svårare defekta individer bör kunna gå ännu längre och genom sterilisering tillintetgöra dessas fortplantningsförmåga".

Makarna Alva och Gunnar Myrdal var de ledande debattörerna. I sin bok *Kris i befolkningsfrågan* som kom 1934, förespråkade de sociala och ekonomiska reformer, men också "givetvis den radikala utsovring av höggradigt livsodugliga individider, som kan åstadkommas genom sterilisering". Det låter ungefär som farfars ord.

Norrlands nations stora sal var "fylld till bristningsgränsen" skriver Upsala Nya Tidning, när makarna Myrdal kom dit sista februari 1935 för att debattera sin bok. Gunnar Myrdal sa bland annat: "Det gäller i sista hand icke hur folket ska leva, utan *om* det skall leva."

Farfar var också flitigt ute och debatterade befolkningsfrågan. I dagboken har han klistrat in ett klipp från en debatt, även denna på Norrlands nation, dock inte lika välbesökt som när makarna Myrdal var där. Ämnet var "Befolkningsfrågan – vår livsfråga" och debatten anordnades av Heimdal, en konservativ studentförening i Uppsala.

Upsala Nya Tidning refererade den 19 april 1941:

> Docent Ossian Dahlgren underströk, att vissa människors och t.o.m. mycket inflytelserika och bildade människors okunnighet i befolkningsfrågan är oerhörd och ohygglig. Till kultur räknas vetenskap och konst men inte barnafödande. Det kräves en ny livsinställelse, en sund biologisk livssyn. Och naturligtvis måste en omläggning av beskattningen ske. Att premiera barnafödande är nog inte vägen – skall tattare, zigenare etc. premieras också? Nej, minskade skattebördor för föräldrar, skatten bör vila på de barnlösa och ogifta. Ingen bör premieras för sterilitet!

Invandring var ingen lösning på problemet, ansåg farfar. Tvärtom skulle det leda till undergång:

> Att i likhet med Handelstidningens underlige redaktör tro att en invandring skulle kunna skydda oss mot strådöden, det är detsamma som att kasta yxan i sjön och resignerat acceptera den slutliga undergången. Varifrån skulle vi för övrigt få sådana massor – flera tiotusental per år – av *önskvärda* unga invandrare, som skulle behövas? Vill man kanske hämta dem från Polen eller Ryssland, eller kanske vi skulle importera

kineser? Vår i grunden största dyrbarhet, vårt egnaste, vår arvsmassa skulle alltså i stort sett icke vara värdefullare än att den utan större bekymmer kunde ges till spillo. Det är dock ytterst denna, som verkat i det förflutna, som skapat vår nutid och varigenom vi skulle kunna trygga vår framtid som en nordisk, en svensk folkstam.

Farfar och Sigrid Gillner

"Jag hoppas det blir krig igen, så ni får springa och tigga chokladbitar från järnvägsvagnarna."

Vikarien "Sprit" i småskolan i Bjuv var högröd, närmast lila i ansiktet, och vi hukade förskräckta under hans pekpinne och hotelser.

Findus hade en egen järnväg, men de grön-vita vagnarna var lastade med ärtor. Jag förstod inte det där med chokladen. Att han hoppades "vi skulle brinna i helvetet", förstod jag bättre.

Frånsett "Sprit" rådde framtidsoptimism i Bjuv – och kanske i hela Sverige? Det var tidigt sextiotal och det gällde att slå Felix och om jag hade varit lång och blond hade jag kanske kunnat bli Miss Ärta. 1961 började Findus kora denna skönhet i samband med företagets stora folkfest. "Alla blondiner mottas med tacksamhet – från Anita Ekberg till misser i Bjuv", hälsade man från Findus fabriker i Italien enligt personaltidningen Inblick.

När jag tänker på min uppväxttid är det ett motto från en tidningsägare jag arbetat för, som rinner upp. Hans slogan var "Full fart framåt i positiv anda – utan kostnader". Det var inte utan kostnader att slå Felix, men i övrigt tycker jag att det fångar stämningen väl.

Andra världskriget var mycket långt borta, trots att det bara var drygt femton år sedan det slutat. Jag läste *Anne Franks dagbok* och grät kudden våt. Men de som hade mördat judarna kunde inte ha varit riktiga människor. De var en annan sort och något sådant skulle aldrig kunnat hända här

Och rasteorierna. Om någon då talat om att vi haft ett rasbiologiskt institut i Sverige och att farfar föreläste där, skulle jag inte trott honom. Min farfar var en stor humanist, fil doktor och jubeldoktor och satt med i Vetenskapssocieteten i Uppsala.

Vi hade inte tid att se bakåt. Vi hade fullt upp med nuet och framtiden. Kriget var hemskt, men det var slut och vi hade både TV-apparater och frysboxar och barnmat på burk.

Kriget hade ingenting med oss moderna människor att göra.

Full fart framåt – kanske var det därför jag heller ingenting förstod när jag var hemma hos Sigrid Gillner. Hon var farfars väninna från studieåren i Uppsala och ville gärna ha kontakt med vår familj, eftersom vi var en länk till farfar. Själv kände jag det som om hon tillhörde släkten. Hon hade varit riksdagskvinna för socialdemokraterna en gång i tiden och nu var hon författarinna. Hon bodde i ett litet rött hus i Viken, inte långt från Bjuv, i den gamla delen av byn med de vindlande små gatorna.

Jag ville bli precis som Sigrid Gillner. Sitta i ett litet hus vid Sundet och höra mistluren och ha rosa stockrosor i en halvt igenvuxen trädgård. Gå omkring i vackra klänningar och stora sjalar och broscher och beställa maten från hotell. Vara författare. Ha påbörjade tekoppar stående här och var på sidendukar med fransar och bord och golv belamrade med böcker.

”Skriv”, sa hon. ”Har du inget papper, så skriv på en påse!”

Här ville jag vara. Detta var kultur. Så annorlunda mot den grova mentaliteten i leverstuvningen på Findus. Där rörde jag i de stora karen med en åra på sommarloven och där arbetade inte Miss Ärta, utan bastanta medelålders kvinnor med stora bröst och hårnät, som aldrig missade ett tillfälle att kommentera de unga pojkarnas kroppar.

Det enda som var konstigt hos Sigrid Gillner var att hennes man bodde i annexet. Och att de hade varsin ost och varsitt kylskåp och skrev lappar till varandra.

I ett av farfars fotoalbum är Sigrid Gillner med på flera av bilderna. Det är några porträtt, men framförallt bilder från olika exkursioner. Jag känner igen de stora broscherna.

Jag tänker på farfars uttryck om Ellen och hennes syster Ebba, att de "ej äro klippta i häck". Det var inte farmor och det var inte Sigrid Gillner heller. Därför störde det förmodligen inte farfar att hon var socialdemokrat, högerman som han var hela sitt liv.

Den 5 april 1921, under förlovningen, skriver farfar till farmor:

> /.../ det är meningen att Sigrid skall bli riksdagsmannakandidat. Man har yrkat på att hon skulle gå med i demonstrationståget, hvilket hon dock ej gjorde. Detta kommer nog att ligga henne i fatet. Hon har förut ofta klagat öfver "flosklerna och den personliga ofriheten" inom sitt parti, och säger sig gärna falla igenom om man skulle rata henne på grund af hennes uteblifvande. Sigrid är en varmhjärtad, kunnig och handlingskraftig kvinna, och jag skulle gärna se henne i riksdagen, där hon säkert skulle kunna göra en bättre insats än många andra. Hennes självständighet och vidsynthet finner man inte så ofta bland "partivännerna".

Fem månader efter bröllopet, den 25 februari 1922, skriver han till Sigrid Gillner: "Ofta tänker jag på Dig, Sigrid. Du är mig en mycket kär vän. Jag håller af och beundrar Dig. Det skulle vara roligt att få träffa Dig ibland. Det vore plågsamt att tänka att vi så småningom skulle glida allt längre ifrån hvarandra och bli främmande för hvarandra. Jag har Dig att tacka för så mycket."

De träffades inte ofta, men de gled aldrig isär. De brevväxlade hela livet, ända tills Sigrid Gillner dog 1975, ett år före farfar.

I farfars brevsamling på Carolina finns ett tjockt kuvert med brev från Sigrid Gillner. Här ligger alla hennes brev och brevkort till farfar. På ett försättsblad står det att breven inte får offentliggöras förrän efter hennes mans död. Men han är också borta och jag beställer kopior på allihop.

Av någon anledning börjar jag plocka i breven bakifrån. I det sista brevet skriver hon att hennes man slänger hennes artiklar i soptunnan och hans judiska vänner applåderar.

Vad var det för artiklar?

Den 12 september 1974, alltså året innan hon dör, skriver hon om hur hon kvävt sina känslor för farfar. Om hur farfar var hängivet fäst vid någon som han nämnde vid förnamn Ellen och att han varit mycket upprörd över utsikten att förlora henne.

Sigrid Gillner berättar också i sina brev hur hon överger socialdemokratin. Att Per Albin klappat henne på axeln och sagt att hon var nästan brottsligt godtrogen. 1935 lämnar hon riksdagen och under kriget sitter hon i sitt hus i Viken och all hennes post öppnas och läses. Runt henne applåderas tyskarnas motgångar.

Hon och hennes man hade inte bara varsitt kylskåp. Hon skriver till farfar att de också hade varsin radio. Och sedan skaffade hon dem varsin postlåda, så han slapp ta i Östergötlands Dagblad–Norrköpings Tidningar, där hon skrev sina lördagskrönikor. Han umgås med sina ”bolsjevikiska” vänner och till slut har de också varsin TV.

Den 19 juli 1964 skriver hon till farfar att hon fortfarande håller på Tyskland och på rasvård. Hon kan inte förstå sin efterträdare, ordföranden i socialdemokratiska kvinnoförbundet, Lisa Mattsson, som förordar adoption av ”negerbarn”.

1964 – då var jag tolv år och beundrade Sigrid Gillner som mest. Jag fick ett guldhjärta av henne. Hon sa att jag var ”ett sådant gott skott på det dahlgrenska trädet”.

Den 24 februari 1945 skriver farfar till henne:

> Det vansinniga kriget plågar mig allt mer. Mina barn och också Greta ha inte riktigt sinne för det fasansfulla som sker med vårt Europa utan unna tyskarna allt ondt. /.../ Nog förstår jag, att folk kunna ha anledning att vara ilskna på tyskarna, men det bör väl vara någon måtta på känslorna; och äfven förståndet kan det ju inte skada att begagna sig af.

Jag känner en stor tomhet. Hur kunde både farfar och Sigrid Gillner, som jag bägge beundrade, tänka och tycka så?

Det är möjligt att det var ”naturligt” för farfar att vara rasbiolog under tjugo- och trettiotalen, det var han ju som naturforskare inte ensam om, men i februari 1945 var kriget nästan slut och nazisternas massmord på judar, zigenare, kommunister, homosexuella och handikappade var ju kända.

Min yngre farbror säger att farfar satt fast i sina värderingar att tyskarna var herrefolket. Därifrån kom vetenskapen.

Farfar sa att om Hitler dött 1938, hade han varit en hyllad statsman. Han fick igång Tyskland.

1938 utsåg också den amerikanska tidskriften Time Adolf Hitler till "Årets man".

I Riksföreningen Sverige–Tysklands medlemsmatrikel hittar jag inte farfar, däremot står Sigrid Gillner upptagen som ständig medlem.

Hon förekommer ofta som skribent i föreningens tidskrift och skriver 1940 under rubriken "Brottet mot framtiden":

> En sak kommer aldrig att kunna förlåtas den internationella socialdemokratin med dess avläggare i vårt land och andra länder. Det är det brott mot framtiden, mot Europas folk och mänskligheten, som den begick åren närmast efter Hitlers revolution i Tyskland i januari 1933. Under hela detta år följde i detta vårt södra grannland slag i slag konfirmeringen i lag och förvaltning av den storartade omdaning av folkets tänkesätt och livsföring, som nazismen under ett tiotal år förberett genom propaganda och levande personligt föredöme.
>
> Av hela denna storartade omvandling av ett folk och en stat, en omvandling, som historien en gång skall betrakta som mirakulös i sin äkta och djupa art av moralisk folkväckelse, gav den socialdemokratiska propagandan endast och allenast sådana detaljer åt de stora massorna, som kunde hos dem väcka fruktan och hat mot nazismen, avsky och misstro mot allt som kom från dess store ledare.

Jag förstår att hon och hennes man, som fortsatte inom socialdemokratin, hade varsin ost.

Farfar och kriget

Farfar avslutar sin dagbok för september 1938 med följande ord: ”Händelserna i Europa har varit pressande. Kriget har stått för dörren. De tyska delarna af Böhmen få dock nu öfvergå till Hitler. Man andas ut och gläder sig åt utgången. Bismarcks enhetsverk fullkomnas. De besegrades seger fullkomnas. Rätt är rätt.”

Farfars dagböcker från kriget skiljer sig från den historieskrivning jag fick i skolan. Här håller Churchill ett ”löjligt tal” den 26 juni 1941. Och när tyskarna tågar in i Paris 14 juni 1940, skriver han: ”Hvilken triumf efter Versailles-fredens smälek! Den födde detta krig, som Frankrike torde bittert ångra att det började.”

På toaletten hade han en nidbild av Churchill uppklistrad.

Jag återger några notiser ur hans dagböcker från krigsåren:

1939:
30 januari: Hörde Hitler tala under 2 1/2 timme. Störningar från Ryssland.

20 april: Hitler 50 år. Europa är ett militärläger. Om Danzig och korridoren vore klarade och som sig bör tillhörde Tyskland, skulle nog världen bli trefligare.

23 augusti: Krigsmolnen hopa sig vid horisonten. Dagarna gå under stark spänning och oro. Skall Polen gifva vika för Hitlers i grunden ganska rimliga kraf?

1 september: Det förfärliga har inträffat. På morgonen i skolan fingo vi meddelande om att kriget mellan Polen och Tyskland är i gång. Warschava har bombarderats. Nu tänds väl en världsbrand?

3 september: England och Frankrike gå mot Tyskland. 25-årsminnet af det förra världskriget firas med ett nytt. Skall Hitler, som ju trots allt kan sägas ha vunnit det förra kriget, nu riskera att allt störtar samman? Jag är skakad i mitt inre.

1940:
Januari: En ståtlig seger vid Suomoss för finnarna. Hur skall detta år sluta för Finland, för oss, för Europa? Jag har skänkt ytterligare 1 000 kr till Finland.

Min mage och mitt hjärta ej bra.

21 april: Alarmerande meddelanden om tyska flygplan öfver Sverige. Hvad står på?

22 april: Satte fart på arbetet med det nya skyddsrummet och förbyggandet af vissa källarfönster.

10 maj: Det förfärliga har inträffat. Tyskarna bryta in i Holland, Belgien och Luxemburg. Aerodromerna besättas av trupper från luften. Hundratals plan nedskjutas. Ett desperat försök af en fånge att bryta sig ut. Tysklands undergång? Mitt hjärta blöder och mitt sinne är betryckt.

Två månader senare åker farfar till sin bror Richard och hans fru Elsa på deras lantställe vid Mälaren för att vila upp sig. Farmor är hos sina föräldrar i Råsunda.

"Hålltego", Kvicksund 3.7.1940

Kära Greta!
Hoffentlich är ofvanstående datum riktigt. Det är svårt att hålla reda på dagarna här, då man lefver i Arkadien och upplefver svenska högsommardagar vid Mälaren. /.../
Richard hade under de första dagarna af min vistelse här 37°

på morgnarna men 38° på kvällarna. Han vägrade dock att hålla sig i säng. Efter en kraftig laxering i förrgår har han dock fått normaltemperaturen åter; och i dag har han och Elsa begifvit sig in till staden för en del uträttningar.

Elsa har ökat i volym. Hon är vänlig och välvillig som alltid och med sin mjuka röst lockar hon oss till saftkalas på fm och en lätt lättgrogg på em. Richard och jag arbeta väldeliga. Vi flytta vattenspridaren en gång i timmen, segla när vädret är lämpligt, sola oss, leka med hunden, lukta på linnéan som nu blommar för fullt och tala om hvad som faller oss in. Inte ens dagsnyheterna passa vi så noga, och morgontidningen kommer först på kvällen. Vi ha det skönt helt enkelt; och kriget har på något sätt blifvit så aflägset, trots man väntar på världshistoriska afgöranden. /.../

Lilla Gerd är en rar tös, som nu sitter här bredvid mig och sjunger för mig om "En strålande vårdag i Wien". Ute mulnar det mer och mer, men regnet låter vänta på sig. /.../ Vistelsen här gör mig tydligen godt. Hjärtat blef efter två dagar bättre. Jag njuter af att ligga i min lilla stuga och se Mälaren glittra mellan ekbladen, att dricka den sköna luften och i stället för bilrassel höra gökrop och annan fåglalåt. Här är så vackert. /.../

Stenpartiet blommar för fullt, en verklig rocky-garden. Svärmarfjärilarna komma i skymningen och machaonfjärilen, då solen gassar. En och annan bålgeting brummar ilsket, och guldbaggarna blänka i Rosa rugosa's röda brudgemak. Jag trifs. I morgse kände jag en svag doft af Cossus cossus-larven och se: tio steg ifrån mig satt en svart och hvit flugsnappare och slängde med den feta trädförstöraren i näbbet. Den var för stor att sluka och svår att stycka. /.../

Må så godt min lilla Greta!

Din Ossian.

Farfar skriver igen efter en vecka och berättar vidare om deras hälsotillstånd:

Hvarje morgon uppvaktas jag med en tebricka på sängen. Richard åker i väg tidigt på morgonen för att hinna in till Eskilstuna. Hans bil får nu hvila sig. Richard är nog inte alldeles bra. Han är trött. I går bestod han sig med 37,4° på kvällen; men då hade Elsa och han ganska energiskt planterat Lysemachia numularia och rensat bort ogräs på kvällen. Han skall besöka en läkare i dag. Två af de stora pressarna stoppade i går. Han misstänker sabotage. /…/ Efter saftdrickningen i dag ha småflickorna dansat för mig och sjungit igenom hela repertoiren af sånglekar. Den omedvetna charmen hos barn är alltid tilltalande. /…/ Nu kom Richard hem. Doktorn säger, att han har en "osnygg bronchit". Han slipper att ligga men bör sköta sig. "Kvällsnyheterna afskaffas", säger Richard, "och frukost äta vi kl 9."

Jag hittar inget svarsbrev från farmor, utan nästa brev, på tio sidor från den 16 juli, är också det från farfar. Jag tänker på hans badortsvistelse i Båstad och Mölle, det verkar lika behagligt här.

"Som en kryssning fast under landtliga och lugna förhållanden", skriver han.

/…/ Jag vankar omkring litet i omgifningarna och plockar smultron på dikesrenarna, konverserar de näpna flickebarnen Gerd och Sigrid, besegrar bror Richard i det ädla krocketspelet, gungar i Owes kanot (hjälper honom i gengäld med växtpressning) bland skägg- och örondoppingar, badar, solar mig och slöar för resten. Dagarna gå sig temligen lika. Dagsnyheterna passas dåligt; och kriget är på något sätt mindre betydelsefullt trots all sin ödesdigra ohygglighet, då man lefver här i afskildhet midt i den svenska högsommarens ljuflighet. Richards ställe är ett litet paradis med blommor, fågelkvitter och insektssurr.

Jag har säkert restaurerat mig ganska bra. Ingen dag har dock varit fri från hjärtkänningar, fast de ej varit så påträngande, åtminstone i allmänhet. Mina gastriska organ fungera till belåtenhet. /…/

Richard har börjat sitt arbete igen, men tager nästa vecka

ut sin semester. Felet på pressarna berodde som väl var ej på sabotage. Då leveranserna af stålhjälmar ha försenats, har han haft besök af en militärkommission, som fått de öfveransträngda pressarna demonstrerade och undfägnades med en finfin lunch. Man var belåten, men öfverstelöjtnanten sade: "Vi har tyvärr också öfverordnade."

Richard behöfver verkligen bli helledig en tid. Han har lagt bort att röka sedan en månad, och det ökar hans aptit. Hans tandkött tyckte tandläkaren såg dåligt ut. Efter jul började Richard äta rårifven morot på smörgåsar, och då han efter tre månader åter besökte sin tandläkare, frågade denna genast hvad i all världen han hade gjort som så förbättrat munaspekten. Förklaringen säkerligen: Carotin = modersubstans för A-vitamin, och detta är ju betydelsefullt för just slemhinnorna. (Carotin finnes i allt, som är grönt i växtvärlden.)

Så gör farfar ett par timmars paus och vandrar i solgasset på krokiga vägar till och förbi Stora Munkhammar "skrudad i en skjorta med uppkaflade ärmar och ett par ljusa sommarbyxor".

/…/ Efter hemkomsten badade jag med småflickorna. Elsa är i staden för att ordna med uppköp och annat. Vi äro ju ett stort hushåll och bli snart ett ännu större. Hon har en duktig flicka i köket, typ à la Zorn-kulla och en fröken Lunddal, som är en behaglig företeelse på 25 år, lång, rank och nordisk, intelligent och taktfull. /…/

I eftermiddag skall jag hjälpa fröken med att sprita ärter, ty här konserveras massor med grönsaker.

Farfar skriver också att han ska meddela Ellen att han reser ned till bröllopet den 20. "Jag har visserligen varit borta länge nog, men det tar ju bara en dag."

Farmor svarar den 18 juli. Hon kommenterar inte att farfar tänker åka till Ellen. Det kanske inte är någon idé. Hon är hemma i Uppsala igen och skriver på maskin, förmodligen för att armen strejkar. Farfar fyller år dagen därpå och hon skriver: "Det är alltså födelsedag imorgon och det blir till att önska allt möjligt gott för det nya året, god hälsa och förhållandevis friska krafter samt en så vitt möjligt ej för pessimistisk syn på tillvaron."

Hon berättar att "Hela våningen är renfejad, varje bok dammsugen, alla golv och alla fönster blänker."

Farmor har också ordnat sin klocka.

> Jag hade lämnat in min klocka till lagning hos Söderlunds, men när jag skulle hämta den var det ingenting gjort, det var nämligen inte lönt, så dålig var den. Men de voro ju villiga att ta den i avräkning om jag ville ta en ny. Och något måste ju göras, om jag inte skulle bli sittande i stan med lilleman till dess du komme hem igen. Resultatet blev efter deras råd ett rostfritt ur av pojkformat för 38 kr. Men det tillhörande läderarmbandet var för klunsedunsigt på min lilla arm helst som ju klockan inte var "damig". Alltså förskingrade jag ytterligare sex riksdaler på ett armband i rostfritt. Det hela ser verkligen solitt och prydligt ut och merkostnaden blev 32 kr., vilket visst fick anses vara en god affär. Det är ett bra ur. Fick jag göra så här? Livet har blivit betydligt förenklat, betydligt mer än jag trodde. /.../
>
> Välkommen hem snart!

Det låter som om farmor befarar att farfar ska ha invändningar mot klockköpet. Det fanns det nog fog för. En tid hade min pappa inte några andra skor än pjäxor och sandaler. Det var onödigt, ansåg farfar. Och farmor klarade inte att stå emot. Däremot fick han både kemiskt laboratorium och hyvelbänk. Farfar hade alltid lättare för stora utgifter än för små. Kryssning till Medelhavet betalades utan knot, men samtidigt användes telefonkatalogen som toalettpapper hemma.

Farfar lämnar Arkadien och återvänder till Uppsala. Kriget plågar honom. Jag fortsätter citera ur hans dagböcker från krigsåren:

1941 års dagbok inleder han med orden:

Ett nytt år – och en dyster framtid för Europa. Roosevelt fortfarande rabiat. Personligen undrar jag, hur mitt hjärta skall stå bi. Jag vill inte redan nu vara förbrukad men det ser dystert ut. Jag hoppas att de mina ej skola märka för mycket.

14 augusti: Churchill och den skenhelige Roosevelt ha träffats på Atlanten och beslutat, att Tyskland skall krossas och afväpnas.

1942:
27 februari: Det går dåligt för tyskarna i öster. Den fruktansvärda vintern knäcker dem.

Under april har han klistrat in flera frimärken i olika valörer med Hitler-porträtt.

Den 20 mars 1943 får han meddelande att "det oersättliga botaniska museet i Berlin-Dahlem förstörts vid senaste bombraiden. Jag minns mina besök där. Detta vanvettiga krig!"

Under oktober har han klistrat in ett tidningsklipp om ett häftigt bombanfall mot verkstads- och industriområdet i Hagen i sydöstra Ruhr, där farmor bodde när de förlovade sig.

1944:
16 april: Under den gångna veckan ha öfver 28 tusen plan släppt öfver 20 tusen ton bomber öfver Tyskland. Ett ohyggligt vanvett.

I juli konstaterar han: "Det stundar ett Ragnarök för Tyskland" och den 11 september: "Churchill och Roosevelt läsa böner och koka ihop ett postkrigiskt djävulskap för Europa."

I mars 1945 har han klistrat in ett tidningsklipp, som berättar att: "Tiotusentals invånare i Dresden ha efter de tre fruktansvärda bombardemangen den 14 och 15 februari bisatts i gravar utan att man kunnat identifiera dem. /.../ Flera tiotusen dödades omedelbart under ruinerna. Andra tusental dogo av syrebrist på de brinnande gatorna."

1945:
25 mars: Uruselt hjärta. Styrkorna vältra sig in öfver Centraleuropa. Svenskarna äro i allmänhet hatiskt inställda och ryssarna anses högst förträffliga.

12 april: Roosevelt död – en underlig man.

1 maj: Hitler dör i en bunker.

2 maj: Berlin kapitulerar, Goebbels begår självmord.

7 maj: Den allmänna tyska kapitulationen undertecknas. Jubel bland norrmännen i Upsala.

Inget hopp finnes för Tyskland om en framtid/ingen barmhärtighet eller rättvisa.

Jag fäster mig vid formuleringen: ”Jubel bland norrmännen i Upsala.” Hur reagerade svenskarna?

De vita bussarna

Farfar nämner inte nazisternas massmord överhuvudtaget i sina dagböcker. Men efter krigsslutet, den 12 juni 1945, skriver han: "Meddelande från Ellen att vi ej få komma till Sigtuna, då Stiftelsen skall bli sjukhus för krigsfångar."

Ellen berättar i sin bok *Höstliga utblickar* från 1959 om hur de tog emot befriade koncentrationslägerfångar som kom med Bernadottes vita bussar i krigets slutskede.

> När de första bårarna med utmärglade människospillror bars uppför trapporna från de vita bussarna till matsal, skolsalar och alla möjliga utrymmen, kändes gråten som en klump i halsen. Det var ju barn, som inget ont gjort, unga människor tillhörande en föraktad ras. Vad var det för mening att sätta dem i koncentrationsläger? Smala, vita händer låg på filtarna, stora, svarta ögon blickade frågande på oss, munnar som slutat att le, ansikten märkta av tbc, magra, uthungrade. Det var kvinnor, som kom till oss, de allra sjukaste. De övriga skolorna fick också sin beskärda del.
>
> Inalles omkring 600 människor fick Sigtuna ta emot. /.../
>
> De flesta flyktingarna kom från Polen men även Östtyskland, Ungern, Österrike, Grekland, Italien, Frankrike och Holland. /.../ Vi försökte få kontakt med hemmen, om de över huvud taget längre existerade. I bästa fall kunde en mor få veta, att ett barn av hennes fem levde och att hon åter skulle få se detta barn, och det fyllde henne med glädje och tacksamhet. /.../ Kanske var det så, att man bara, som den lilla professorsdottern från Warszawa, gått från skolan med sin

arm under kamratens, och denna var judinna. Så kom tyskarna och tog båda till koncentrationslägret. Vi hade en sal fylld av tuberkulosfall, unga flickor under sjutton år, de flesta dödsdömda. Där var så stilla den första tiden, ty ofta, mycket ofta, dog kamraten i någon av sängarna bredvid för att nattetid föras till ro på mosaiska eller katolska kyrkogårdarna. Dagen därpå hade man en ny kamrat där.

/.../ Några livsöden från barnsalen:

Olli, fjorton år, ungerska, hade först placerats på ett barnläger i Debretzen och hennes mor och mormor på arbetsläger. De fick sedan sällskap under transporterna. Men ganska snart försvann de äldre till gaskamrarna. Man fick en handduk och en tvål, släpptes in och var sedan för alltid borta. Olli fick fortsätta från läger till läger. Slutligen Auschwitz och Belsen. När hon kom till Sigtuna, var hon så undernärd att hon vägde knappt 25 kg, ett skelett med gulnad hud. Håret var bortrakat, tänderna delvis borta på grund av vitaminbrist, skelett och fötter deformerade av tbc. Det tog fem år till sängs efter Sigtunatiden, innan hon blev frisk.

Hanka Kaminska var polska och hörde också till barnsalen. Hon var sexton år då hon kom till Auschwitz och Belsen, smal och kvick som en vessla, vacker, begåvad. Från Sigtuna kom hon till Arvika sanatorium, där sköterskorna intresserade sig för henne. Efter fem år var hon frisk, fick gå igenom folkhögskola, och efter en hel del utbildningskurser arbetar hon nu som arbetsterapeut på sjukhus. Hon är absolut ensam i livet, har ingen enda anhörig kvar.

I barnsalen fanns också "gumman", som hon kallades fast hon knappt var 30 år. Maken och fyra barn hade tagits ifrån henne. Hon var alldeles ensam och repade sig aldrig utan fick sluta sitt liv hos oss.

När farfar skrev till Sigrid Gillner 24 februari 1945 att "Mina barn och också Greta ha inte riktigt sinne för det fasansfulla som sker med vårt Europa utan unna tyskarna allt ondt", berättade han i samma brev att han veckan innan varit ett par dagar hos Ellen på Sigtunastiftelsen. Farmor ville inte följa med.

Hur får farfar allting att gå ihop? Han och Sigrid Gillner tycks ju ha haft samma syn på rasbiologi och Tyskland – men Ellen?

Jag förmodar att hon inte hade riktigt samma uppfattning. Men det tillhör kanske också farfars paradoxer?

Mat och husrum

"Ossian Dahlgren? Ja, honom minns jag mycket väl. Han var på botaniska institutionen även när han var pensionär. Det var han som skrev det där tjocka bandet *Växternas liv*."

Jag ringer Berta Santesson i Uppsala, ett namn jag fått på institutionen för medicinsk genetik, när jag ville komma i kontakt med någon som minns gamla Rasbiologen. Men det gör hon inte.

"Jag kom till Rasbiologen 1959 när Böök var chef och det lades om", förklarar hon.

Men hon minns farfar.

"Han var oerhört vänlig. Han svingade sin hatt och hälsade även på oss unga när han mötte oss på Botan."

"Om man hade haft något problem inom embryologin skulle man inte dragit sig för att fråga honom. Sådan var han", säger hon.

Denne vänlige man som svingar sin hatt – var han lika kluven som biskopen i Ingmar Bergmans film Fanny och Alexander? När min pappa sett filmen, sa han att biskopen var ett porträtt av farfar.

Som barnbarn såg jag nästan bara en glänsande farfar. Han som skrev och höll tal och berättade om resor och insekter och blommor. Vi barnbarn var på lagom avstånd. Och jag utsattes aldrig för någon "rättegång", som min yngre farbror.

En dag är en av farfars två små antiloper i snidat trä borta. Det är oförklarligt. Ingen vet var den är.

Efter två veckor kommer en grannflicka med antilopen. Hon säger att hon fått den av min yngre farbror.

Han tvingas stå på knä framför farfar, som sitter rak och stel i sin stol. Så börjar förhöret.

Han gråter och gråter.

Men förhöret fortsätter.

”Det var rena Jesuitförhöret. Till slut erkände jag, trots att jag var oskyldig. Denna oerhörda kränkning, han visste lika väl som jag att jag var oskyldig. Det blev en dyr antilop, jag gick i psykoanalys i flera år”, berättar min farbror.

Farmor sökte. Hon gick med exempel på farfars handskrift till Gillet vid Fyris torg. I fastigheten säljs numera kläder av exklusiva märken, men på fyrtiotalet var Gillet Uppsalas finaste hotell och här tog en grafolog emot.

Hon gick också till Bernhard Jacobowsky, Jacobowen kallad, professorn i psykiatri som bodde på tredje våningen i det vackra ”Skandalhuset” i Uppsala. Det är byggt i jugendstil och blev en skandal, eftersom det är högre än universitetshuset.

Min faster sökte också. Hon berättar att när hon började läsa psykologi blev det mera begripligt. Hon kunde se att farfar delade upp världen för att kunna hantera den. En övre idealiserad värld – där fanns vetenskapen, släkten Dahlgren, Ellen. Och en undre – där fanns familjen och släkten Estelle – och där förlade han alla sina aggressioner.

”Han skuttade mellan de två världarna. Vi barn skulle vara så tacksamma över allt vi fått, vi fick gå i skolan, vi fick gå till tandläkaren… Detta var vi inte värda. Men ibland var vi också bra. Man kunde få ett praktverk, men samtidigt saknade vi det mest elementära. När jag behövde tyg till en klänning eller kjol tog mor av sina egna pengar hon hade i sin sekretär. ’Vi säger inget till far’, sa hon.”

Min faster talar om en narcissistisk personlighet. Jag kan inte låta bli att tänka på att just vita narcisser var farfars älsklingsblomma. Och även farmors.

Farfar stod över jultomten. Han använde aldrig tomtemask. Som släktens överhuvud satt han i högsätet och delade ut julklapparna. En i taget. Han bestämde med vilket intervall och hur mycket uppmärksamhet varje julklapp skulle få. En jul fick farmor bland annat "Mat och husrum under det kommande året".

Den 26 april 1948 skriver hon till min pappa:

> /…/ De stora chockerna satte in med långa mellanrum och var så otroliga, att jag helt enkelt inte – trodde på dem! "Äsch, det måtte vara någon tillfällig lapsus, så där kan ju ingen människa bära sig åt!" Och så slog jag bort det hela.
>
> Till slut försökte jag tala far till rätta, men han är ju oåtkomlig. Jag skrev långa brev till honom och lade under hans huvudkudde. Det hade så till vida effekt som han begrep, att jag var missnöjd och gav vika. "Kryssningen (med Ellen) blir naturligtvis inte av, eftersom du inte vill det"(!) (Ellen klappade mig nedlåtande på axeln i det sammanhanget och hela hennes hållning visade, att hon tyckte, att jag var ett litet våp.) /…/
>
> Undra på om jag gång på gång drömmer om en övermakt, som det är hopplöst att kämpa mot! Jag har nog grubblat och på mitt stillfärdiga vis kämpat mig trött; det blev ingen ork kvar till stora kalaser! /…/
>
> Mormor kommer här och drar sitt strå till stacken. Först och främst att morfar reste hit över jularna endast med stor självövervinnelse. Han kunde inte just hitta nånting att diskutera med far om, hans åsikter var ju färdiga en gång för alla, förresten hörde han ju inte på. Och mormor har ju lett i mjugg åt alla de "enastående" förfäderna. /…/
>
> Mormors far var bondson, började med ingenting, blev skeppsredare i Oskarshamn och slutade som miljonär. Vid sekelskiftets konjunkturkris gick all förmögenheten åt skogen, beroende på den tidens ofullkomliga bolagslagstiftning, nu är en sådan sak en omöjlighet enligt morbror Filip. Morfars far var apotekare och likaså god som en civilingenjör. Så det så! Detta kan vara bra att ha i bakfickan. För vid alla familjehögtider härstammar ni ju bara på fädernet, jag tror

> inte ens far har reda på det här, man blir ju alltid avbruten, om man försöker tala litet om sin egen släkts antecedentia.

Farmor skriver också i brevet att hon vill ha hjälp att säga till Ellen att ”hon låter oss vara i fred på fars 60-årsdag. /…/ Den infaller på Vickleby. Sommarsemestern är vår enda goda tid på året, så gott som alldeles fri från missljud, och jag har rätt att kräva, att hon inte envisas att lägga sten på börda”.

Jubeldoktor

För farfar nåddes höjdpunkten på karriären 1947, då han fick professors namn. Han hade varit föreslagen tidigare, men kriget kom emellan. Att bli professor för äran var finare än att få en professur för brödfödan, ansåg han, och syftade på att han inte var professor för en institution.

Farfars farfar blev jubeldoktor, men farfar trodde aldrig själv att han skulle få uppleva 50-årsdagen av sin disputation. Det fick han. 1966 blev han också filosofie jubeldoktor.

Han vördade sin farfar. I dagboken för 1946 läser jag den 13 februari: "Firade vi 125-årsminnet af min farfars födelsedag med blommor kring hans porträtt, tal och en god middag."

Förmodligen hade han det lättare med sin farfar än jag har med min.

Jag vaknar på nätterna och tänker på hans slipsnål, det tredje ögat, och bestämmer att när morgonen kommer ska jag ringa förlaget. "Det blir ingen bok. Jag betalar tillbaka förskottet", ska jag säga.

Men hur blir det då med momsen?

Nej, jag måste fortsätta.

"Rädda människor har vi ingen användning för", sa farfar.

Släktpanegyrik

Farmors skrivkramp finns omnämnd från 1938 och tio år senare kan hon inte spela längre. Hennes pianolärare Fritjof Kjellberg skriver till henne att han, utan att på något sätt betvivla den medicinska sakkunskapen, ändå vill meddela några reflexioner. Han menar att om ett psykiskt tillstånd kan påverka muskulaturen i negativ riktning så bör psykets makt också kunna verka i positiv. Han föreslår farmor att "spela" litteratur. Det kan ge rikt musikaliskt utbyte och fördjupa förståelsen och njutningen och har för många blivit en kraftkälla att ösa ur.

Åtta år senare kan farmor fortfarande inte spela. Armen fortsätter strejka och Kjellberg skriver den 6.5.1956 att det har gjort honom mycket ledsen. Han hoppas dock att det onda ska ge med sig, och påminner om att även som lyssnerska står musiken öppen för henne.

För sina syskon var farfar fantastisk, berättar min pappa. Det var alltid: "Åh Ossian!" I ett försök att få slut på "släktpanegyriken" reste han och min faster 1948 till farfars bror Richard i Eskilstuna. De var då 25 respektive 22 år gamla.

Inför resan skriver farmors mor, Karin Estelle, med darrig handstil till min pappa:

> /.../ Det går nog, som jag befarat, att släkten kommer att lägga all skuld på mor [Greta, min anm]. De ha ju aldrig sett honom i sitt vardagsliv, bara när han har främmande, håller eleganta tal, skryter med släkten och i övrigt spelar pajas. /.../ Hur skall en psykolog kunna få korn på honom i en

främmande miljö, där kan han ju inte gå i skafferiet och rota och låsa in konserver, för att ha det att skryta med att det är han som måste hålla reda på dem; inte kan han hålla utkik på telefon; inte har han sin dumma och undermåliga svärmor att vara ohövlig och nonchalant emot och framförallt har han inte sina egna barn att komma med lögnaktiga beskyllningar emot. Ja, det enda han har med sig, det är de otäcka, kalla och stirrande ögonen. /…/

När Greta kom hit gråtande efter sitt besök hos Jacobowsky, och talade om att J. stämplat honom som fanatiker, var min första tanke att då såg jag således rätt den gången då jag var här på besök från Tyskland och hörde Ossian prata. Jag hade ju då fått lite inblick i katolikernas moral. Jag tänkte nämligen: om han vore katolik, så bleve han säkert en fanatisk jesuit så som han kan göra svart till vitt och vitt till svart utan att blinka. Vad det var fråga om, minns jag inte, men den känslan har jag haft många gånger under de gångna åren. Släkten borde kunna begripa att man inte under sådana bedrövliga förhållanden blir en ängel, man blir en olycklig och osäker människa, som lätt handlar oöverlagt, när pressen blir för hård. Det är ju inte Greta som i alla väder försökt spela den ofelbara, det är ju Dahlgrenarna, som i sin självgodhet avsatt vår Herre och själva placerat sig på hans plats.

Men ”Min är hämnden säger Herren”. Och det ordet håller nog den dag i dag är. /…/

Din gamla mormor,
som känner sig rätt bedrövad.

Besöket hos Richard förändrade ingenting. Richard skrev till pappa efteråt och föreslog: ”Vi drar ett streck över alltihop!”

Jag läser farfars dagbok för år 1948. Här finns ingenting nämnt som antyder att han känner till något samtal med Richard. Han plågas av sitt hjärta, men intensifierar sin föreläsningsverksamhet. Han talar om ”Sexualiteten och dess betydelse för individ och samhälle” flera gånger i veckan på olika orter i framförallt Mellansverige. Han anar att han inte har lång tid kvar att leva. Vilket är fel, han skulle leva 28 år till.

Min yngre farbror fortsatte spela piano. Men han minns att han kunde få våldsamma raseriutbrott.

"Det var en reaktion på hela situationen."

Metoden för att få honom lugn var att duscha hans bakhuvud med kallt vatten. Farmor blev medskyldig, eftersom hon var med.

Bland hennes efterlämnade papper finns en liten lapp med ett citat av en kväkare. Det är skrivet med farmors handstil och lyder:

"Är du i mörker? Ruva ej däröver. Ty om du det gör, fyller det dig mer och mer. Utan håll dig stilla och handla icke. Vänta tåligt, tills ljuset bryter fram ur mörkret för att leda dig."

Kanske var det farmors strategi – att hålla sig stilla och avvakta?

Jag tänker på citatet från kväkaren, när jag får höra att farfar ibland torkade av sina kladdiga fingrar i min fasters hår.

Det är möjligt att det var ett skämt från farfars sida. Men jag förstår att hon kände sig undermålig.

Efter kriget

Vad hände efter kriget? Var det verkligen så att eftersom Sverige inte varit med, så fanns det heller inget att göra upp med? Jag tänker på Richards brev till min far: "Vi drar ett streck över alltihop!"

Detta med raser tycks i alla fall inte ha försvunnit. I guideboken *Hur man reser i Norge* från 1953 står det att "Det stora flertalet norrmän tillhör den nordiska rasen, de är i allmänhet långa, blåögda och ljushåriga. I vissa delar av landet är genomsnittslängden 1,84 m – större medellängd kan inte uppvisas någon annanstans i Europa." Samma år, 1953, gör Bertil Lundman undersökningar på västkusten. "Käringön hade ett starkt inslag av dvärgartat folk omkring 155–160 cm långa", skriver han i sin bok *Minnen*.

Inte heller när jag läser *Svensk Uppslagsbok*, upplagan från 1950, verkar någonting ha hänt. Det är samma resonemang om skallar. Under ordet Kraniologi skriver anatomen Gaston Backman från Lund att "Hjärnskålens rymd är större hos mera civiliserade raser än hos lägre". Och: "Hos mera begåvade skolbarn är hjärnskålen större än hos obegåvade."

Inte undra på att jag var orolig att min skalle inte var stor nog, när farfar knackade på den med sin doktorsring.

Gaston Backman skriver att själva "kranialkapaciteten" bestämmer man genom att "efter tillstoppande av kraniets öppningar, fylla hjärnskålens inre genom stora nackhålet med hirs eller ärter, som lätt tillpackas, varefter innehållet nedhälles i en rymlig glascylinder, tillstampas med träkolv och kontrolleras genom att på samma sätt mäta lämplig, till sitt verkliga innehåll fullt känd metallåda".

En metallåda? Jag försöker se detta tillvägagångssätt framför mig, Kanske har jag för liten hjärnskål – jag förstår faktiskt inte.

Lyckligtvis behöver man inte döda personen för att fastställa kranialkapaciteten, utan man kan även med "Lee-Pearsons formel" bestämma hjärnskålsrymden på levande personer: "Man använder hjärnskålens längd (L, från mest utskjutande punkt över näsroten till bakhuvudet), bredd (B, där den på hjärnskålen är störst) och öronhöjd (H, från överändan av yttre hörselgången vertikalt upp till hjässan), alla uttryckta i m.m."

Det framstår inte längre som så märkligt att Bertil Lundman fick sin docentur i fysisk antropologi 1947 och att farfar den 23 februari 1948: "Höll ett föredrag på B. Lundmans seminarium på Gustavianum om arfshygien."

Trots täta dagboksanteckningar om "svår hjärtvånda hela natten" föreläste farfar mer intensivt än någonsin i slutet av fyrtiotalet och början på femtiotalet. Exempelvis 26 januari 1951: "Resa till Strängnäs." 27 januari: "Efter en förfärlig natt, hjärtbesvär, föreläste jag kl 7 på landtmannaskolan och kl. 9 på regementet."

Andra världskriget hade inte gjort saken mindre aktuell. Farfar skriver i Upsala Nya Tidning 30 september 1946:

> Tysklands stormaktsställning inom vetenskapens värld torde definitivt vara slut med detta världskrig. För modern forskning krävs bl.a. ekonomiska resurser och välutrustade laboratorier; och den lumpsamlartillvaro som tyskarna för framtiden få finna sig i, torde omöjliggöra några större vetenskapliga insatser. Därtill kommer att flertalet av de bästa anlagsbärarna bland männen äro bortskjutna, bortförda eller sakna möjlighet att bilda familj. Den kulturförödelse och den biologiska utarmning, som råder i Centraleuropa, är enligt sakkunniga betydligt större och mera ödesdiger än den, som trettioåriga kriget åstadkom.

Jag finner inte något i farfars skrifter, som tyder på att han tog avstånd från sina idéer. Tanken är förmodligen lika barnslig som att jag någonsin skulle få den rätta bakteriefloran.

II

På BMC

Förbi det röda slottet, Botaniska trädgården, Akademiska sjukhuset och så ut på en åker. Här i moderna huskroppar ligger BMC, Biomedicinskt centrum, med bland annat institutionen för medicinsk genetik. Jag tar mig hit för jag måste få veta hur genetikerna tänker i dag. Och varför ska jag tro på dem? Vad är kunskap? När det som på tjugo- och trettiotalen var vetenskap, numera är kvasivetenskap. När vi till och med haft en professor i rasbiologi.

Medicinsk genetik. Så heter Rasbiologen i dag. Men inget minner om den tiden. Så är det ju inte heller de gamla lokalerna. Mätinstrumenten är utlånade till en utställning i Berlin. Men skrifterna? BMC:s bibliotekarie, Per Syrén, berättar att de som finns ligger i ett rum i källaren. "Ingen vill kännas vid dem."

I en lång korridor stannar Syrén vid en av de grå dörrarna, märkt 005b. Bakom ett upplag av hyllplan och kasserade skrivbord, står flera lagerhyllor med böcker och mappar. Verk om raskaraktärerna i Sverige, om lappar, folktyper, finska kranier... Tyska tidskrifter om befolkningspolitik 1937–43. På en mapp står farfars namn.

En gul skylt med dödskalle varnar: Råttgift utlagt.

Långt ifrån källaren sitter professor Ulf Pettersson, chef för institutionen för medicinsk genetik, och jag undrar om det är en belastning att ha rasbiologerna som historia för institutionen?

"Nej, jag använder det mest som ett skämt. När jag presenterar mig brukar jag säga att jag tagit över Statens institut för rasbiologi. Jag använder det ibland som en illustration till etikens dåliga genomslagskraft. Detta institut fanns fram till 1958 – tretton år efter andra världskrigets slut. Eftersom jag inte var med, så generarar det mig inte."

Vad anser ni i dag att rasbiologerna gjorde för fel? Och vad var rätt? Allt kan väl inte ha varit fel, det ansågs ju ändå vara vetenskap?

"Det här är en väldigt viktig fråga som handlar om vetenskapliga sanningar. Naturvetenskap framställs ofta som producerande entydiga sanningar, men så är tyvärr inte alltid fallet."

"Vi kan inte se molekylerna. Vi tänker dem, vi har modeller, symboler för hur vi tänker. Naturligtvis ser inte världen ut så. Men det blir kanske lätt att man tänker något fel eller överdriver någon effekt utan att därmed medvetet ljuga. Det gjorde nog inte vetenskapsmännen på den tiden heller, utan de hade ett visst vetande och sedan fylldes det på med lite tro och önskedrömmar."

"Det som händer är att vetenskapssamhället anammar vissa idéer, man finner att ett visst tänkande är rimligt och låter logiskt, och förbiser att det kanske inte är vetenskapligt belagt till 100 procent. Det syns väldigt tydligt inom medicinen. Många behandlingar som fortfarande används i Sverige, och ute i världen, är ganska dåligt belagda. De har introducerats i medicinen och sedan är det väldigt svårt att ta bort dem, för då måste man verkligen visa att de inte har någon effekt."

Exempelvis?

"Det kan handla om cytostatika-behandling av tumörer. I vissa fall gör de väldigt stor nytta, men i många fall kanske behandlingen ges mera som terapi för själen, för att ge patienten någon lindring."

Varför fick rasbiologin så stort genomslag? Till och med i socialarbetarnas handbok från 1925 sägs det att samhället måste satsa på "rasförädling genom föräldraurval".

"Genetiken återupptäcktes i början på 1900-talet och fick en väldigt stor genomslagskraft inom växt- och djurriket. Inom växtförädlingen mångdubblades avkastningen snabbt och inom husdjursaveln fick man kor som mjölkade mångdubbelt mer än det material man startade med. Så det fanns på naturliga grunder en väldig fascination över vad som gick att göra. Och människan är bara en medlem i det stora ekosystemet – så varför skulle människan vara undantagen från den här möjligheten?"

"Men de förbisåg komplexiteten. Det är ganska enkelt att avla fram en ko för mjölkningsförmåga, men att göra en 'bra' människa är betydligt mera komplext – hur det nu ska definieras? De förbisåg också att de människor vi vill ha i vårt samhälle är kanske inte bara elitmänniskorna, utan det bygger på att det finns utrymme för alla sorter."

"Men man trodde att det skulle vara ganska lätt att få fram personer med bara goda egenskaper och genom att låta dem reproducera sig, skulle många av jordens problem lösas."

Ungefär som växtavel fast på människan?

"Exakt"

Men hade de rätt i något?

"Det mesta var ganska dåligt underbyggt. Din farfar sysslade med växtgenetik och det var nog typiskt för den tiden att de som sysslade med växt- och husdjursgenetik, kom automatiskt in i det som kallas eugenik eller arvshygien. Herman Nilsson-Ehle i Lund, en framstående och världsledande botaniker, hade ju faktiskt nazistiska sympatier."

"Det fanns också en rädsla som bottnade i att de obildade skikten inte hade kontroll över sitt barnalstrande. Man såg framför sig en genetisk utarmning där de goda generna inte hade någon chans att föröka sig, medan de 'undermåliga' generna spred sig alltmer i populationen."

Det talades om svaghet?

"Ja, men kriterierna för att ställa den diagnosen var väldigt undermåliga. Dessutom kunde det ju vara en tillfällig svacka hos en i övrigt väldigt kapabel person. Men jag tror att de flesta såg detta som något väldigt hotfullt. Politikerna också."

Ja, politikerna såg framför sig en genetisk utarmning. Och tattare, zigenare och andra "undermåliga" betraktades som en sjukdom som det gällde att avlägsna ur samhällskroppen. Farfar skrev om denna ”lömska tvinsot, som angripit nationen och fräter dess livsnerv”. Tvinsot är en äldre beteckning för lungsot och jag tänker att eftersom målet var en frisk samhällskropp, passade det bra att han undervisade just i hälsolära.

Redan 1922 påpekade professor J. Vilhelm Hultcrantz i Hygienisk Revy, att om rashygienen skulle kunna nå sitt mål ”fordras stödet av en kraftig folkopinion”. Det är väl så man ska se alla farfars föredrag ute i landet – på godtemplarelokaler, i skolor och missionshus.

Politiker och allmänhet lyssnade till farfar och andra vetenskapsmän, precis som vi lyssnar till forskarna i dag, och politikerna stiftade lagar. Det fanns de som protesterade, men den politiska enigheten var ändå påfallande stor när riksdagen beslutade att utvidga 1935 års steriliseringslag. Fram till 1941 var det tillåtet att sterilisera utvecklingsstörda, så kallade sinnesslöa, på rashygienisk indikation. Men från 1941 tilläts också sterilisering på medicinsk och social indikation. Den medicinska gällde ofta ”utsläpade mödrar” som inte orkade med flera barn. Under den sociala indikationen däremot, rymdes ”undermåliga” i vidare bemärkelse, exempelvis tattare och kvinnor som ansågs olämpliga att ta hand om sina barn. Under åren 1935–1975, då steriliseringslagen ersattes med den nuvarande, beräknas drygt 63 000 svenskar ha blivit steriliserade. Sverige kommer på andra plats, efter Tyskland, när det gäller andelen steriliserade av befolkningen. Hur många som blev det med tvång går aldrig att fastställa, eftersom det ofta var ett indirekt tvång. Det var inte bara min väninna från socialhögskolan, som skrev under sin egen steriliseringsansökan för att bli utsläppt från en anstalt.

Frilansjournalisten Bosse Lindqvist och flera andra har uppmärksammat tvångssteriliseringarna. Men det skulle dröja ända till slutet av nittiotalet innan de som utsatts för denna kränkning fick en offentlig ursäkt eller kompensation. Maciej Zarembas artiklar i Dagens Nyheter 1997 ledde till en lag som ger ekonomisk ersättning. Flera tusen personer berörs.

Farfar skrev om en ”mulattavel i Skåne som inte kunde tolereras”. Detta var tydligen en helt vedertagen åsikt, även långt efter kriget. I *Nordisk Familjebok*, upplagan från 1952–55, läser jag att rashygien är en gren av människans ärftlighetslära som ”strävar att motverka ogynnsamma rasblandningar. Härvid utgår man från att korsningar emellan avsevärt skilda människoraser äro mindre önskvärda. Till grund för bedömandet ligga respektive rasers kulturståndpunkt samt framför allt deras genomsnittliga frekvens av socialt värdefulla arvsanlag. Så äro t.ex. korsningar emellan negroida och europida raser ur den senare rasens synpunkt icke önskvärda.”

”Det tänkande som ledde till att man gjorde det här fördomsfulla graderandet av de så kallade raserna är helt vansinnigt”, säger Ulf Pettersson. ”Och detta med rasblandning var, så vitt jag kan se, rena påhitt. Min personliga teori är att människan har en uttalad benägenhet att skilja mellan vi och dom. Det kanske är en tendens som är genetiskt betingad – när vi levde som jägare var det bra att hålla samman och att betrakta främlingen som en fiende. Jag tror att det var väldigt frestande för rasbiologerna som hade goda intellektuella utförsgåvor, att tolka det så att de befann sig i gräddfilen. De som fanns utanför var undermåliga. Det var sämre maskineri i deras kroppar. Det var också väldigt frestande att kategorisera raserna utifrån att det var fattigt i Asien och fattigt i Afrika och bland de svarta i USA, och säga att det berodde på generna.”

Men tänker ni helt rätt i dag?

”Min tes är att det finns inte någon evolution av människan som moralisk individ. Vi kan inte säga att vi är så mycket klokare nu än vad rasbiologerna var på sin tid. Vi är kanske lika oförnuftiga, men just i rasfrågan kan vi se lite klarare. Därför måste det vara en ständigt pågående dialog mellan experter och lekmän. Vi kan inte bara sätta punkt och säga att nu är det bra, nu är vi upplysta. Det måste vara ett ständigt ifrågasättande för annars är risken stor att det spårar ur.”

Du menar att dialogen inte finns?

"Den skulle kunna vara mycket bättre. Men avsaknaden beror kanske på att allmänheten känner sig lite för trygg. Folk i allmänhet ser inte att genterapi och gendiagnostik angår dem. De har fött barn på naturlig väg och känner sig inte berörda av diskussioner om att välja barn utifrån genetisk uppsättning."

Farfar var del i sin tid, och ni är del i vår tid. Vad kommer dina barnbarn en gång att reagera på?

"De kanske läser om vad vi sysslade med och det man skulle kunna reagera mot i framtiden är kanske en viss aningslöshet i kunskapssökandet. Det kan göras gällande att världen hade varit bättre utan en del av den genetiska kunskapen."

Vad tänker du på då?

"Gener som har med beteende att göra till exempel. Det kan visa sig vara mycket svårt att hantera den kunskapen. Väldigt mycket av våra psyken är under genetisk influens och man kommer säkert att hitta gener som har med aggressivitet och depressivitet och emotioner överhuvudtaget att göra. När kunskapen väl är framtagen, finns alltid möjligheten att med tester spåra de gener som är inblandade. Det stora problemet är att vi inte kan förutsäga vilka problem som kan uppstå. Vi vet inte vad som lurar bakom knuten. Risken är att vi lär oss mer om människors olika förutsättningar än vi skulle vilja."

"Att börja jämföra DNA från olika människor och tillskriva olika egenskaper utifrån genetisk information tror jag kan leda till diskriminering. Jag tycker inte heller att man ska leta specifikt efter gener som gör att man kan röka utan att få lungcancer. Det är bättre att sluta röka. Och man kan fråga sig om man ska hålla på och leta efter gener som kan vara inblandade i homosexualitet, där kunskapen är svår att hantera och kan leda till diskriminering."

"Detta kan så småningom leda till en ganska okontrollerad fosterdiagnostik med efterfrågan – om inte samhället ingriper – från föräldrars sida att välja och vraka bland sina potentiella barn. Jag kan tänka mig att man kanske säger: 'Hur kunde ni så aningslöst ge er in i den här verksamheten, under förevändningen att bara söka ny kunskap.' Men jag är optimist. Jag tror inte att det går att sätta locket på kunskap. Människan är instinktivt nyfiken och om vi lägger locket på nu, så kommer någon annan att ta bort det. Då är det bättre att kunskapen tas fram under ansvarsfulla former, där samhället styr över hur den praktiskt ska användas."

Streckkoden

Hur går det till? Hur hittar man generna? Och hur kan man veta vad de orsakar? Jag lånar böcker och läser. Men det räcker inte. Jag vill se generna. Jag söker och får journaliststipendium och får sedan vara med "hands on", det vill säga handgripligt, i institutionens laboratorier.

Jag tillbringar hösten 1997 och våren 1998 här. Men bara tre–fyra dagar i månaden. Mer orkar jag inte, trots att jag hittar ett hotellrum med kala, vita väggar och utan telefon.

Det är en främmande värld. Med enzymer, proteiner, molekyler, aminosyror, DNA och RNA. Och stora frysar med blodprover står och brummar.

Första dagen träffar jag en bioinformatiker. Han säger att han betraktar sig själv som en biologisk maskin. Han undrar, lite skämtsamt hoppas jag, om jag tror att jag är förmer än en bakterie? Jag har aldrig ställt mig frågan. Men något mer anpassningsbart finns inte på jordklotet. En bakterie klonar sig själv var tjugonde minut.

Allt liv på jorden är uppbyggt av ACTG. Fyra bokstäver upprepade i en oändlig mängd kombinationer, där A betyder adenin, C cytosin, T tymin och G guanin. Livets bok innehåller bara fyra bokstäver.

Det är i generna receptet på människan finns, eller på en mus eller en tomat. Biologin är numera en del av informationsteknologin, utan datorerna skulle människan aldrig knäckt receptet på sig själv.

Det är trångt. Tre–fyra doktorander sitter hopträngda i varje litet kyffe. Jag antar att pengarna går till dyra apparater, möblerna i kafferummet kan inte ha kostat mycket. Så mycket folk, ändå så tyst. Man hör datorerna surra. Liksom frysarna.

På BMC lyser det hela nätterna.

Den engelske vetenskapsjournalisten Gordon Rattray Taylor skrev 1968 i sin bok *Den biologiska bomben* att termer som "genkopiering" börjar dyka upp. Och här står jag nu och kopierar gener, som om det vore den naturligaste sak i världen. Tekniken kallas PCR och tack vare den kan man göra flera miljoner kopior av en gen på några timmar. Det gör det lättare att spåra gener och påvisa ärftliga sjukdomar.

Vi får fram lite arvsmassa från en sköldpadda, från pytonormar som beslagtagits på Arlanda och från en bit av en älgstek som en av forskarna hade till middag kvällen innan. Jo, allt liv tycks skrivas ACTG. Människor, djur, växter, bakterier, virus. Allting. Det är därför det går att klippa och klistra gener över artgränserna. Till exempel att sätta in en gen från en ishavsflundra i en asp för att den ska bli mera frosttålig.

Och det är detta som är den nya biologin, får jag förklarat. Farfar höll på med den gamla, han systematiserade och ordnade och korsade på naturlig väg. Någon gång 1968–69 började man ana att det gick att arbeta direkt med arvsmassan. Att ge organismer nya egenskaper, att gå över artgränser.

Jag tänker på jättemössen som föddes på Sahlgrenska sjukhuset i Göteborg i slutet av åttiotalet. De hade fått en extra gen insprutad från en ko. Kan vi också få jättemänniskor?

Men om man klipper och klistrar över artgränserna – vad är då till sist en människa?

Så får jag se generna. Efter kopiering och en del kemiska reaktioner syns de som streck på en röntgenfilm. En människas DNA kan avläsas som en streckkod, precis som på en förpackning.

Var det inte mer?

Är allting bara molekyler och kemi? Är mina känslor bara kemiska retningar i hjärnan?

"Du säger att jag förtingligar människan, men vad har du att sätta emot mina molekyler", undrar en forskare.

"En själ", föreslår jag.

"Det kan du aldrig bevisa."

Jag undrar hur farfar skulle ha reagerat på streckkoden? Han såg tillvaron på ett naturvetenskapligt sätt, men ändå: Jag tänker på hans ätt och fikonen som ej växte på tistlar. Kan man reducera en så ädel stam till några streck?

Vem är Hugo?

I Hygienisk Revy 1922 säger professor Hultcrantz att: ”Huruvida en person bär inom sig latenta anlag till gott eller ont, vilka han kan ge i arv åt sina barn, kan man väl aldrig med absolut visshet förutsäga, men den större eller mindre sannolikheten därav kan uppskattas, om man känner personens släkt.”

Med hjälp av Hugo, Human Genome-Project, kartläggningen av människans arvsmassa, ska vi inte längre behöva gissa. Det är i alla fall tanken.

När Hugo blev klart 26 juni 2000, presenterades det som ett stort steg för mänskligheten. En enorm kick: Människan var den första organism som knäckt receptet på sig själv.

Men vi hade inte 100 000 gener, som det talats om. Utan bara 35 000. Och det betyder att människan har dubbelt så många gener som en rundmask och knappt tre gånger så många som bananflugan. Vad det nu innebär?

Min ”handledare” på institutionen är professor Ulf Landegren. Han leder arbetet med att ta fram nya metoder för att kunna testa så många gener som möjligt på en gång. Målet är tiotusentals i ett enda prov.

Med sitt skägg, sina sandaler och en kortärmad skjorta ger han mig associationer till Kalifornien.

Han tar sig tålmodigt tid och till slut har jag över fyra timmar bandade samtal. Om Hugo, om livet och vetenskapen.

Jag undrar om han tycker att Hugo var ett bra projekt?

”Det är en fråga på flera plan. Var det ett effektivt sätt att ta reda på vår genetiska information, att överhuvudtaget förstå vår biologi? Ja, det vill jag hävda att det var. All arvsmassa finns i varenda cell. Den är lättillgänglig och vi har metoder att läsa av den. Varför inte då ta reda på allting? Det var den storslagna ambitionen och den är rätt vacker, tycker jag."

"Sedan kan man backa ett steg och fråga: Skulle vi försöka ta reda på det?"

Ja, varför?

"Det är en helt legitim fråga och jag svarar att vi vore knappast människor om vi inte längtade efter att få veta. Det är den eviga kunskapstörsten, ända sedan vi plockade äpplet. Det är en fundamental mänsklig egenskap – på gott och ont. Den kan mycket väl bli vår undergång."

Hur då?

"Jag tänker på att vi bygger atombomber. Eller att genetiker kanske hittar på någon variant av en bakterie som plötsligt löper amok. Jag finner det inte uteslutet att det kan gå åt pipan. Men det är bara kärleken till kunskap och förhoppningarna att vi kan använda kunskapen vist, som gör att jag vill hålla på med det här."

Vem är Hugo? Är det en standardmänniska?

"När programmet drogs igång ägnades en hel del funderingar åt vad man skulle ta för människa. Detta var under Reaganepoken, så man skojade om att man kanske borde sekvensa hans arvsmassa, men att han kanske var för onormal."

"Till slut tyckte man att det var larvigt att fundera så mycket över det. Så man gjorde en blandning. Det blev en fransmans bit av spetsen på kromosom 21 och en turks bit på en annan kromosom. Och så vidare. Man gjorde en man till att börja med, för att få med både x och y-kromosomen."

Vad gör ni nu när Hugo är klart?

"Målet med Hugo var att få en DNA-sekvens för en människa. Nu när det är klart skulle jag vilja säga att allt finns att göra. Nu vill vi försöka förstå: Vad betyder allt det här? Vilka gener samverkar, för vilka sjukdomar har de betydelse och på vilket sätt kan vi påverka det?"

”Vi blir bättre och bättre på att gruppera sjukdomar. Men fortfarande kan patienter behandlas för fel sjukdom. Det var ännu värre för 10 och 30 år sedan. Tanken med Hugo är att när en läkare får in en patient med vissa symptom, ska han bara kunna slå upp symtomen och då få reda på vilka gener som kan vara förändrade. Sedan skickar han iväg ett blodprov till ett lab för att undersöka dessa gener.”

Jag läser *The selfish gene* av Richard Dawkins. En ärkedarwinist, som menar att Darwins lagar förklarar allting. Vi är helt och hållet offer. Om jag förstår honom rätt, så har generna skaffat sig oss människor som en behållare för att vi ska bära runt dem.

Jag frågar Ulf Landegren vad han anser om Dawkins?

”Jag har inte så mycket problem med honom. Han är mycket bestickande. Dawkins, och även jag, tror att genetiken och evolutionskrafterna kan användas för att förklara även väldigt komplicerade egenskaper. I slutändan kan de mest högstämda, filosofiska och oegennyttiga tankar ledas tillbaka till darwinistiska mekanismer. Vi gör det som har fundamental betydelse för oss. Det har skrivits in i oss för att det har ett visst överlevnadsvärde.”

”Om det dök upp en variant av en art som bara ville dö, som inte tyckte livet var värt att leva, då skulle den inte skaffa några barn utan snabbt dö ut. En av de mest elementära egenskaper som det har selekterats för, är att vi tycker det är viktigt att få barn. Att leva vidare. De som inte hade dessa egenskaper har fått sin vilja igenom och finns inte längre. Deras avkomma finns inte.”

”Så meningen med livet är något som finns pålagt oss utifrån, genetiken tvingar oss att tycka att livet är meningsfullt även om det inte finns någon mening. Vi har inte friheten. Men nu har människan, på grund av vår kultur, lyckats klättra upp till en kvalificerad nivå där vi kan ifrågasätta detta. Vi kan säga: Våra gener tvingar oss att tycka att livet är meningsfullt, men är det verkligen det? Jag tror att detta är en lite farlig nivå för människan att vara på. Att vara så smart kan göra att vi får mentala problem.”

Men kan man reducera livet till dessa fyra bokstäver?

”Jag tror inte att det är meningsfullt att försöka förstå människors psyken utifrån DNA-kod, även om det säkert kan finnas utläsbara element. Det vore fullständigt främmande för mig att försöka sekvensa en gen för att förstå hur en person som Raskolnikov i *Brott och straff* fungerade. Det känns inte som ett särskilt intressant tillvägagångssätt, även om det kanske kan finnas något där.”

”Men jag tror fullt och fast att naturvetenskapen ytterst kan förklara hur människan tänker och fungerar, även om vi inte förstår hur i dag. Man behöver inte postulera några andra mekanismer, till exempel en själ. Det tror jag inte på. Men därmed har jag inte förtingligat människan helt och hållet och det ger mig inte rätt att förhålla mig till människor på ett mera rått sätt.”

Vad har ni för moral om ni inte tror på något som är större än naturvetenskapen?

”Jag förstår vad du menar. Men om vårt problem är att vi har en mänsklighet som inte har några bra moralregler, vilket kan sägas vara sant, så ser jag inte lösningen i religionen. Vi är mycket medvetna om att vi absolut inte vet allt. Det är inte så mycket frågan om det, utan snarare om det är vetbart eller om de krafter som styr tillvaron är synliga.”

Ofta säger genetiker att ”vi gör bara det som naturen själv gör”. Det gör ni väl inte. En gen från en flundra i en asp – så gör inte naturen.

”I det enskilda fallet kan man kanske hitta nästan lika knäppa saker. Horisontell gentransfer finns det enstaka exempel på. Kor tycks till exempel ha något arvsanlag från en fluga som de fått genom att leva ihop med den. Men det är en våldsam skillnad mot den precision med vilken vi kan få det att inträffa. Det är lite fånigt: När vi genetiker söker pengar, säger vi att ’det här är en fantastisk teknik, vi kan göra oerhörda saker som ingen kunnat göra förut’. Och när allmänheten frågar: Vad håller ni på med egentligen, så svarar vi: ’Nej, det är inte så farligt.’”

Jag försöker analysera varför gentekniken väcker så mycket känslor hos mig, jämfört med till exempel vaccin och mediciner.

Kanske är det en rädsla att man gör något med evolutionen så att allt blir fel?

"Det är ingen meningslös farhåga. Jag tycker att man kan tänka sig två typer av skräckscenarios. Det ena är att vi skulle framställa någon organism som plötsligt på ett oerhört ogynnsamt sätt tog över här på jorden och beskar våra livsmöjligheter eller andra organismers livsmöjligheter på ett oacceptabelt sätt. I någon mån gör vi det redan. Med vetet till exempel har vi förändrat biotopen för andra organismer. Det andra är att vi kanske gör om arten människa i en framtid. Det är säkert inte så svårt. Man oroar sig mycket för att man ska klona människor och det är naturligtvis en obehaglig tanke, men det är inte det effektiva sättet att göra om mänskligheten på. Utan det är att göra så, som vi gör om andra arter – att korsa ihop eller att genetiskt modifiera och stoppa in nya egenskaper. Vi förhäver oss kanske över Guds skapelse när vi försöker bota sjukdomar, men det är ett val mänskligheten gjorde för längesedan. Vi nöjer oss inte med de regler som är uppställda för oss om hur livet ska fungera."

Du menar att man kan se det likadant om man på genteknisk väg bygger upp ett infektionsskydd?

"Ja, som ett exempel. Det är existentialismen, väljandets ångest. Vi måste välja hur vi vill ha det. Vi har ingenting annat att hålla oss till om vi inte vill hålla oss till en Gud. Och det är tänkbart att vi väljer att göra om arten människa. Men jag skulle inte vilja sätta mig och göra det, för jag har ingen aning om i vilken riktning."

Har ni inte redan börjat? Genom att ta bort genmutationer till exempel?

"I dag gör vi inget sådant. Vi tar inte med genteknik bort några egenskaper, utan vi hjälper föräldrar att ta ställning till om de vill föda barn med sjukdomar. Vad gäller de dominanta sjukdomarna, skulle jag kunna tänka mig att vi kan utrota till exempel alla som bär på arvsanlaget för Huntington. Inte så att vi dödar dem, men att vi hindrar att det föds sådana som bär på anlaget. Då skulle vi plötsligt ha berövat mänskligheten den genetiska variationen. Det är ett speciellt exempel på att man med genteknik kan minska vår polymorfi, vår mångfald och variation."

Men vem ska bestämma vilka som inte ska få födas?

"Jag tycker absolut att det ska vara upp till individen. Det är väl något som vi genetiker gömmer oss bakom, vi säger att det inte är vi som bestämmer utan det gör folk själva. Men då måste man inse att de inte får fullständig frihet. Det beror dels på vilken information de får, men också på vad samhället erbjuder för service. På vilket pris det har att föda en skadad individ. Är priset för högt, kommer de att födas till lägre frekvens."

Vad kommer dina barnbarn att tänka om det du gör?

"I filmen Terminator 2 kommer någon tillbaka från framtiden för att försöka undanröja konsekvenserna av vad de en gång gjorde. Ibland tänker jag att om vi nu blir så väldigt mycket duktigare, om vi kan göra tusen gånger fler genetiska analyser än vi kan i dag, då är det möjligt att någon i framtiden kommer att säga: Fy vad dumt att de hittade på det där. Nu har vi ett elände med försäkringsbolagen, en sortering av människor i ett a-lag och ett b-lag och det finns en slavklass eller något sådant. Det vore hemskt om det blev så. Jag tror inte det. Jag tror att det jag gör är en del, hur politiken utvecklas är en annan del. Min tro och hela grunden för min verksamhet som forskare är att jag tror att människor har mer att vinna på att veta mer."

En konferens för varje molekyl

"Mitt vetenskapliga liv var en nedstigning från högre till lägre nivåer. I min strävan att förstå livet gick jag från djur till celler, från celler till bakterier, från bakterier till molekyler, från molekyler till elektroner. Det ironiska i detta är att molekyler och elektroner inte alls har något liv. På vägen rann livet bort mellan mina fingrar."

Så beskrev den ungerske nobelpristagaren i medicin Alfred Szent-Györgyi sin forskning.

Har generna skaffat sig mig för att jag ska bära runt dem och sprida dem? Naturvetenskapen gör världen begriplig, sägs det. Men är jag bara en påse molekyler?

Skånedimman ligger tät och mjuk över slätten när jag besöker Per-Åke Albertsson i Lund. Han har författat avsnittet om biokemins historia i Nationalencyclopedin och är professor i biokemi. Jag reser ner till honom för att få ihop min världsbild. Jag kan inte acceptera att alla mina känslor bara skulle vara kemiska retningar i hjärnan.

Han är emeritus, det vill säga pensionerad, en timid man som jag får en känsla av sitter lite på undantag i den moderna forskarbyn Ideon här ute på slätten. "Att bli gammal är som att bli invandrare i sitt eget land", säger han.

Han har skrivit om flogiston, något som man på 1600- och 1700-talen trodde luften bestod av, men som inte finns.

"Den moderna kemin föddes i Paris i samband med den franska revolutionen. Lavoisier visade att det var syret som oxiderade substanser. Om man tittar i naturvetenskapens historia, så har många forskare gjort karriär på att studera någonting som inte finns."

"Kemi heter på holländska konsten att skilja åt: *Scheikunde*. Man delar upp och plockar sönder. Fragmenteringen och separationen har grundat hela den moderna kemin och molekylärbiologin. Det första kemister gör när de ser någonting, är att ha sönder det, att dela upp det. Snart kan man kanske reda ut alla 10 000 molekyler som finns i en cell. Då får vi specialister på var och en av molekylerna och man kan ordna konferenser om varje liten molekyl, som bara är en av 10 000. På skoj brukar jag säga att eftersom en sådan molekyl i sin tur innehåller flera hundra aminosyror kommer man förmodligen att sedan anordna konferenser om var och en av dem. För varje aminosyra är antagligen viktig, naturen har inte slösat, den har gjort dessa proteiner för att de ska fungera."

Jag tänker på farfar och hans samtida. De var inte specialister på samma sätt. Farfar var ju latinare och hade, som jag uppfattar det, en bred allmänbildning. Ändå blev det fel.

Hur blir det då om vi får specialister på varenda molekyl?

"Ett resultat av specialiseringen är att folk har slutat ta personligt ansvar. När jag satt i Naturvetenskapliga forskningsrådet på sjuttiotalet och bedömde ansökningar, så läste vi dem. Vi läste vad de hade gjort och sedan skrev man en liten text. I dag säger man att vederbörande har 'en bra publikationsprofil'. Man tittar på om de varit publicerade i en fin tidskrift och om de blivit citerade. Den som studerat ett visst enzym vågar inte ta ansvar för att han kan bedöma ett annat."

"För att förstå helheten, måste du förstå bitarna. Men samtidigt ger det en missvisande bild, du tror att du kan så mycket. Helheten är ofta mer än summan av delarna."

"Lekmän får en bild av att naturvetenskapen är så exakt, de är imponerade av att det går att förutsäga hur planeter rör sig och nästan exakt på minuten när en komet ska passera. Liksom atomers storlek. Man mäter någonting och sedan vet man hur det är. Men vi mäter det vi kan mäta. Vi studerar det vi kan studera. Men ingen kan angripa det stora. Hittills har det varit så att ju mera vi har forskat, desto mera ökar det som vi inte kan. Man har ibland liknat det vid ett klot som expanderar. Kunskapen ökar, men det gör samtidigt också gränsen till det okända."

"Jag tycker att det är nyttigt om folk är skeptiska. Om man tittar bakåt i historien, så är det mycket som inte har visat sig hålla."

Men när forskare presenterar sina resultat låter det ofta som att nu vet de exakt hur det är?

"Jo, men då måste man ha i bakhuvudet att om tjugo år kanske det inte stämmer. Men Newtons lagar gäller i stort sett och det kommer nog att stå sig att DNA är en dubbelspiral."

"Problemet är att många naturvetare är analfabeter när det gäller politik och samhällsvetenskap. Och många humanister tycker inte att människan blir intressant längre om man bara kan förklara henne naturvetenskapligt. Det tycker jag är en missuppfattning. Strindberg blir lika intressant om vi vet att allt han gjorde berodde på molekyler, vilket det inte gjorde, eftersom det var en interaktion med miljön."

Jag tänker på farmor och hur hon försökte förstå farfar. Hela tiden på ett vetenskapligt sätt.

Har allting verkligen en naturvetenskaplig förklaring?

"Ja, det tror jag. Men däremot – hur ska vi kunna göra det begripligt? Om jag upplever sorg, kärlek eller hat: Hur ska jag förklara det i naturvetenskapliga termer? Om man har en naturvetenskaplig syn så består hela hjärnan av molekyler och biokemiska processer och vi kan säkert beskriva mycket med den begreppsapparat vi har, men känslor kan vi inte beskriva. Men bara för att det är svårt, behöver man inte ta till mystik och utomjordingar."

Vad är människan?

"En biologisk varelse som är fantastisk i den meningen att hon kan tänka och kan uttrycka känslor. Människan blir inte mindre fascinerande för att vi utgår från att det är biokemiska processer och molekyler som ligger bakom. Hon blir lika mångfacetterad. Varje individ är unik. Om man går över på religiösa frågor kan man säga att människan skapade Gud för att klara av sin ångest och skräck för att dö. Det är ju ganska skrämmande ibland när man ligger och tänker att när jag är död, så försvinner jag. Och sedan kommer jag aldrig tillbaka. Och när jorden slocknar försvinner allting och sedan är det ingenting. Det är en fruktansvärd tanke och det är ganska naturligt att förtränga det eller att tillgripa något övernaturligt."

"Faran med biologismen, att man bara betraktar människan som en maskin styrd av kemiska processer, är att man drar slutsatser när det gäller politik. Som när man förenklat säger att eftersom intelligensen beror så mycket på arv så är det ingen mening att lägga mycket pengar på att försöka utbilda dem med låg intelligens. Det är helt fel. Det finns mycket miljö med."

En del biologer säger att det inte alls är självklart att människan ska placeras överst?

"Om man tittar på hur pass komplicerade vi är, så är växterna mycket mera komplicerade och avancerade. Det sägs att gräsen varit mest framgångsrika på jorden. Människan är bara en liten återvändsgränd, som snart kommer att försvinna. Vi kan leka med sådana tankar, men vi kan inte basera våra åsikter om hur vi ska bete oss utifrån det. Vi måste utgå ifrån att människan är totalt skild från alla andra."

Vad kommer dina barnbarn att tycka om dina vetenskapliga skrifter?

"De är ganska oskyldiga. Jo, jag har varit en klar motståndare till kärnkraft. Jag menar att fotosyntesen kan utnyttjas för att producera energi. Om du tar en sommardag, så kommer det en kilowatt på en kvadratmeter. Den yta som Barsebäck ligger på, tar emot lika mycket energi från solen som de producerar själva. En yta som Lunds stadskärna mottar lika mycket energi som de två Barsebäcksverken producerar tillsammans. Det är ren propaganda att vi måste ha kärnkraft."

Full fart framåt

Inom gentekniken går det "rasande snabbt", får jag ofta höra. Hugo-projektet till exempel hade som mål att vara klart år 2005, men blev färdigt fem år i förväg.

Hänger forskarna med själva? I Göteborg träffar jag Gunnar Bjursell, professor i molekylärbiologi och en av de första som arbetade med genkloning.

"Det var i England på sjuttiotalet, det var det enda land där man fick hålla på med genkloning då. Vid den tiden hade jag hela genteknologin i en av mina anteckningsböcker, en liten svart bok med vaxade pärmar. I dag skulle jag säga att vi här på institutionen, en hyfsat stor grupp på 30 personer, behärskar kanske fem procent av de tekniker som finns i världen. Och vi följer inte mer än en eller ett par procent av utvecklingen inom området."

Så även ni är okunniga?

"Javisst, självklart när det gäller teknik och kunskapsomfång. Men en viktigare fråga är om vi är reflekterande."

Hur ser du på människan? Är du sociobiolog som Dawkins eller finns det något som vi inte kan förklara med naturvetenskapen. Kan människan ha en själ?

"Jag läser och läser och försöker tänka efter: Var står jag egentligen. Pust. Jag tycker faktiskt att Dawkins är feg. När han närmar sig människan stannar han. Jag håller en stor dörr på glänt för det tydliga religiösa inslaget i människan. Sökandet, meningen med livet."

Kan man biologiskt förklara även det?

”Jag vet inte. Vad är vackert? Varför tycker vi att en solnedgång är vacker? Att jag tycker att vissa kvinnor är härliga är väldigt enkelt att förklara biologiskt. Men att många människor känner en stor högtid när de går in i en kyrka eller sitter i en småländsk hage en stilla sommarkväll, går det att förklara biologiskt? Jag håller något på glänt, trots allt, och det beror på att religionen spelar en så stor roll i mänsklighetens historia. Den har varit med oss i 10 000-tals år och säkert har den därför också en viktig funktion i det mänskliga samhället och är en del av förklaringen till människans enorma framsteg.”

”När jag arbetade i London jobbade jag ihop med en italienare som var djupt troende katolik. Han kunde inte förstå varför vi inte gick i kyrkan och biktade oss. Men vi lutheraner här uppe skulle aldrig erkänna att vi går i kyrkan och att vi upplever någonting. 'Är du knasig', skulle folk säga. Men det tycker jag mycket väl att man kan göra och ska göra.”

Men anser du som biolog att allt är tillåtet, om Gud skulle vara död?

”Nej, absolut inte.”

Vem ska bestämma? När känner du att det här vill jag inte vara med om?

”Även om Gud är död, så finns det väldigt viktiga tankar som är grundläggande för vår uppfattning om oss själva och andra människor.”

Men du ser ingen konflikt i att betrakta dig själv som en biologisk maskin och att ändå ha ett människovärde?

”Jo, det tycker jag är konflikten för dem som säger att vi bara är en påse kemikalier. Vad har vi då för värde? Vi har bara ett värde som är åttiofem dollar, har det sagts, för våra metaller i kroppen i form av silver och guld.”

Är det många som hävdar att vi bara är en påse kemikalier?

”Nej, men det finns de som hävdar att vi kan hantera människor på det sättet. Det finns många forskare som säger: Låt barnen födas. Sedan har vi ett par veckor på oss att testa dem. Kommer de att bli livsdugliga eller inte? Då har vi möjlighet att ge dem en spruta i stället för att de ska utveckla ett handikapp som kostar mycket för samhället."

"Det finns flera som resonerar så här och den diskussionen har funnits under en följd av år. Man frågar hur länge gendiagnostiken ska få pågå? Några säger under hela graviditeten, andra till tjugonde veckan och andra säger 2–4 veckor eller kanske ett halvår efter födseln. Var går gränsen? När får livet ett värde? För mig är det alltid värdefullt, det är min grundsyn. Ifrån det befruktade ägget, när det har satt sig i livmodern, till att människan är död, har det ett värde. Och det är skilt från många djurs, som jag inte anser har något sådant värde. En fluga har inte ett värde för mig. Människor har ett annat skyddsvärde än djur. Men kanske måste vi gradvis utöka skyddsvärdet. Jag kan mycket väl tänka mig att det är fullständigt oetiskt att sätta gorillor och schimpanser i fångenskap när de har en världsuppfattning som inte skiljer sig speciellt mycket från vår."

Bakterierna är våra kusiner, sa du i ett föredrag.

"Ja, men jag menar att människan har en unik position, vi har ett enormt ansvar för utvecklingen på jorden."

Tror du att människan någon gång skulle vilja göra om arten människa?

"Det är en annan fråga. Ja, det är möjligt."

Skrämmer det dig, eller är det positivt?

"Det är ganska neutralt just nu. Hur länge kommer Eiffeltornet att stå som det gör? Paris stad byter ut 70 000 nitar varje år, när tycker vi inte längre att vi har råd att hålla det vid liv? Det är en symbol för mig. Hur länge tycker vi att mänskligheten är bra med det genmaterial vi har? När måste vi tillföra något nytt? Jag vet inte. Det kan komma nya yttre hot mot oss som vi inte just nu har grepp om. Någon ny riktig farsot. Då kan det finnas en möjlighet att lägga in några nya gener eller någon ny egenskap för att ge oss nya skyddsmekanismer."

Vad tror du dina barnbarn kommer att reagera mot?

"Jag tycker att jag i grund och botten har en väldigt liberal människosyn. Jag tycker att alla högre organismer har ett skyddsvärde och jag tror inte de kommer att anklaga mig så mycket på den punkten. Men kanske kommer de att säga: 'Hur kunde ni göra så mot schimpanserna, mot gorillorna och gibbonaporna?' Eller att vi inte förstod hur vi påverkade ekologin, det vill säga evolutionen."

"Och det är möjligt att de anklagar oss för att vi inte förstod vad vissa typer av genmodifieringar egentligen innebär. Alltså när vi går över artgränser. Det kan finnas någonting där, som vi inte begriper riktigt. Jag kan tänka mig att det vi åstadkommer nu kommer att ha mycket tydliga biverkningar och att vi inte förstår varför."

I dag hör man ofta "det är säkert mina gener". Allt tycks bero på biologin.

"Mycket ligger säkert i dina gener. Men hur du fyller på är väldigt miljöberoende. Vilka du träffar, vilka åsikter de har. Titta på tyskarna, alla soldater som med ett skratt i ansiktet kunde stå och hugga huvudet av folk. Likadana människor lever i dag i Tyskland och givetvis i övriga världen. Där ser man hur miljön/samhället kan få folk att göra vad som helst."

En systematisk selektion

Hur ska man kunna se sin egen samtid? Vad är så självklart i dag att vi inte ens reflekterar över det? Farfars brev och dagböcker innehåller inte mycket som diskuterar rasbiologin. Det var en strömning i tiden, något för honom självklart som hela tiden låg där som en fond. Det var säkert likadant med den nordiska rasen, för farfar var det självklart att den stod överst.

Vad behöver man inte diskutera i dag?

Det är lättare att se skillnaderna. En är synen på individen. I dag betonas hela tiden självbestämmandet. Men när professor Nils von Hofsten motiverade steriliseringslagen, sa han i ett radioföredrag 1942: "Sterilisering är ett så viktigt ingrepp att den enskilde inte bör få bestämma det själv."

I dag skaffar vi barn för vår egen skull och inte för samhällets. Även om politikerna återigen är bekymrade över små barnkullar och många gamla som ska försörjas och tas om hand och vi uppmanas att skaffa fler barn. "En vagga kommer att svara mot två likkistor", skrev farfar 1942. Han och andra rasbiologer hävdade att de med "goda" anlag, de med högt rasbiologiskt värde, gjorde en samhällelig plikt genom att skaffa många barn. Och de med "dåliga" anlag måste med alla medel förhindras att skaffa barn. De kostade dessutom för samhället. Men just kostnadsargumentet, besparingen för samhället, var återigen aktuellt på sjuttiotalet, berättar Christian Munthe, docent i praktisk filosofi i Göteborg. Han har studerat värderingar bakom gårdagens steriliseringspolitik och dagens fosterdiagnostik.

Jag träffar honom högst upp i en vindskupa i Filosofens engelskinspirerade tegelhus bakom Götaplatsen. Han berättar hur debatten fördes på sjuttiotalet.

"Man sa att fosterdiagnostiken är till för individen och inte för samhället. Det sa man för att distansera sig från den gamla genetiska verksamheten. Men det fanns också en annan motivering och det är där vi hittar det stora sambandet med steriliseringspolitiken. I väldigt många artiklar påpekades att fosterdiagnostik också har stora ekonomiska fördelar för samhället. Det var mycket precist ibland, i kronor och ören redovisades hur mycket det kostade per år att ta hand om ett genomsnittligt barn med en svårare utvecklingsstörning."

"Men en viktig skillnad när det gäller de ekonomiska motiven, var att på trettiotalet argumenterades på ett väldigt offensivt sätt. Hälso- och sjukvården hade som uppgift att bidra till samhällets sunda ekonomi. Poängen med folkhälsa var just att det var bra för samhällsekonomin. Människors liv värderades mycket i ekonomiska termer och det kan förklaras av nationalekonomins stora framgångar under de här åren. Man började få teoretiska modeller med nyttokostnadsanalyser för hela samhället."

Vad hände när de ekonomiska motiven kom tillbaka på sjuttiotalet?

"Framförallt handikapprörelsen reagerade. 1978 råkade några som jobbade inom omsorgerna läsa en artikel i Läkartidningen, som avslutades med en slutkläm om hur mycket ett barn med Downs syndrom kostar per år. De blev väldigt arga och undrade 'vad sjutton håller ni på med?' Från experternas sida framkom att de såg inte som sin uppgift att bidra till samhällsekonomin, utan detta argument var ett taktiskt drag för att få politikerna att satsa pengar på att etablera fosterdiagnostik, som då var helt nytt inom sjukvården."

"Som motivering framhölls också i medicinska tidskrifter under sjuttiotalet att det innebär prevention. Man förebygger sjukdom. Men det är ju inte på samma sätt som att sluta röka, utan man förebygger sjukdomen genom att den sjuka individen elimineras. Man såg nog aldrig riktigt att det aktualiserade grundläggande etiska frågor som: Kan det vara en fördel för en individ att aldrig bli till? Och vem är det en fördel för? För fostret, för föräldrarna eller för samhället?"

Ser du någon koppling mellan dagens fosterdiagnostik och steriliseringspolitiken?

"Vi kan få en bakdörrseugenik. Om samhällets omsorger fortsätter att rustas ner och det blir för dyrt att föda ett barn med någon avvikelse, då är vi tillbaka i trettiotalet."

Men är det inte skillnad på värderingarna?

"Som jag förstått det, är det få som aborterar därför att de tycker att handikappade är mindre värda och inte har rätt att leva. Däremot är det mycket hat, rädsla och moralism i värderingarna kring homosexuella. Man tycker att det är en sämre sorts individer. Vi vet att de flesta heterosexuella människor skulle föredra att slippa få homosexuella barn. Så om man hittar genetiska modeller för detta, skulle det nog bli en ganska stor systematisk selektion av homosexuella."

Sömnen

Jag är restrött. När jag började min forskningsresa anade jag inte att den skulle bli så lång, att den skulle pågå flera år.

Jag borde vila.

Men jag är otålig och tankarna snurrar. Vad är egentligen ett embryo? Jag börjar läsa om befruktade ägg.

Min sömn är inte förstklassig, som farfar skulle uttryckt det.

Om jag vore ett embryo
då skulle jag sova i åratal
Nerbäddad i flytande kväve
i minus 196

Att göra barn

Jag står redo, i grön laboratorierock och hårnät, på den privata kliniken Fertilitetscentrum i Göteborg.

Laboratoriechefen Ann-Sofie Forsberg hämtar mig och visar först "herrummet", vägg i vägg med laboratoriet. Det är ett alkovliknande litet rum med lugna gula väggar. Här finns herrtidningar och en video som kan laddas med porrfilmer.

"Förut hade vi bara en toalett. Och där låg det bara båttidningar", berättar hon.

Båttidningar?

"Ja, jag förstod aldrig varför. Är det så upphetsande med stora båtar?"

Hon berättar att spermaprovet, ejakulatet, får vara högst 45 minuter gammalt. Ungefär hälften av männen har det med sig, medan resten lämnar från "herrummet".

Jag undrar hur det går?

"Det lyckas för de flesta. Problemet är att vi inte kan vänta. Vi plockar ut äggen på kvinnan på morgonen och vi måste plocka ihop äggen med spermierna samma dag."

Vi går in i laboratoriet och här finns en lucka där mannen ställer sitt ejakulat i ett rör, ungefär som man lämnar urinprov på en vårdcentral.

Ann-Sofie Forsberg tar fram ett ejakulat. Hon tillsätter en lösning och centrifugerar. De levande spermierna lägger sig på botten, de väger mer och sjunker därför. Sedan tvättar hon dem.

Den här mannen hade 300 miljoner spermier.

Alldeles intill står runda grå behållare på hjul. De påminner om gammaldags Nilfisk-dammsugare. Här ligger de nedfrusna embryona och jag ber att få se dem. Hon skruvar av locket på en av behållarna och jag ryggar tillbaka av den rykande kylan.

Plaströren står tätt packade. I vart och ett ligger två embryon, två befruktade ägg. 90 par har sina embryon nedfrysta i varje behållare. De fryses ned stegvis, en dator reglerar temperaturen så att den sjunker i rätt takt. Efter två och en halv timme är den nere i minus 196 grader.

Hur länge kan de ligga så här?

”Vi får spara dem i fem år”, säger Ann-Sofie Forsberg.

Små, små prickar, men för henne ser alla olika ut. Lika olika som färdiga människor ser ut.

”När jag hör att Lundströms fått barn, kommer jag genast ihåg hur ägget såg ut”, säger hon.

Men kan det verkligen bli ett barn om embryot legat i frysen i fem år?

”Ja, det kan säkert ligga i 100 år också, fast det har ingen provat än. I flytande kväve förstörs de inte.”

Jag undrar hur många ägg de fryser ner från varje par?

”Det finns ingen begränsning. Skulle en kvinna ha 40 fina ägg, så fryser vi in dem.”

Lagen tillåter att de sparas i fem år, men på grund av platsbrist får man betala efter två-tre år för att ha dem kvar.

Men är de individer? När börjar livet?

”Någonting händer ju vid befruktningsögonblicket. Men jag kan inte tänka att det är barn, då skulle jag bli livrädd och inte våga flytta på dem. Jag tycker inte att livet börjar förrän ägget fäst i kvinnans livmoder.”

”Men det är klart, man vill ju att alla ska klara sig”, tillägger hon.

I befruktningsrummet är belysningen dämpad. Inkubatorerna, värmeskåpen där äggen förvaras, står på rad. Staplade ovanpå varandra. Det är trångt som i en affär för vitvaror.

Varje kvinna har ett eget fack med lucka i inkubatorn. Här står de platta genomskinliga små skålarna med hennes ägg. I varje skål ligger fem ägg och cirka 150 000 spermier. Luckan är märkt och det är också varje skål.

Det är mycket noga med alla siffror, små etiketter och nummer på skålar och rör när man ska göra barn.

"Blir det fel, så blir det så himla fel", säger Ann-Sofie Forsberg.

I rummet bredvid ligger en kvinna och väntar på äggplockning. Det kan bli allt mellan ett och fyrtio ägg. På ultraljudsskärmen ser jag de svarta äggblåsorna, som druvklasar på äggstocken. Slurp. Så sugs de ut. Äggblåsorna faller samman och äggen läggs i provrör.

Denna kvinna hade 20 äggblåsor och totalt 18 ägg.

"Ett bra utbyte. Vi vill gärna ha 10–12 ägg."

Ett dygn efter att ägg och spermier sammanförts i samma skål, kan man se om det blivit någon befruktning. Ibland har två spermier befruktat samma ägg. Dessa slängs.

Sedan börjar delningen. Dagen efter befruktningen tittar man på den och det ska då vara 2–6 celler. De ska vara jämna och ungefär lika stora.

"Vi tar gärna en fyrcellare i stället för en tvåcellare", säger Ann-Sofie Forsberg.

Sex-sju dagar kan befruktade ägg odlas utanför kroppen. De flesta får äggen inplanterade i livmodern dag två. Högst två ägg planteras in, resten stoppas i frysen.

Ibland blir inget ägg befruktat, så därför görs ofta dessutom så kallad mikroinjektion för att öka chansen att något tar sig.

Då väljer man ut en enda spermie och injicerar den i ägget.

Hur väljer du, frågar jag.

"Jag tittar på hur de rör sig, om de ser normala ut. Abnorma spermier har dubbla svansar, avbrutna svansar eller andra former på huvudet. De som har få spermier har ofta 95 procent abnorma spermier."

Hon visar hur det går till. Under mikroskop håller hon fast ägget med en pipett och sprutar in spermien. Den får hjälp att komma genom äggskalet.

”Man måste jobba ganska snabbt. Äggen kan inte vara ute särskilt länge”, säger hon.

Jag måste få se de grå behållarna med embryon igen. Det känns overkligt att det kan bli barn av de små prickarna. Det ser så kallt ut. Hur många överlever kylan?

”Trettio–fyrtio procent dör under frysningen. De som överlever är ofta fyrcellare, medan tvåcellarna går under”, säger Ann-Sofie Forsberg.

I Sverige föds cirka 2 000 provrörsbarn varje år. Av dessa kommer drygt 200 härifrån Fertilitetscentrum i Göteborg, som ligger på Carlanderska, ett vackert sjukhem från 1916. Den nationalromantiska röda tegelbyggnaden är klädd i vinrankor. Vd, läkare och docent är Matts Wikland och när jag första gången besöker honom har han nyligen varit på Högskolan i Karlstad och lyssnat på en föreläsning om rashygien.

”Man fattar inte, hur kunde människor tänka på det sättet? Det var vetenskap, men det är fullständigt omöjligt att förstå”, säger han.

”Det var ju en annan tid förstås”, tillägger han.

Jag undrar hur han ser sin egen roll?

”Som jag är uppfostrad och utbildad anser jag att jag hjälper människor med ett visst handikapp – om man betraktar det som ett handikapp att inte få barn. Samtidigt är barn väsentligt för samhällets fortbestånd. Men jag tycker inte att jag står i samhällets tjänst, utan jag försöker hjälpa individen för att hon eller han har en defekt.”

”Det finns också en nyfikenhet. För när man börjar utveckla nya tekniker kan man också skaffa sig mera kunskap.”

Känner du dig helt främmande för dina läkarkollegor på trettio- och fyrtiotalen som steriliserade?

”Ja, det gör jag. Jag har ingen förståelse för hur man kan sätta samhällets tjänst före individens. Jag tror att vi ser mycket mer till individen i dag."

Men vad vill individen? Vilka par kommer hit och vad ställer ni upp på?

"Det huvudsakliga är att hjälpa par att få barn. Vi utreder och föreslår lämplig behandling. Det behöver inte innebära provrörsbefruktning, men i slutändan hamnar många där. Ibland hittar vi inget fel utan låter dem bara lugna ner sig och stöttar, så att det kanske löser sig av sig självt till slut."

Förekommer det att par har speciella önskemål?

"För de allra flesta är det viktiga att få ett barn överhuvudtaget. Men ibland kommer par som fått ett barn med Downs syndrom, så kallad mongolism. De vill göra provrörsbefruktning för att vara säkra på att inte få ett barn till med Downs. De vill inte göra fostervattensprov för de kan inte tänka sig att göra en sen abort. De vill inte hamna i en sådan svår situation, utan vill veta om embryot är friskt med avseende på detta. Men det kan vi inte hjälpa till med när det gäller mongolism. Vi får bara göra det om det handlar om sjukdomar som leder till döden ganska snart eller till ett mycket svårt lidande för barnet."

"Det finns också par som kommer hit för att diskutera möjligheten att få ett garanterat friskt barn. De säger: Vi vill veta att det är ett friskt barn. Men det är ju helt odefinierat. Vad är ett friskt barn? De undrar varför inte tekniken kan ta reda på allting. I dag finns det teknik att diagnosticera många sjukdomar och defekter och även egenskaper som längd och hårfärg. Man kan selektera embryon efter det, men vi gör inte det."

Är det en ny grupp, dessa par som vill ha ett garanterat friskt barn?

"Nej, min erfarenhet är att dessa patienter har alltid funnits, det är en viss kategori människor som alltid är oroliga. De behöver inte ha ärftliga sjukdomar i släkten. Det är också människor där ett sjukt barn inte skulle passa in. Det finns inte utrymme för det i deras tillvaro. De vill styra vad de ska få. Men de är inte många."

Vad säger du till ett par som inte vill ha ett homosexuellt barn?

Om man tänker sig att det skulle vara tekniskt möjligt.

"I det läget säger jag nog att jag inte kan hjälpa till."

Varför?

"Därför att då utnyttjar man tekniken där det inte längre gäller sjukdomar. En homosexuell person kan leva ett bra liv ändå. Gränsen går, där jag tror att livet innebär ett så svårt lidande för barnet att det ändå slutar med döden inom väldigt kort tid."

I vad mån får man vara med och välja vilket embryo man vill ha implanterat?

"I dag får man inte ha några synpunkter på det och jag tycker inte heller att det borde bli tillåtet. Vi väljer det embryo som ser bäst ut i mikroskopet och det finns ingen relation till hur barnet sedan kommer att se ut eller till egenskaper. Utan det är relaterat till att det ska bli ett barn överhuvudtaget."

Ibland hävdas i debatten att barn kommer att bli den postindustriella människans största shoppingupplevelse. Att vi får privata kliniker som specialiserar sig på olika slags människor: Långa och blonda, musiker, tennisspelare etc. Och att kvinnor låter sterilisera sig i unga år för att sedan skaffa barn genom provrörsbefruktning på en klinik, där de kan ta bort eller tillsätta lämpliga gener till embryot. Allt för att tillfredsställa kundens önskemål. Eftersom jag nu befinner mig på en privat provrörsklinik undrar jag hur man ser på detta scenario här?

"Jag tror inte alls att det blir så. Vi styrs av lagar, av samhällets regler och man ska inte kunna köpa sig förbi dem. Vi styrs också av läkaretiken. Du kan jämföra med om någon kommer till en privatläkare och säger att han vill ha båda benen kapade och att han betalar för det – läkaren gör det ändå inte", säger Matts Wikland.

"Men", tillägger han efter en kort stund och ser bekymrad ut, "det kan naturligtvis uppstå svårare situationer. Vi vet att äldre kvinnor har ökad risk för att föda barn med Downs syndrom. Vad gör vi om det kommer en äldre kvinna och säger att hon vet om detta, men tar risken och betalar för det?"

Han funderar en stund och säger sedan:

"Samhället har inte sagt till oss att vi inte får hjälpa denna kvinna. Samhället säger: Det är inte kostnadseffektivt att göra provrörsbefruktning på äldre kvinnor. Jag tycker nog att vuxna människor ska kunna ta ett beslut själva. Vi får presentera data för kvinnan och sedan får hon besluta själv."

Jag undrar vilken ålder han talar om?

"Hittills sätter naturen en gräns vid 45. Sedan är det mycket svårt att bli gravid."

Skulle det vara bättre om man kunde titta direkt på äggen och spermierna och "rensa" bort de defekta före befruktningen?

"Ja, det skulle kännas bättre. Det beror på hur man definierar början på livet. Ett embryo – där tar vi kål på något som skulle kunna bli ett barn. Men ägget är mera som en cell som inte kan leva för sig själv. Tills helt nyligen har man ansett att det kan inte utvecklas till någonting om det inte befruktas. Nu har det visat sig att det går att aktivera en äggcell. Det är en variant av kloning, där en spermie inte är nödvändig."

Så det behövs inga män?

"Nej, egentligen inte."

När börjar livet, går det att fastställa?

"Jag tycker inte att livet börjar förrän embryot har implanterats i livmodern och det kan bli ett barn. I dag kan man inte skapa ett barn utanför kroppen, i en flaska eller liknande. Man kan odla befruktade ägg utanför kroppen i 6–7 dagar. Men sedan måste man ha någon värdorganism. Det går inte att få barnet att växa utanför kroppen. Men det behövs inte en livmoder, så i princip skulle en man kunna bli gravid."

Än är vi alltså inte framme vid Aldous Huxleys mardrömslika *Du sköna nya värld*, där barn föds upp i flaskor.

"Många tror att det kommer att gå. Men jag tror inte att vi kommer att få den kunskap som krävs för att fostret ska växa till sig på ett korrekt sätt. Allt är så oerhört komplicerat. Bara det vi gör i dag – att ta ut och befrukta äggen utanför kroppen och sedan återföra dem – är tillräckligt komplicerat. Att sedan få det att fungera hela vägen, det är oerhört mycket vi inte vet."

Matts Wikland berättar att han hållit på med provrörsbefruktning i över tjugo år och för tio år sedan trodde han att de skulle ha kommit mycket längre när det gäller möjligheten att få ägg att fastna i livmodern.

"Den har ökat med kanske fem procent på de senaste tio åren. Jag trodde vi skulle vara uppe i femtio procent. Vi är inte i närheten av det och det beror på brist på kunskap. Vi har inte kunskap om hur implantationen sker i livmodern, vad det är som styr den."

När du var nyexaminerad, hade du då kunnat tro att du skulle hålla på med den här verksamheten i dag?

"Nej, det hade jag inte. Men däremot fanns redan då mycket av den kunskap som vi utnyttjar i dag för provrörsbefruktning. Mycket av detta fanns redan i mitten av fyrtiotalet, då det gjordes en del experiment i USA med humana ägg."

Molekylärbiologerna säger att det går oerhört fort nu?

"För mig som kliniker, som jobbar med paren, är det ett stort svart hål mellan oss och molekylärbiologerna. De lever med sina tekniker, de kan göra massor i dag, men därifrån till att utnyttja det? Om vi talar om att göra diagnostik på embryon, så visst går det att applicera vilka tekniker som helst för att titta på olika gener och kanske på sikt också egenskaper. Men vi vet nästan ingenting om vad som händer när vi har sönder äggen. Vi vet däremot att chansen att bli gravid är halverad efter att man tagit ut en cell, jämfört med om man inte manipulerat embryot. Dessutom kan det visa sig på sikt att det faktiskt är risker med det här."

"Tag det klonade fåret Dolly: Jag tror att man gjorde cirka 30 000 experiment innan man lyckades få fram ett enda får. Vi kan inte förbruka människor på det sättet. De kan göra om sina försök i laboratorier och på djur, men vi kan inte avliva barn som inte blir som vi tänkt oss. Så att föra över dessa molekylärgenetiska metoder till människa är inte lätt."

Tror du att allt i livet går att förklara naturvetenskapligt?

”Ja, det kan jag hålla med om. På sikt kommer vi att få mycket kunskap på molekylär nivå. Men det tar en enorm tid att foga ihop all denna kunskap till något vettigt. Vi har blivit specialister på våra enskilda bitar. Det är risk att vi förvillar oss i detaljerna och inte får ihop det.”

”I dag skenar det iväg. Superforskarna går sin väg och klinikerna hänger inte med. Det är så mycket information och det går inte att tolka den, om man inte begriper vad de har gjort och det gör inte alla av oss. Ska vi lägga fram informationen för patienten och säga: ’Nu måste du välja!’ Hur ska en individ kunna göra det? Ska vi doktorer bli någon slags jurister för patienten och säga hur hon ska göra? Vi som inte ens har kunskap om vad forskarna har gjort och om de gjort det på rätt sätt.”

”Det kommer att krävas något som knyter ihop, så att vi tolkar och utnyttjar kunskapen på rätt sätt. Det har man hittills hoppat över. Nu är forskarna så oerhört entusiastiska över vad de kan göra. Även om vi i viss mån sysslar med teoretisk forskning så är vi ändå förankrade vid patienten och vill veta varför vi ska göra det här och om det är någon mening med det.”

När börjar livet? Den nya forskningen kring stamceller ställer frågan på sin spets. Här används omogna celler från embryon, celler som sedan kan utvecklas till hjärnceller, blodceller eller vad som helst. Syftet är att försöka bota svårt sjuka patienter och till det används embryon som skulle kunnat bli människor. Jag undrar vad Matts Wikland tycker.

”Jag tycker att stamcellsforskningen är bra. Den kan ge oss nya behandlingsmetoder för vissa sjukdomar som innebär ett stort lidande.”

Är ni involverade på något sätt?

”Vi samarbetar med Sahlgrenska sjukhuset. Par kan donera befruktade ägg för stamscellsforskningen där och det gör ett sjuttiotal par om året härifrån. Det handlar om cirka 140 embryon per år.”

Hur går det till? Vilka embryon går till forskning?

”Vi har valt att bara tillfråga de par som har frysförvarade embryon, som de har sagt att vi ska kasta. De har samtliga fått barn. Paret som donerar det befruktade ägget har alltså tagit beslutet: Detta ska inte bli ett barn.”

Majoriteten av de tillfrågade paren har varit positiva.

Moralisk stress

När börjar livet? Det borde jag ta ställning till. Hur ska jag annars kunna veta vad jag tycker om stamcellsforskningen till exempel?

Är det rätt att använda embryon som skulle kunnat bli människor? ”Jag är glad att inte jag blev en stamcell”, säger min yngsta dotter. Det är jag också. Jag är inte emot att bota sjukdomar. Men vad är rätt och fel?

Jag lider nog av moralisk stress. Det slår mig när jag i ett helt annat sammanhang intervjuar en ekonom, docent Tomas Brytting vid Handelshögskolan i Stockholm. Han använder begreppet när vi diskuterar etik. Brytting har tagit initiativ till ”Akademin för etik i arbete” och menar att många människor i dag lider av moraliskt betingad stress.

”Kombinationen av ökat individuellt ansvar, tidsbrist och att inte längre självklart veta vad som är rätt och fel är explosiv”, säger han och ger ett exempel från affärslivet: Det finns numera flera principer för att värdera tillgångar och skulder. Den enskilde revisorn vet inte vad som är rätt och fel och hinner inte diskutera med någon kollega.

Men var det så mycket bättre förr?

”När samhället var mera statiskt fanns det tid att etablera 'god affärssed' i varje bransch. I dag sker förändringarna snabbt, mycket till följd av ny teknologi”, säger Tomas Brytting.

”Reaktion på svår stress” är den vanligaste sjukskrivningsdiagnosen bland tjänstemän i dag. Brytting menar att lösningen inte bara är mer resurser. På varje arbetsplats borde man sätta sig ned och diskutera: Vilka grundläggande värderingar styr den här verksamheten? Och vilka är mina värderingar?

Jag är nog inte ensam om att känna moralisk stress inför gentekniken. Förutsättningarna förändras hela tiden, det går att göra mer och mer rent tekniskt och forskarna själva verkar lika förvånade.

Och det är alltid bråttom. Stora ekonomiska intressen står på spel och både forskning och arbetstillfällen sägs vara hotade om vi inte hänger med i utvecklingen.

Ja, när börjar livet? Om Gud är död och vetenskapsmännen inte heller vet, vem ska jag då vända mig till?

Dödlighetsintensiteten

Farfar funderade på att skaffa livförsäkring. Om han tillhörde det "förnämsta människomaterialet" borde det inte ha varit några problem. Men han skriver till farmor 12 april 1921: "Som jag ju nu är rätt gammal blir det dock en rätt dyr historia. Då jag inte har några skulder, har jag förut ej tyckt mig ha någon anledning att taga en lifförsäkring. Dessutom hade jag i yngre dagar en ihållande ägghvita under flera år, hvilket hade förorsakat ökade premier. Vi få väl tillsammans resonera vidare om denna sak."

Han var då 33 år, men tydligen redan gammal i försäkringssammanhang. Ändå blev han 88 år.

Konstnären Mikael Lundberg har låtit räkna ut hur länge han ska leva. När jag träffar honom har han 1 miljard 51 miljoner och 202 173 sekunder kvar av sitt liv.

Ur en grå unikabox har han plockat fram den portabla varianten av sitt numera smått klassiska verk Lifetime. Vi sitter here i kafeterian på Chalmers tekniska högskola i Göteborg och det är studentpriser på kaffet och en alldeles vanlig gråmulen torsdag. Den elektroniska displayen räknar ner Mikaels livstid och jag känner att jag måste ställa intelligenta frågor, inte slösa bort hans liv. Men tänker jag efter, är det förstås min egen tid som också tickar bort.

"Jag har gjort Lifetime som ett politiskt statement. Hur kan man värdera människor? Försäkringsbolagen kan ta ut en individ ur ett kollektiv och sätta ett pris", säger Mikael Lundberg och berättar att när han försökte försäkra sin adopterade son från Vietnam blev det nobben.

”Då visades verkligen deras rätta ansikte.”

Kanske är vi svenskar en smula naiva, vana som vi är vid den allmänna sjukförsäkringen. Men många blir förvånade när de nekas privat sjuk- eller livförsäkring. Själv glömmer jag aldrig när en försäkringstjänsteman för några år sedan förklarade varför bolaget inte försäkrar människor med högt blodtryck: ”Vi försäkrar inte ett redan nedbrunnet hus.”

Två av mina närmaste vänner är nedbrunna hus.

Statistiska centralbyrån (SCB) publicerar dödlighetstabeller och Mikael Lundberg bad SCB räkna ut hans återstående livstid. Han fick fylla i ett femtiotal frågor som anses ha betydelse – förutom sjukdomar även utbildning, ekonomi, sexuell läggning, bostadsort, rökning, alkoholvanor, föräldrars samt mor- och farföräldrars livslängd.

Datorn räknade ut att han skulle bli 83 år.

Skulle han bli äldre än så, slår displayen om och visar ”overtime” och börjar räkna sekunderna uppåt.

Han har tre Lifetime, varav ett hänger på väggen hemma i lägenheten i Stockholm. Det har visats på ett fyrtiotal utställningar i Europa, USA och Kanada.

Många vänder sig bort.

För 30 år sedan hade försäkringsbolagen stora arbetssalar, där hundratals personer satt och vevade på räknesnurror för att beräkna premierna. I dag gör datorerna det.

Hur räknar man då ut rätt pris? Jo, det finns en formel får jag veta, som kallas ”dödlighetsintensiteten”. Den är grundpelaren i försäkringsmatematiken. Formeln är suggestivt vacker, nästan som ett konstverk, men lika obönhörlig som Mikael Lundbergs Lifetime: Hög dödlighetsintensitet ger hög premie eller ingen försäkring alls. Det hänger på den lilla bokstaven x, som står för ålder. För kvinnor sätts denna sex år lägre än den biologiska åldern eftersom medellivslängden skiljer sex år mellan kvinnor och män.

Men åldern beror också på vad riskbedömaren kommit fram till efter hälsoprövningen: Den biologiska åldern ökas på med ett antal år beroende på denna bedömning.

I dag är riskbedömningen en affärshemlighet, varje bolag har sina egna tjocka tabellverk.

Göran Flood, försäkringsdirektör på Skandia, ger ett exempel på riskbedömning: Om normal premie är 300 kronor i månaden, blir den 600 kronor för den som har måttlig astma.

Inom försäkringsbranschen finns en allmän tendens att vilja selektera, att ordna människor i olika riskgrupper allt eftersom tekniken förbättras. Det gäller även i trafikförsäkringen – där bolagen nu selekterar på ålder, bostadsort och bilmärke. Utvecklingen drivs inte bara av branschen, utan lika mycket av försäkringskollektivet. De som redan är inne i värmen vill inte ha in så kallade dåliga risker, som kan innebära att premien måste höjas eller att försäkringen i värsta fall går omkull.

Redskapen att selektera blir allt bättre. Jag vet inte hur man gjorde på farfars tid, om bolaget skulle ha tagit reda på vad som låg i släkten, men i vår tid skulle gentest kunna bli ett näst intill perfekt redskap. I alla fall om de verkligen kan förutsäga sjukdomar och tidig död.

Men kan man då över huvud taget tala om försäkring? Om bolagen börjar riskbedöma och finsortera ner på individnivå? Till slut kanske bara de som inte behöver någon sjukförsäkring har råd att teckna den.

”Om man får effektiv kunskap om kommande sjukdomar och dödsfall via gentekniken kommer sjuk och livförsäkringsområdet att försvinna. Då har hela basen för vår verksamhet, osäkerheten, försvunnit”, säger Gunvall Grip som sitter i vd-staben på Folksam.

Men är det självklart att bolagen ska få veta resultatet av ett gentest?

”På sikt tror jag inte det är möjligt att förbjuda folk att hantera kunskap, det gäller både försäkringsbolag och andra institut. Om du vet att du med 97 procents sannolikhet ska avlida före 55 års ålder och bolaget inte får veta detta, då kommer man inte att syssla med liv- och sjukförsäkringar."

"Man kan jämföra med om du tecknar en brandförsäkring och du, men inte bolaget, vet att huset ska brinna inom ett år."

Men kan man ha samma syn på människor som på lösöre?

"Försäkringsmatematiskt kan man det. I övrigt naturligtvis inte", säger Gunvall Grip.

I Läkartidningen (nr 10/96). kan man hitta artiklar om att vi måste värna om den allmänna försäkringen. Exempelvis:

> En av de mest skrämmande framtidsvisioner som debatten om anlagstest pekar på är den om hur samhället kommer att se ut om finansieringen av sjukvården överförs till privata försäkringar. Om försäkringskollektivet har svårt att acceptera att friska individer med sjuka föräldrar får samma skydd som andra, hur kommer man då att behandla dem som är sjuka redan från födseln?

Ett lagförslag mot genetisk diskriminering har varit på väg i åratal i Sverige. Redan 1996 föreslogs det i en departementspromemoria. Men försäkringsbolagen har hela tiden bromsat med hänvisning till att kunden inte får veta mer än bolaget. Frågan utreds av en parlamentariskt tillsatt grupp, som enligt direktiven ska vara klar 2003.

Nu finns i stället ett avtal mellan staten och Sveriges försäkringsförbund. Bolagen förbinder sig att inte efterfråga resultat av gentest på livförsäkringar under 550 000 kronor och inte på sjukförsäkringar där beloppet ligger under ett basbelopp per år. Barn- och olycksfallsförsäkringar samt tjänstegrupplivförsäkringar omfattas inte av avtalet.

"På försäkringar över 2,3 miljoner frågar vi efter ärftliga sjukdomar. Och misstänker vi att någon gjort gentest kan vi fråga både om gentest och familjehistoria vid försäkringar över 550 000 kronor", säger Göran Flood på Skandia.

Vad händer om en person själv presenterar ett gentest som visar att han eller hon med stor sannolikhet lever till 90 års ålder?

”Vi har en rekommendation att om en person kan visa upp en mycket fördelaktig genetisk bild så ska vi inte beakta det. Han får naturligtvis normalpremie, men inte lägre. Det är en etisk fråga. Ska vi tillåta oss att ha några supermänniskor som får bättre villkor än andra?” säger Göran Flood.

Men Göran Skogh, professor i nationalekonomi med inriktning på försäkringsekonomi, tror att det blir svårt för bolagen att tillämpa den principen.

”Här finns en möjlighet att tjäna pengar. Om de inte hänger med så förlorar de kunden till utlandet.”

Genom försäkringshistorien har de med låg risk velat slå sig samman. Ett tidigt exempel är Skånska Brand som bildades i slutet på 1800-talet. Det var oftast trähus som brann, och i Skåne finns det som bekant mest stenhus. De som försäkrade sig i Skånska Brand fick lägre premier.

”Samma utveckling kan man tänka sig på genetikens område. Friska människor slår sig samman och får bättre villkor”, säger Göran Skogh. ”Redan i dag finns det utländska bolag som ger rabatt på normalpremien för människor med mycket låg risk.”

Kategorin kallas ”preferred life”.

”Sjukdomen”

Vilka är dagens ”minusvarianter”? Jag träffar en kvinna som bär på genen för Huntingtons sjukdom, den så kallade danssjukan. En neuropsykiatrisk sjukdom som gör att man dör svårt invalidiserad i förtid.

”Alltid när de ska dra fram någon riktigt hemsk ärftlig sjukdom, så är det Huntington”, säger hon.

Hon vet att hon ska bli sjuk. Hon ser ut precis som i Röda Kors-broschyren *Hälsan är allt* från 1930. Blond och sund och sjuksköterska. Vi träffas på hennes arbetsrum på mottagningen där hon arbetar. Hon stänger dörren och säger att hon vill inte att jag skriver hennes namn.

”Det är för barnens försäkringssituation jag inte vill lysa med det.”

De som testar sig för Huntington har i många fall inte vetat om att de haft sjukdomen i släkten. Farfar kanske skickades iväg till ett hem och ingen talade någonsin om vad han hade för sjukdom. Så ser barnbarnen ett TV-program om Huntington: Herregud, de ser ut precis som farfar när han var sjuk.

Tystnaden. Och skulden – som genomgående tema.

För denna kvinna, som nu sitter mitt emot mig, var det inget nytt att sjukdomen fanns i släkten. Hon kommer från en liten by i Västsverige och hela livet har hon levt i skuggan av Sjukdomen.

”Man sa bara Sjukdomen. Alla visste att vi hade Sjukdomen, men vi visste inte vad det var. Jag var alltid så nervös på släktkalasen när de vuxna satt och skakade med kopparna och skvimpade ut kaffe på duken. Mormor och tre av hennes fem syskon hade

Sjukdomen. Det hade hennes mamma och fyra av hennes sex syskon också. Vi är en generation kort, vi har gått på långvården när vi var i trettioårsåldern."

"När jag började läsa till sjuksköterska förstod jag att Sjukdomen kunde vara Huntington. Jag tvingade iväg mamma till doktorn, jag ville veta att hon inte hade det. Hon kom tillbaka och sa: 'Doktorn sa att jag var frisk.' Men vi såg ju på gången, vi såg hur hon rörde sig. Jag ville ha klarhet och kunna prata med min mamma om det. Men hon var avståndstagande och jag var rädd."

Vid den tiden, när hennes mamma blev sjuk, måste alla i två generationer lämna blodprov. Släktingarna hade ett halvår på sig att hämta ut svaret om de själva bar på anlaget för sjukdomen. Ingen hämtade ut svaret.

Till sist gjorde hon ändå ett test. Huntington är fortfarande en obotlig sjukdom, men hon ville veta för att förhoppningsvis kunna fria sina tre barn. Om inte hon bar på anlaget, skulle ingen av dem kunna göra det. Det hoppar aldrig över en generation.

"Om jag inte testat mig hade jag haft skuldkänslor. Mina fyra syskon har inte gjort det, men jag kände att jag inte hade något val. Men en förutsättning för att jag skulle få testa mig, var att mina barn skulle 'tåla beskedet'."

"När läkaren sa att vi skulle gå ner på hans rum, en trappa ner, då visste jag att jag hade det. Jag kände mig alldeles tom."

Det dröjde fem dagar innan hon berättade det för barnen. Och sedan grät hon. Och de med henne. Hon trodde aldrig att hon skulle behöva gå till psykolog, men det blev en kris och hennes två vuxna barn har också fått gå dit. Ett av barnen läser molekylärbiologi och blir ofta sårad av okänsliga föreläsare.

Psykologen hjälpte henne att sortera vad som var hon, vad som var mamma och vad som var Sjukdomen. Förut var allting Sjukdomen.

Hon säger att hon ställt in sig på ett kort liv. Hon blev starkare i sin självkänsla efter att hon testat sig, hon vill inte ägna sin tid åt att gräla, så hon har skilt sig. Och hon försöker lära sina barn lite vardagsfinesser som att göra pannkakor. Innan det blir för sent.

Jag undrar hur hon ser på möjligheten att välja bort embryon med Huntington i framtiden?

"Jag tycker bara det är bra. Om man sorterar innan, så vet man ju inte vilket barn man skulle fött. Man saknar det inte. Jag är egentligen abortmotståndare, men detta har tyngt mig sedan jag var liten. Jag känner mig som en förlorad generation. Jag är fast i detta, vad ska man göra i min situation? Jag vill sätta punkt, varför ska man behöva leva i 40–50 år och undra om man är sjuk? Gör inte jag och min generation något, så står forskningen stilla."

Men ska det vara helt fritt att välja och vraka, även bland egenskaper?

"Det vore hemskt om det skulle bli så. Man får inte tro så om människor, man måste lita på folk att det inte skenar iväg. Vi får hålla oss till dem som vet, läkare och psykologer. Jag tror att överheten är sund."

Innan jag går berättar hon att det konstiga är att innan hon gjorde testet, tyckte hon sig se mycket fler symtom. Hon kunde inte skvimpa med ett vattenglas utan att tro att nu var det dags. Nu när hon faktiskt vet att hon ska bli sjuk känner hon sig lugnare.

De drog undan mattan

En grundregel när det gäller gentest är att man har rätt att inte veta. Men vad händer om en släkting testar sig och visar sig bära på ett anlag?

Jag träffar ytterligare en kvinna, vars liv just nu handlar om Huntington. Hon vill också vara anonym, för hon har ingenting sagt till sina barn ännu. Det är bara fyra veckor sedan hennes syster ringde och sa att deras pappa hade Huntington.

”Huntington? Vad är det? Vi hade aldrig hört talas om det och vet inte att någon i släkten har haft det. Men det kan ske nymutationer, säger de. Jag glömmer aldrig när hon ringde och sa: ’Pappa har Huntington och det innebär att det är 50 procents risk att vi får det och 25 procents risk att våra barn får det.’ Jag la på luren.”

Hennes pappa hade gradvis personlighetsförändrats. Från att ha varit omtänksam och snäll hade han blivit alltmer aggressiv. Hennes mamma tog ut skilsmässa.

Han började sluddra och gå konstigt och barnen misstänkte att han drack.

”Han gick ner sig totalt och vi fick ingen kontakt. Till slut fick han inte komma in i affären för att han luktade så illa. Det blev polishämtning och intagning på psyket och det var där de upptäckte att han hade Huntington.”

”Jag blev så fruktansvärt arg på de här genetikerna. Vad har de för rätt att klampa in i mitt liv och dra undan mattan för mig? Det känns som ett övergrepp. Man blir träffad av något man inte bett om. Varför ska jag veta att jag ska få en obotlig sjukdom? Jag har man och tre barn – hur ska det bli med dem? Vad händer om jag testar mig och har anlaget, kommer de att tycka om mig då? Det hade absolut varit bättre att inte veta."

"Var det så här livet skulle bli? Det är inte rättvist. Jag har kämpat så med min pappa och så ska jag kanske bli likadan själv. Och mina barn dessutom."

På jobbet har hon ingenting kunnat säga. I början tyckte hon att hon hade alla symtom, hon snubblade och tappade saker. Hon är rädd att det ska bli självuppfyllande, att andra tyder allt som symtom. Att de tänker att nu håller hon på att bli sjuk och det är bäst att omplacera henne från chefstjänsten.

"Jag har försatts i en väldigt konstig situation. Jag är inte sjuk, men jag är helt påverkad ändå. Varenda morgon vaknar jag och tänker: Säg att det är en dröm. Men det är det inte. "

Tillsammans med ett av syskonen åkte hon och tittade på ett specialhem för Huntingtonsjuka.

"Där satt de, en del i min ålder, uppradade i ett dagrum. Helt apatiska. Det var fruktansvärt."

"Hela situationen är belagd med tabu. Samhället är inte gjort för detta, man måste ljuga. Jag kan inte säga det på jobbet och jag kan inte säga det till försäkringsbolagen."

På den genetiska mottagningen fick hon rådet att inte sprida ut det innan hon själv hade landat och det är hon tacksam för. Hennes bror blev rasande och krävde att få testa sig direkt. Men läkarna höll emot och när han till sist fick en tid – då ville han inte.

"Genforskningen 'rusar som tåget' och det satsas enorma belopp på den tekniska sidan. Det finns en fartblindhet. Jag kan förstå att det är spännande, man löser gåtor. Men det är stor risk att man tappar bort människor. Kommer omhändertagandet att byggas upp i samma takt? Om man bara rusar iväg kan det bli bakslag, enskilda människor klarar inte av att bära det och vi får andra sjukdomar, av stress och oro."

Hon hade i alla fall tur att bo i Göteborg, där det faktiskt finns en genetisk vägledare, en psykolog som sysslar just med neuropsykiatriska sjukdomar.

”Hon tvingade mig att tänka mig in i situationen att jag har 7–8 friska år kvar. Det gick, men det var det värsta jag varit med om. Jag minns att jag stod vid havet och bara skrek rätt ut. Rätt ut i havet. Jag tänkte att jag klarar inte detta. Jag tar livet av mig.”

”Men hon hjälpte mig att förpacka ångesten. Nu bär jag det som ett litet paket under armen och jag tror att jag kommer att öppna det en dag. Men det kan bli indirekt också. Om något av mina barn testar sig och har anlaget, så har jag det också. Det hoppar aldrig över ett led.”

Hon säger att hon nu tänker att hennes pappa visste vad han hade för sjukdom, att han blev aggressiv för att hålla dem borta, att han inte orkade med att tänka på att han kanske fört över anlaget på sina barn.

”Jag är inte religiös, men man tangerar områden som har med andra värden att göra, värden som man inte ska vara inne på. Jag tror att det finns saker som vi inte kan ta in, men som ändå påverkar oss. Hur ska det bli? Ska unga människor fråga: ’Har du testat dig, kan jag få se stamtavlan?’ innan de skaffar barn. Precis som man gör med hundar.”

Den molekylära familjen

I ett reportage i Newsweek säger en genetiker att i hans framtidsvision får alla föräldrar med sig en cd-romskiva hem från BB, med barnets fullständiga genetiska kod. Den används sedan varje gång barnet blir sjukt för att ta fram rätt läkemedelsbehandling.

En biolog säger i samma reportage att när människans arvsmassa är kartlagd så kommer vi att veta vad det innebär att vara människa.

Anspråken är inte blygsamma.

Men vill vi veta? Klarar vi av att få veta så mycket om vår egen och våra barns framtid? Och vad säger barnen när de växer upp, då vet ju föräldrarna mer om deras framtid än vad de själva gör.

Den genetiska vägledaren, psykologen Ulrika Hösterey-Ugander i Göteborg säger: "Jag skulle vilja svara nej på den frågan. Jag tror inte att mänskligheten är redo."

Hon har sin mottagning på avdelningen för klinisk genetik på Östra sjukhuset i Göteborg, en trappa upp från kvinnokliniken.

Jag har suttit och väntat i den lysrörsbelysta korridoren och läst på en stor orange tavla på motsatta väggen: "Från celler till kromosomer och DNA – så utforskas ärftliga sjukdomar." De flesta som sitter här och väntar befinner sig mer eller mindre i kris, men de färglagda kromosomerna på väggen ser glada ut. Som skiftnycklar eller fjärilar med band i olika färger.

Jag har rashygienikernas uppmaning "Gift dig friskt!" i huvudet. Jag frågar Ulrika Hösterey-Ugander om genetiska vägledare ska bli ett slags äktenskapsrådgivare. Någon man vänder sig till för att skaffa barn med rätt person?

”Nej, då har vi hamnat fel. Jag tror att kärleken överbryggar mycket. Jag har träffat människor som blivit förälskade i personer som de vet är riskpersoner för någon svår sjukdom, och de har inte brytt sig om det.”

Individens självbestämmande är en grundprincip. Den genetiska vägledaren ska inte tala om hur patienten ska göra, utan stödja henne i hennes beslut.

”Individen ska besluta. Men vi är inte vana vid det, vi är vana vid att doktorn bestämmer. Egentligen bygger hela verksamheten på samma teknik som den rashygieniska, men den har andra förtecken och samhället bestämmer inte längre. Det ska individen göra. Men hur ska hon kunna göra det i ett vakuum? Det är därför det är så viktigt med etiken. En del vill ha det perfekta barnet. Vi får ta ur människor det, det går inte att skapa perfekta människor. Men vi lever i ett samhälle där man vill ha kontroll över allting.”

Genetiska vägledare är en ny yrkesgrupp, och det finns bara ett fåtal i landet. En särskild utbildning är planerad, en påbyggnadsutbildning för sjuksköterskor, socionomer eller biomedicinska analytiker. Behovet är stort, menar Ulrika Hösterey-Ugander. För vem ska ta hand om dem som gör ett gentest eller hamnar i valsituationen – test eller inte?

”Det speciella med gentest är att de kan förutsäga vissa sjukdomar. Vi lever i en icke-religiös tid. Förr la man sitt öde i Guds händer, nu ska man bära bördan själv och ibland är bördan för tung.”

Ett positivt gentest ger alltid krisreaktioner. Och skuld, särskilt om man hunnit skaffa barn. Men det är lika vanligt att känna skuld efter ett negativt gentest. Ett slags ”survivors guilt”, varför har just jag klarat mig när mina syskon ska bli sjuka?

Men trots att man här i Göteborg haft särskilda projekt för att ge psykologhjälp vid cancersjukdomar och neuropsykiatriska sjukdomar som Huntington, så är kunskapen om vad som händer i familjerna efter ett gentest fortfarande ganska små.

"Vi testar inte barn. Skälet är att de själva ska kunna bestämma om de vill gentesta sig eller ej."

Nuförtiden talar man om "den molekylära familjen". Genetiken för oss samman med våra biologiska släktingar, även om vi lever i helt andra familjekonstellationer. Barn kan genom en genetisk utredning upptäcka att de inte är släkt med den pappa de levt med. En man fick detta faktum klart för sig när han läste en medicinsk tidskrift och kände igen sitt eget familjeträd.

Ett gentest betyder inte bara att vi får veta om vi kommer att bli sjuka i framtiden. Det får också konsekvenser för släktingar. Det har diskuterats mycket vem som ska informera släkten när en person gjort gentest och det handlar om en sjukdom som går att förebygga. Det är inte lika självklart att informera släkten vid en sjukdom som Huntington, som inte går att bota.

Hittills har inställningen varit att ingen från sjukvården ska ringa upp och berätta. I stället ombeds den person som testat sig att göra det. En ganska otacksam uppgift, för beskedet kan möta många aggressioner. Men samtidigt – om man inte informerar får släktingarna inte chansen att förebygga sjukdomen.

"Det var värre att ringa släktingarna än att operera bort brösten."

Den kommentaren fick Christina Björk från en av medlemmarna i det bröstcancernätverk hon bildat. Hon kände att det behövdes en organisation för dem som har bröstcancer i släkten.

"Läkarna säger olika. Man ska bestämma själv hela tiden. Ska man operera eller inte? För en del av medlemmarna har man inte ens hittat genen."

Hon är 33 år och har bestämt sig för att operera bort brösten.

"Jag känner mig jättetacksam över att jag fått veta. Det var tack vare min mammas moster, som lämnade prov innan hon själv dog i cancer. Tack vare henne kunde man spåra mutationen och hon var så tacksam över att hon kunnat hjälpa till."

Ända sedan barndomen har hon fått höra: "i våran släkt dör man i cancer". Männen har också dött i cancer, men i olika sorter. För kvinnorna har det varit bröst- och äggstockscancer.

"Det kommer att drabba mig, det har jag vetat och jag tänkte: Varför ska jag gå och vänta på det här. Jag vill inte bli ett offer."

Hon hade fött två barn och när hon utbildade sig till sjuksköterska bad hon studentläkaren om en remiss för gentest.

"De testade min mamma först. Hon hade mutationen. Och nu var det 50-50 att jag också hade den."

Det tog ett halvår innan Christina Björk fick svaret. Så fort hon hade satt sig inne hos läkaren, sa denna: "Tyvärr."

"Man hoppas ju alltid att man ska klara sig. Det var som om hon talade om någon annan. Det blev alldeles tomt. Jag hade inga frågor. Jag hade en väninna med mig och när vi gick mot Radiumhemmet började jag gråta."

"Jag jobbade dessutom själv på en avdelning där man opererat bröstcancerpatienter. Jag hade läst om olika chockfaser i utbildningen och kunde följa mina egna reaktioner. Min man ville att jag skulle göra om testet. De kan göra fel, menade han. Det blev en chock för honom också."

"De sa att jag har 80 procents risk att få bröstcancer, men jag räknar det som 100 procent. De gav två alternativ: Antingen operera bort brösten och sätta in implantat. Eller gå på täta kontroller."

Hon har bestämt sig för att låta operera sig. Men hennes italienska släktingar på mannens sida kan inte förstå henne. "Du är ju frisk, varför ska du operera bort friska kroppsdelar, det är ödet som bestämmer", säger de.

"Jag har själv en religiös släkting, som också tycker att det är fel."

Innan Christina Björk gjorde gentestet skaffade hon och hennes man det tredje barnet.

"Vi tyckte det var bäst, så att man inte ångrar sig sedan."

Jag undrar hur hon ser på möjligheten att välja bort ett barn med detta anlag?

"Det känns inte rätt att hålla på och välja. Jag tycker det är bättre att föda sitt barn och sedan får barnet ta ställning till att testa sig och eventuellt låta operera sig."

Vi fortsätter diskutera hur det kan bli i framtiden.

Om man kan välja bort barn med alla möjliga defekter och sjukdomar.

"Nej, det känns inte rätt att välja, upprepar hon. Man kommer att upptäcka hur mycket som helst. Ingen kommer att födas i så fall."

En av de släktingar, som Christina Björk ringde upp var hennes syssling. Hon heter Ingela Öberg och berättar att de kände inte varandra då.

"Christina ringde och sa att hon startat en cancergenetisk utredning. Hon misstänkte att någonting inte stämde i vår släkt, på grenen från Värmland."

"Jag blev inte förvånad. Jag gick neråt och uppåt i släktträdet, alla hade dött i åldern 44 till 63 år. Redan 1987, när min mamma dog i bröst- och äggstockscancer 47 år gammal, började jag fundera. Jag visste också att mormor och mormorsmor dött av någonting i magen, men jag kände inte till möjligheten att testa mig."

Hon inrättade sitt liv efter att hon själv skulle bli sjuk. Hon kände att hon inte skulle bli gammal, hon skaffade inte barn och bestämde sig för att försöka njuta av livet.

Efter att hon testat sig fick hon vänta drygt tre månader på besked. Då hade hon drömt mardrömmar om brösten som kaktusar fyllda med knölar, grävt upp hela trädgården och sprungit miltals för att komma ifrån tankarna.

När hon kommer in på mottagningen för att få beskedet sitter "hela gardet" uppradade. En av specialisterna pratar generellt om gentest. Så säger läkaren: "Vi kan inte påvisa den här mutationen hos dig".

Hon tror inte på honom. "Håll i det och läs", säger han.

Det blir alldeles stilla i rummet, som om hon var med i en film.

Hon går ut på parkeringen, till bilen där hennes sambo sitter och väntar. Hon signalerar tummen upp.

Han blir lika chockad.

”Vi hade inte mentalt förberett oss för detta. Jag blev inte glad. Jag fick skuldkänslor gentemot resten av familjen.”

Alla i släkten är inte positiva till den här utredningen.

”Några säger att det är Guds vilja som gäller. De gillar inte genteknologi och att mixtra. Gud vill att det blir så här. Jag är inte själv religiös, men jag tycker att man kan säga som en präst jag pratade med, att vi har fått kunskapen från Gud och kan använda den.”

Hon är nu 39 år och vet fortfarande inte om hon vill ha barn. Hon har så länge varit inställd på att inte ha barn och det finns så många andra som behöver henne som extramamma, resonerar hon.

En stor skillnad är i alla fall hennes försäkringssituation.

”Min första impulsiva reaktion var att inte testa mig. Jag var rädd att bli diskriminerad av arbetsgivare och försäkringsbolag, att jag skulle bli stämplad som en ’andra klassens medborgare’.”

”Jag såg en dokumentär om amerikanska försäkringsbolag och arbetsgivare som börjat kräva gentest. Vi går ju alltmer mot ett amerikanskt system där man ska sköta allting själv. Jag tänkte: Vad händer om tio år? Om jag blir sjuk kanske jag inte kan leva ett normalt liv eftersom jag inte får sjukförsäkring.”

Hon beslutade att göra testet i alla fall. Alternativet hade varit att inte söka hjälp och kanske dö i förtid.

Att vara normal

Vad är en normal människa? Och när är man så defekt att det är bättre att man inte får födas?

XXY heter en kromosomavvikelse som numera upptäcks med fostervattensprov. Det innebär att fostret har fått en extra X-kromosom. Ungefär var 700:e pojke föds med XXY.

”En kvinna ringde mig och frågade vad det innebär att ha XXY. Jag förklarade att man kan ha inlärningssvårigheter, bli extra lång och att man blir steril. Men det är inte alls säkert att man blir handikappad. Sedan fick jag höra att hon aborterat bort honom. Det gjorde fruktansvärt ont. Det nöp till, det kändes som om hon tog livet av mig. Jag blev sårad långt in i själen. Man duger inte”, säger Mats Svensson, etnologistuderande i Stockholm.

Jag träffar honom när han är i Göteborg för att hålla årsmöte i XXY-föreningen, där han är ordförande. Han bor hos sin syster i Frölunda och jag åker dit. Min första tanke när jag möter honom, är att det är begripligt att 90 procent av männen med XXY inte är diagnosticerade. För hur ska man kunna ana att det är något fel? Man kan alltså bli extra lång, men Mats Svensson är 1,78 och hans bror som har den normala kromosomuppsättningen XY är längre. XXY är inte ärftligt, utan något som uppstår i befruktningsögonblicket.

Han säger att anledningen till att XXY inte är mer uppmärksammat är att de flesta inte vill träda fram. Och föräldrar vill inte berätta att deras barn är lite annorlunda. Själv ger han intryck av att vara van att tala öppenhjärtigt. Den inställningen måste man kanske ha om man är ordförande i en patientförening.

Mats Svensson berättar att det var i puberteten han började ana att något inte stämde. Det var som om han gick i otakt med omvärlden. Och allt måste ske nu, det var omöjligt att planera någonting. En vecka framåt var som ett år.

"Jag var väldigt spattig i tankarna, som om jag hade en skelning inne i kroppen. Mina lärare sa: Det är inget fel på ditt intellekt, men du är lat."

Åren gick. Han vände sig till flera olika läkare. Men ingen hittade något fel, utan han fick vitaminer mot tröttheten.

"Jag var 32 år och hade inte haft någon sexuell relation. Jag hade lust, men kände att något var fel och blev hämmad av det. Jag kan mycket väl tänka mig att många grabbar ger upp – det är svårt att stå på sig."

Själv fick han i den här åldern kontakt med en läkare som upptäckte kromosomavvikelsen. Först då kunde han börja få hormonbehandling.

"Testosteronplåstret har gett mig ett helt annat liv. Jag har tillgång till mig själv."

Han funderar mycket över begreppet normalitet, vilket väl är naturligt för en etnologistuderande.

"Gränsen för det normala förskjuts hela tiden, vilka ska till slut få vara med och leka? Men vad som är normalt, det beror på vilka tankar som finns i tiden. I dag verkar folk vilja ha den perfekta människan."

"Jag tror att man behöver mångfalden. Jag tror att människor blir mänskligare då."

Mats Svensson har engagerat sig i försakringsfrågor eftersom ingen av medlemmarna i XXY-Klinefelterföreningen (XXY kallas också Klinefelters syndrom) fått teckna privat sjukförsäkring. Barn som blivit diagnosticerade kan inte heller få barnförsäkring.

"På ett sätt vore det fantastiskt om det gick att testa alla grabbar, så att det upptäcktes tidigt och de kunde börja få behandling. Men så har man försäkringsfrågan."

Jan Wahlström, klinisk genetiker i Göteborg, har börjat ifrågasätta om det går att fortsätta med fosterdiagnostik. Den alltmer förfinade tekniken gör att fler och fler avvikelser upptäcks.

”Vi upptäcker avvikelser i dag som vi helst inte vill hitta. Lindriga kromosomavvikelser som XXY, som i de allra flesta fall leder till ett i stort sett normalt liv”, säger han.

En av 700 pojkar föds med XXY, men bara var tionde diagnosticeras i dag. 90 procent går alltså omkring ouppptäckta. Alltför avvikande kan de inte vara.

Men varför letar ni efter sådant som ni inte vill hitta, undrar jag.

”Vi måste leta efter det. När vi ska bedöma kromosomuppsättningen, vilket man gör med ett fostervattensprov, så lägger vi upp alla kromosomer på ett objektglas. Vi måste räkna dem och se hur de ser ut.”

”Enligt lag får vi inte undanhålla någon information som är av betydelse för patienten. Och det är naturligtvis riktigt, människor måste kunna lita på att de får även dåliga besked av sjukvården.”

De måste alltså berätta för de blivande föräldrarna om avvikelserna och konsekvensen har blivit att i dag aborteras en del foster med XXY.

Avvikelserna måste också föras in i journalen, som sedan försäkringsbolagen har rätt att läsa. Jan Wahlström berättar om ett färskt exempel. En kvinna fick besked att fostervattensprovet visade att det väntade barnet hade just XXY. Hon tyckte att detta kunde hon verkligen leva med och födde sin son. Men sedan blev det stopp hos försäkringsbolagen när de ville teckna barnförsäkring. Efter många turer gick till slut ett bolag med på en begränsad försäkring.

Det positiva med att upptäcka XXY tidigt, är att då kan man ge testosteron redan från puberteten och därigenom undvika problemen med avsaknad av drivkraft, av psykisk energi.

Men baksidan av myntet är försäkringsfrågan.

”Fosterdiagnostik och försäkringsbolag kan tvinga föräldrar till abort”, säger Jan Wahlström.

Han tillägger att det är vid ultraljudsundersökningar, som numera ingår som rutin för alla blivande mammor, som flest defekter upptäcks. Här utvecklas tekniken mycket snabbt, bildupplösningen blir bättre och undersökningen kan göras allt tidigare.

”Man kan till exempel se en knorr på hjärtat, som kan betyda att barnet kan behöva en operation i framtiden.”

”Föräldrarna säger kanske ’vi tror att barnet får ett bra liv ändå, vi vill inte göra abort’. Men alla avvikelser måste föras in i journalen. Och den måste de ge försäkringsbolagen rätt att läsa, om de vill teckna en privat försäkring.”

I dag är den första frågan från varannan patient som kommer till den genetiska mottagningen: Vad innebär det här för mina möjligheter att teckna försäkring?

Men det handlar då om att aktivt bestämma sig för ett gentest. Få blivande föräldrar har tänkt på kopplingen mellan fostervattensprov eller ultraljudsundersökning och försäkringsfrågan.

Jan Wahlström har länge efterlyst en lag mot genetisk diskriminering. Han varnar för att vi riskerar att få en genetisk underklass, en grupp människor som varken får arbete eller försäkring om det inte blir förbjudet i lag för arbetsgivare och försäkringsbolag att ta del av genetisk information. Urholkningen av den allmänna sjukförsäkringen är det största hotet, menar han.

”Den driver oss i händerna på försäkringsbolagen.”

Han tycker inte att bolagen ska ha rätt till någon hälsoinformation alls. Då måste premierna höjas, men det är något vi alla måste vara med och betala för att skydda de svagaste.

”Än är vi inte där att försäkringsbolagen framtvingar abort. Men det kan bli så. Om den sociala nedrustningen fortsätter och det blir viktigt att kunna teckna privata barnförsäkringar.”

En böld i Berlin

När jag gick i farfars fotspår i Berlin åkte jag också en del buss. Det var mitt första besök och jag ville se så mycket som möjligt. Jag satte mig därför alltid längst fram och högst upp i dubbeldäckaren. En dag var ”min” plats upptagen av en kraftig man i grå gabardinrock. På höger kind hade han en stor, nästan overkligt stor, böld eller utväxt av något slag. Han satt hela tiden vänd i profil, med bölden mot mig. Varför har han inte tagit bort den, tänkte jag irriterat. Han satt lugnt kvar. Kanske skulle han också bara åka runt?

Till slut såg jag ingenting av Berlin, bara hans stora störande böld.

Hans utväxt är så stor att den måste falla under begreppet sjukvård och då kan det inte vara särskilt dyrt att operera bort den, tänkte jag. Så varför har han inte gjort det?

Efter ett tag skämdes jag.

Jag insåg att jag var en levande illustration till hur vi tar till oss det etnologerna kallar ”Det teknologiska imperativet”. Det vill säga: När tekniken finns, så är du också skyldig att använda dig av den!

Med detta följer intoleransen. För om jag tänker efter, vad är det för fel med att ha en böld på kinden? Och var går gränsen? Hur perfekt måste man vara för att inte andra människor ska uppfatta en som oestetisk, kanske rentav som en ”sanitär olägenhet”?

Imperativet, som säger att man är skyldig att använda sig av tekniken, gäller inte bara kroppsliga ”defekter” utan även bioteknik

Därför kan kvinnor som inte fått barn efter flera försök med provrörsbehandlingar säga: ”Gud, vad skönt. Nu har jag tagit mitt ansvar. Nu kan jag adoptera.”

Det berättar etnologen Susanne Lundin, som i boken *Guldägget. Föräldraskap i biomedicinens tid* (Lund, 1997) intervjuat ett trettiotal par som både fått och inte fått barn med provrörsteknik. De är glada över att det finns teknik som kanske kan hjälpa dem. Men samtidigt känner de ett tvång. I bakgrunden finns kanske också blivande mor- och farföräldrar som vill ha ett ”äkta” barnbarn, när nu tekniken finns.

Biotekniken påverkar vår syn på vad som är naturligt, etiskt och oetiskt. Susanne Lundin talar om människan i dag som ”A playing self”, en människa som utmanar ödet och omförhandlar gränserna för det förutbestämda. Den moderna människan är flexibel. Att skaffa sig en perfekt hälsa och en perfekt kropp ligger helt i linje med föreställningen om flexibilitet.

Den som inte använder de alternativ som erbjuds för att trotsa ödet, till exempel fosterdiagnostik, kan till och med betraktas som ansvarslös. Det säger i alla fall de barnmorskor Susanne Lundin intervjuat.

Fostervattensprov, som till en början mötte mycket hård kritik, har blivit rutin: ”An offer you can't refuse.” Det är något som alla gör och som man ska göra.

”När jag fortsatte att intervjua barnmorskorna litet mer kunde de säga: 'Ja, egentligen är det ju tokigt. Det är meningen att det ska vara en hjälp, inte ett tvång'”, berättar Susanne Lundin.

”Biomedicinen integreras i vår vardag genom att det blir rutinhandlingar. Först spjärnar vi emot nya tekniker som ultraljud, fosterdiagnostik, gentest. Men sedan integreras de så osynligt att vi glömmer bort hur det gick till. Inför nästa okända teknik känner vi samma motstånd. När det klonade fåret Dolly presenterades blev det en enorm debatt, men när de klonade aporna kom orkade nästan ingen reagera. Vi hade redan vant oss.”

III

När minus blir plus

Tillbaka i Uppsala träffar jag Marie Nordström, mikrobiolog och projektledare vid avdelningen för molekylär evolution. Hon tar emot skolklasser på BMC, Biomedicinskt Centrum, och lär dem att plocka fram DNA ur strömming. Jag får själv göra försöket hemma i hennes kök. Med hjälp av diskmedel och t-sprit drar jag fram livets tråd. Jag rullar och rullar – upp på en liten träpinne. Jag blir förvånad. Så lång DNA-tråden är.

Marie Nordström berättar att hon ibland börjar sin föreläsning med att säga att blåögdhet är en defekt. Det blir ofta upprörda reaktioner. Men för att skapa brunögdhet krävs ett visst enzym och blåögda saknar detta.

Hon har samarbetat med konstnärer i flera år och deltar just nu i planeringen av en stor utställning på Sergels torg i Stockholm, där genteknik blir ett av ämnena.

Jag undrar om hon tycker att gentekniken innebär samma sak som rashygienen – att sortera bort oönskade människor?

”Man tänker tvärtom att man vill hjälpa människor, de ska slippa lidande. Men i sak är det inte annorlunda. Man vänder på argumentationen så att det låter fint.”

”Det är jättefarligt att säga 'sortera bort', det leder tankarna till nazismen.”

Hon berättar om hur hon reagerade när hon för några år sedan plötsligt drabbades av en hörselskada. Hon borde varit förberedd, för hon visste att det fanns i släkten. Ändå rasade allt.

”Min första tanke var: Mina barn kommer att få detta. Min

andra tanke: Och mina barnbarn. Sedan tänkte jag: Nej det behöver de inte, då finns det fosterdiagnostik och då aborteras de bort om de har anlaget."

"Jag skämdes så när jag blev medveten om hur jag tänkte. Jag tycker inte att man ska ta bort barn på grund av hörselnedsättning."

För säkerhets skull ringer jag henne och frågar om jag kan skriva detta.

"Ja, säger hon. Jag kräver att du gör det. Det visar hur lätt det är att slentrianmässigt tänka så här. Men det är så lite diskussion, vi pratar aldrig om vad vi håller på med."

Jag tänker på Marie Nordström och hörselskadan när jag hälsar på min faster igen.

Hon har hörapparat, men säger att mycket av det som var minus när hon var ung, har visat sig vara plus nu när hon börjar åldras. Hon är 75 år och flera av de så kallade plusvarianterna har ont i knäna eller ryggarna eller har redan gått bort. Hon verkar uppriktigt förvånad över att hon själv är så frisk.

"Jag ser det som en kompensation", säger hon.

"Jag kände att jag var lika dålig som mor, men egentligen var det ju far och hans mor som var sjuka jämt."

Minus kan bli plus i en annan situation, i en annan miljö. Det klassiska exemplet är sickelcellsanemi, en vanlig blodbristsjukdom i Afrika. De som bär på detta anlag har samtidigt ett skydd mot malaria. En gen kan ge upphov till en sjukdom, men samtidigt skydda mot en annan. Därför vet man inte riktigt vad man ställer till med om man skulle gå in och börja plocka bort eller tillsätta gener i människor.

Och alla människor bär på anlag för ärftliga sjukdomar, det finns inga perfekta människor.

Kluvenheten

När Willy Brandt rapporterade från Nürnbergrättegångarna efter andra världskriget, skrev han att gränsen mellan ont och gott går inte alltid mellan människor. Ibland går gränsen rätt igenom en och samma människa.

Jag hade en kluven farfar. Men man väljer inte sina släktingar. Och detta var den farfar jag fick.

Min faster och jag tittar på fotografier. Jag slås av tanken att det kanske hade varit ännu mer förvånande om farfar inte varit rasbiolog. Med tanke på hans uppväxt, hans människosyn och den tidens vetenskap.

På ett av fotografierna ser man hur nästan genomskinlig farmor var. Hon var skyddslös, det lyste om henne.

Jag tänker på några ord av en genetiker i ett TV-program: "Valet av livspartner är genetiskt styrt", sa han.

Låg det i generna att farfar valde farmor?

Min faster berättar om en episod när hon var 50 år och var hemma hos farmor och farfar. Hon hade lagt ett nummer av tidningen Harper's Bazaar på bordet. På omslaget fanns en liten geisha i violett chiffong.

Farfar gick förbi, men så stannade han till.

"Åh, så förtjusande", utbrast han.

Då såg min faster att för honom var denna lilla kvinna farmor.

"Hon var hans lilla geisha i chiffong. Och jag som hade anklagat honom hela livet för att han inte var tillräckligt rationell, för att han inte följde sina teorier. Men han valde med sina känslor."

Farmors bokslut

Det finns ett brev som inte är adresserat till någon. Men det riktar sig till barnen och har karaktären av bokslut. Det tycks som om farmor satt sig ner och formulerat sina tankar om sitt äktenskap.

Hon skriver:

> I dag bjuds det på lättlagad middag, för det viktigaste är, att detta brev blir skrivet. /.../
>
> När far kom dragande med sitt pyre till fästmö, blev nog bestörtningen rätt stor i hemmet i Sala. Något sådant hade man inte väntat sig av den store, framgångsrike docenten, familjens stolthet och prydnad. Men man fann sig förstås, eftersom det måste ske. Dock med mycket motvilja (det har jag erfarit skvallervägen). Nå, jag är dem inte gramse, jag förstår dem så väl, jag var verkligen inte mycket att få. Men vad som måste kvarhållas i minnet är, att jag kom in i en familj, som var fientligt inställd.
>
> Om någon av dem skulle se, vad jag nu skriver, skulle de tycka, att jag var förfärligt otacksam. Tänk, så snälla vi har varit etc. Ja, de har varit så nådiga mot den lilla råttan, som hela tiden haft på känn, att alla kattorna stått färdiga till språng vid första lapsus. Men den har tydligen uteblivit eller inte varit av tillräckligt format.
>
> Så gifte vi oss – och se'n började livets allvar i en grad så förfärande, att jag knappt kan skriva om det. Här skall inte följa en enda detalj, det går inte. /.../ Jag stod handfallen och visste varken ut eller in. Den ena reaktionen efter den andra var totalt onormal (hans alltså). Varför gjorde jag ingenting?

Rev upp himmel och jord? Nej, dels kunde jag inte värdesätta det, (kanske var karlfolk så där! Så dum är man ibland som ung) det kanske bleve bättre, kanske var det bara något rent tillfälligt; så fanns alla kattorna, som ägnade sin docent nära nog dyrkan, inte säga något åt det hållet, orkar inte med alla kattorna också, inte låtsas om något hemma i Tyskland och oroa dem (det är nämligen jag som varit morfars ömma hjärtepunkt) för att inte morfars arbetare skulle förstöras, inte vända sig till någon psykiater i Uppsala för att inte fars framtid och anseende skulle bli lidande. För i hans arbete märks ingenting, på resor märks ingenting, bland främmande ingenting i regeln, endast hemma. Vad skulle jag göra? Ingen skulle ha trott mig? Det fanns ingen utväg.

Det här låter förskräckligt. Men det var det inte. Jag var gift med en människa, som hade ett troll inneboende, men det visade sig bara ibland; när människan var bara människa, var hon ganska förtjusande. Hur orkade jag? Jag flydde från en verklighet, som jag på intet vis orkade med och in i arbetet. Och drev upp min medfödda förmåga att skratta. Se'n hade jag ett glädjeämne, som jag rent medvetet ansåg kunna bära mig över allting, hur vedervärdigt som helst – jag var hemma i Sverige igen! Landsflykt är något förskräckligt. /.../

Hur kan man gifta sig så tokigt? En man som far, så dominerande och härsklysten, dras naturligtvis till en, som är snäll och beskedlig och foglig, och hon i sin tur säger i alla tider Ja till en, som gör karriär, lyckas med detta livets yttre svårigheter, är framgångsrik och rakryggad och kavat för två!

Far har varit missnöjd med mig, retat sig på mig, jag reagerar ju annorlunda än hans systrar och andra duktiga fruntimmer, och ändå trivs han i grund och botten bara med min sort, som med ett leende låter honom enväldigt sköta både inkokningar och kalaser och resor! Så är det. Vill man ha något, får man betala priset.

Skilsmässa? Ja, jag vet nu, att jag kunnat få det redan på ett tidigt stadium, om jag velat (rättsligt sett), men jag ville inte. Och nu i höst hände i all tysthet en liten obetydlighet, ingen mer än jag upplevde det, en obetydlighet så kolossal: det var i min själ en ridå, som drogs undan och jag såg: Den enda människa, som jag över allting är fäst vid, är Far. Kärleken är då ett underligt ting – utanför all logik. Den måste finnas, men den är visst så förborgad att ingen lyckas plocka fram den.

Ja, så komplicerat kan samspelet och hemlivet i en familj vara, men ”sanningen skall göra eder fria”.

Mor

Farfar

Göteborg 9 oktober 2001

Morgonen är blekgrå och löven ännu gröna.Vi har inte gått över till vintertid.

Men det är vinter i världen. USA har bombat Afghanistan en andra gång och i Milano har 118 SAS-passagerare mött döden. Två amerikaner har fått mjältbrand. Är det något kemiskt, fanns smittan på deras tangentbord?

Klockan är 7.30 och jag passar mjölken så den inte ska koka över. Min 15-åriga dotter Johanna sträcker sig efter O'boyen, som står så högt att jag skulle behöva en pall för att nå den. Precis som farmor.

Jag öppnar fönstret, det är elva grader varmt.

Jag vänder mig om och där, som en hägring, står plötsligt farfar bredvid min Johanna. Med sin vita laboratorierock och sin kala hjässa.

Han ser bortkommen ut, vet inte var han ska göra av händerna.

Farfar är kortare än min yngsta dotter.

"Lilla farfar", tänker jag, och klappar honom på huvudet.